高等职业教育土建类“十四五”系列教材

建筑设备与识图

JIANZHU SHEBEI YU SHITU

主　编　杨　洁　盛文剑

副主编　赵倩倩　雷　刚

参　编　李樱瑶　邓　辉

活页式教材

电子课件（仅限教师）

華中科技大學出版社

http://press.hust.edu.cn

中国·武汉

图书在版编目(CIP)数据

建筑设备与识图/杨洁,盛文剑主编.—武汉:华中科技大学出版社,2023.7
ISBN 978-7-5680-9732-1

Ⅰ.①建… Ⅱ.①杨… ②盛… Ⅲ.①房屋建筑设备-建筑安装-高等职业教育-教材 ②房屋建筑设备-建筑安装-建筑制图-识图-高等职业教育-教材 Ⅳ.①TU8

中国国家版本馆 CIP 数据核字(2023)第 140056 号

建筑设备与识图
Jianzhu Shebei yu Shitu

杨 洁 盛文剑 主编

策划编辑:康 序
责任编辑:李曜男
封面设计:孢 子
责任监印:朱 玢
出版发行:华中科技大学出版社(中国·武汉) 电话:(027)81321913
武汉市东湖新技术开发区华工科技园 邮编:430223
录 排:武汉正风天下文化发展有限公司
印 刷:武汉科源印刷设计有限公司
开 本:787mm×1092mm 1/16
印 张:14.5
字 数:371 千字
版 次:2023 年 7 月第 1 版第 1 次印刷
定 价:58.00 元

華中出版

本书若有印装质量问题,请向出版社营销中心调换
全国免费服务热线:400-6679-118 竭诚为您服务

前言

Preface

根据《国家职业教育改革实施方案》的文件精神，为了进一步深化教师、教材、教法“三教”改革，我国将建设一大批校企“双元”合作开发的国家规划教材，倡导使用新型活页式、工作手册式教材并配套开发信息化资源；鼓励职业院校与行业企业探索“双主编制”，及时吸收行业发展新知识、新技术、新工艺、新方法；进一步推动校企深度融合，加强工学结合特色教材建设，建设具有高职特色的教材体系，强化技术技能型人才培养，及时更新教学内容，提高人才培养水平和质量。

本书采用活页式教材的模式来进行模块化设计，将实际的建筑设备施工图作为典型案例，以识图任务为载体来讲解各种类型的建筑设备和识读施工图，与职业能力对应，不仅能服务于企业的用人需求，还能满足学习者的职业发展需求。本书适合建筑工程技术专业、工程造价专业、建筑装饰工程技术专业的学生，也可以作为广大建筑工程领域相关人员的自学参考用书。

本书由湖北轻工职业技术学院杨洁任主编，统稿并编写了模块 6；湖北轻工职业技术学院盛文剑任第二主编，编写了模块 4 和模块 5；湖北轻工职业技术学院赵倩倩编写了模块 1 和模块 2、雷刚编写了模块 3；湖北中诚信达工程造价咨询有限公司李樱瑶和邓辉参编，参与了教材的整体规划设计，整理、提供了施工图纸并进行了审稿等工作。

为了方便教学，本书还配有电子课件等资料，任课教师可以发邮件至 hust-tujian@163.com 索取。

本书在编写过程中参考了一些相关著作，在此对相关作者一并致以衷心的感谢。

由于编者水平有限，书中难免存在不足之处，敬请广大读者批评指正。

编　者

目录

Contents

模块 1

建筑给水工程设备与识图

1.1 建筑给水系统与识图

任务描述

(1)室内外给水系统的分类和组成。
(2)给排水施工图中管道的常用图例。
(3)室内给水工程识图方法与应用。

任务目标

结合学生情况,以课程标准和岗位能力需求为依据,确定任务目标。
(1)熟悉给水管道的分类和组成。
(2)掌握给水系统的给水方式、管材及连接方式。
(3)掌握给水管道读图方法和步骤。
(4)能读懂给水专业施工图图纸。

相关技能点

1.1.1 建筑给水系统的分类和组成

1. 建筑给水系统的分类

建筑给水系统是将城镇给水管网或自备水源给水管网的水引入室内,经配水管送至生活、生产和消防用水设备,并满足用水点对水量、水压和水质的要求的冷水供应系统。按使用目的不同,建筑给水系统分为生活给水系统、生产给水系统和消防给水系统三类。三种给水系统,可单独设置,也可相互组成不同的共用系统。

1)生活给水系统

生活给水系统是设在工业建筑或民用建筑内,供应人们日常生活的饮用、烹饪、盥洗、洗涤、淋浴等用水的给水系统,满足水量、水压、饮用水水质要求,特别是对水质有较高的要求。生活给水系统分为生活饮用水系统和生活杂用水系统。

2)生产给水系统

生产给水系统是设在工矿企业生产车间内,供应生产过程用水的给水系统。生产给水因产品的种类以及生产的工艺不同,对水质、水量和水压的要求有所不同,如冷却用水、锅炉用水。生产给水系统分为循环给水系统、重复利用给水系统。

3)消防给水系统

消防给水系统是设在多层或高层的工业与民用建筑内,供应消防用水的给水系统。消防给水对水质要求不高，但必须符合建筑防火规范要求，保证有足够的水量和水压。消防给水系统分为消火栓灭火系统和自动喷水灭火系统。

2. 建筑给水系统的组成

建筑给水系统由下列几部分组成，如图 1-1 所示。

1）引入管

引入管是指室外给水管网与建筑内部给水管网之间的连接管段，又称进户管，其作用是将水接入建筑内部，如图 1-2 所示。

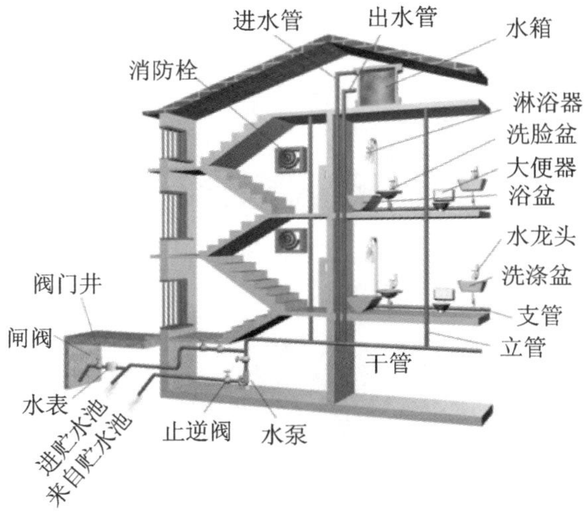

图 1-1　建筑给水系统的组成

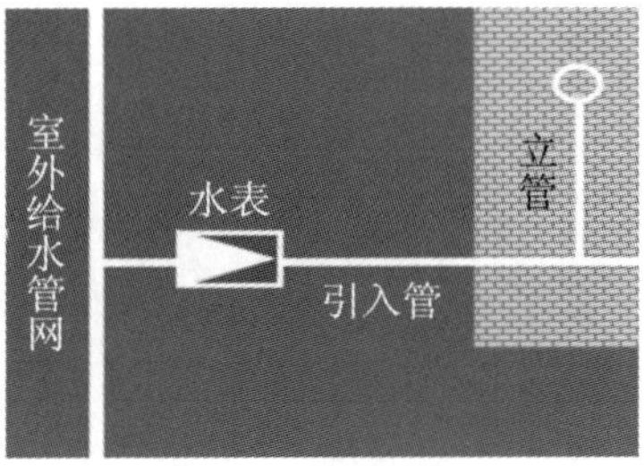

图 1-2　引入管

2）水表节点

水表节点是指引入管上装设的水表及其前后设置的阀门、泄水阀等装置，如图 1-3 所示。水表用来计量建筑物总用水量；阀门用来检查水表、在更换时关闭管路；泄水阀用于系统检修时放空。住宅建筑每户均应安装分户水表。

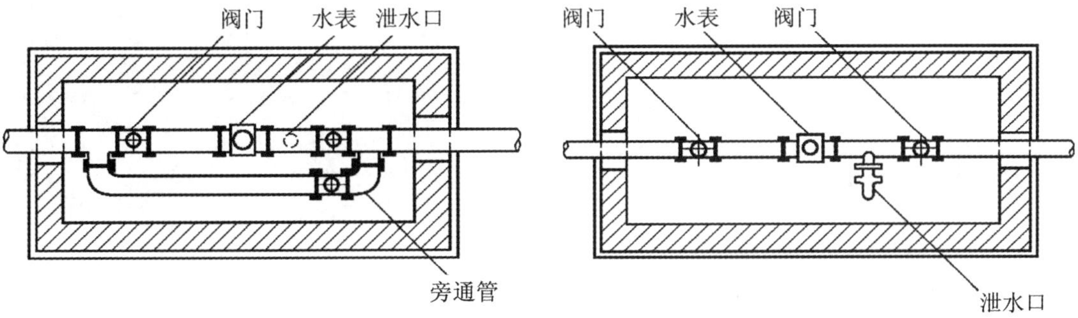

图 1-3　水表节点

3）给水管道系统

给水管道系统指建筑内部给水水平干管、垂直干管、立管和支管，如图 1-4 所示。

4）给水附件

给水附件指给水管道系统中装设的各种阀门，以及各种配水龙头、仪表，用来调节水量、

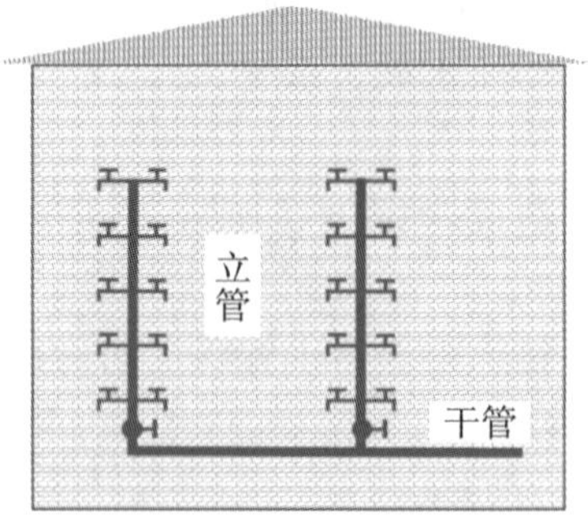

图 1-4 给水管道系统

水压，控制水流方向及取水。图 1-5 所示为金属闸阀。

图 1-5 金属闸阀

5）升压和贮水设备

当室外给水管网的水量、水压不能满足内部用水要求或要求供水压力稳定、确保供水安全时，应根据需要，设置水泵、水箱、水池、气压给水设备等升压、贮水装置，如图 1-6 和图 1-7 所示。

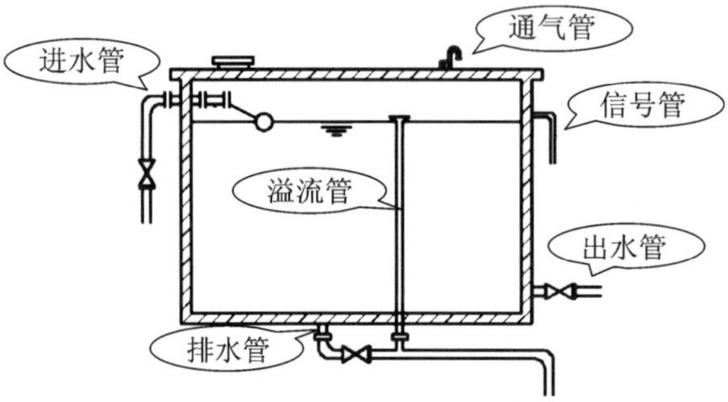

图 1-6 水箱配管、附件示意图

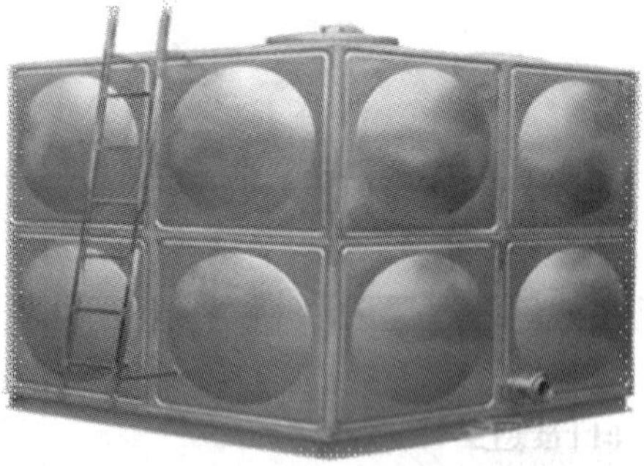

图 1-7 不锈钢焊接水箱

6）室内消防设备

根据防火要求及规定，需要设置消防给水系统时，一般应设置消火栓灭火设备。有特殊要求时，需设置自动喷水灭火设备。

1.1.2　建筑给水管道常用的管材及连接方式

建筑给水管道常用的管材根据材质的不同，分为金属和非金属两大类。建筑给水管道有塑料管、复合管、钢管、铜管和给水铸铁管等。常用的连接方式有螺纹连接、法兰连接、沟槽连接、承插连接、焊接连接和热熔连接。

1. 塑料管

塑料管以塑料树脂为原料，加入稳定剂、软化剂等，以塑的方法在制管内经挤压加工而成，分为热塑性塑料管和热固性塑料管两类。由于质量轻、耐腐蚀、施工方便、内壁光滑、阻力小等特点，塑料管的用途越来越广，如聚氯乙烯管（UPVC 管，如图 1-8 所示）、聚乙烯管（PE 管，如图 1-9 所示）、聚丙烯管（PPR 管，如图 1-10 所示）、聚丁烯管（PB 管）和 ABS 管。缺点是抗局部集中荷载强度较低、线性膨胀系数较大、相对管壁厚度较大。连接方法：螺纹连接、焊接（热空气焊）、法兰连接和粘接等。

图 1-8　UPVC 管

图 1-9　PE 管

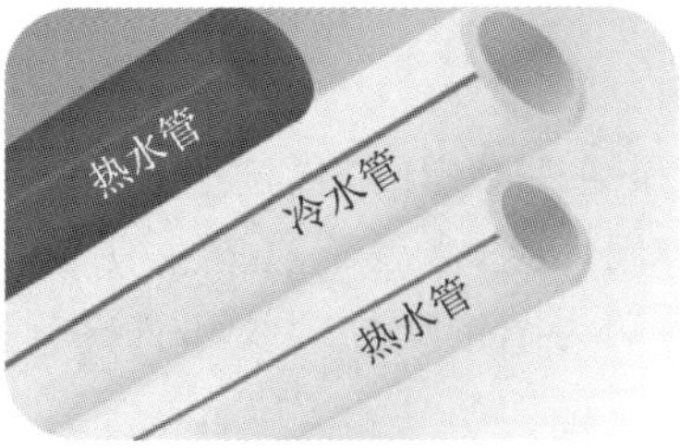

图 1-10　PPR 管

2. 复合管

复合管是金属（钢、铝、铜）与塑料复合而成的管材，常用的有钢塑复合管（衬塑和涂塑）和铝塑复合管（以铝合金为骨架，内外层为聚乙烯），一般用于工作压力不大于 1.0 MPa 的冷热水管道中。

钢塑复合管广泛用于建筑给水系统中的冷热水管道、建筑消防给水管道等，一般采用螺纹连接和卡箍连接，如图 1-11 所示；铝塑复合管的连接采用夹紧式铜配件连接，主要用于建筑内配水支管，如图 1-12 所示。

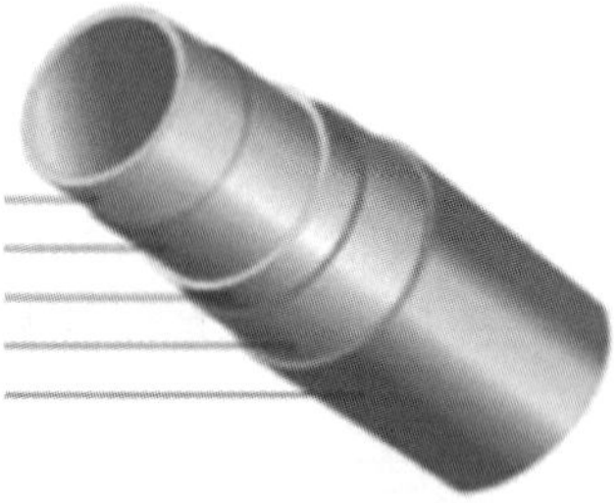

图 1-11　热水型钢塑复合管

图 1-12　铝塑复合管

3. 钢管

钢管(见图 1-13)按其制造方法分为焊接钢管(水煤气管)和无缝钢管,前者分为镀锌钢管(白铁管)和非镀锌钢管(黑铁管),承受流体压力的能力强、抗震性能好,但抗腐蚀性差。冷浸镀锌管因污染水质而被淘汰,热浸镀锌管也限制场合使用。

(a) 焊接钢管

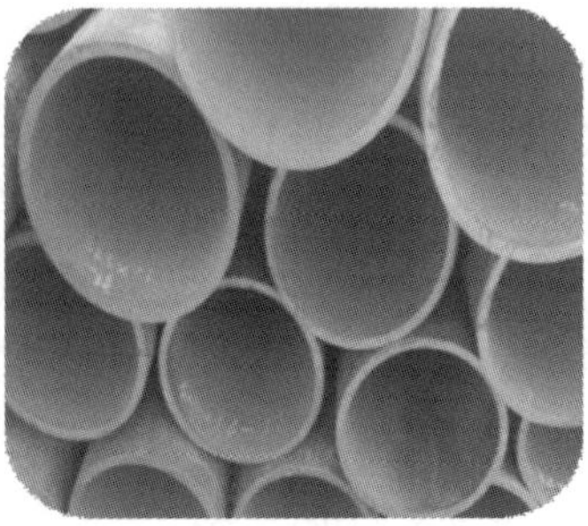

(b) 无缝钢管

图 1-13　钢管

钢管的连接方法有以下几种。

(1) 螺纹连接:圆锥形螺纹和圆柱形螺纹,连接形式有三种,如图 1-14 所示。

① 圆柱形接圆柱形螺纹:牢固性差,水暖管道上一般不采用。

② 圆锥形接圆柱形螺纹:管端为圆锥形外螺纹和管件为圆柱形内螺纹(根母、通丝管接头)的连接。

③ 圆锥形接圆锥形螺纹:管端为圆锥形外螺纹和管件为圆锥形内螺纹的连接,牢固程度好。

(a) 内螺纹

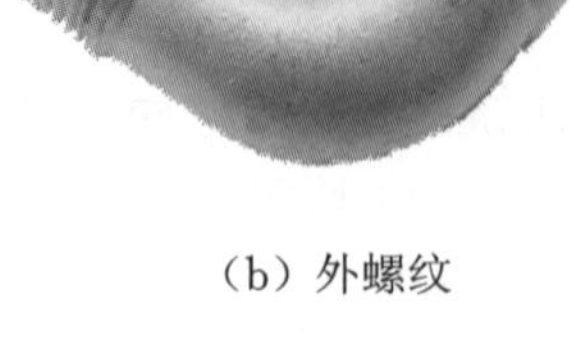

(b) 外螺纹

图 1-14　螺纹连接

（2）法兰连接：分铸铁和钢制两类，以钢制圆形平焊法兰应用最为广泛，用于与法兰阀门、法兰配件和设备的连接。法兰连接时，盘间应垫垫片，以达到密封的目的，一副法兰只能垫一个垫片，常用 $\delta=3\sim4$ mm 的橡胶板或石棉橡胶板作为法兰垫片，如图 1-15 所示。

图 1-15　法兰连接

（3）焊接：焊接方法一般有电弧焊和气焊两种。管径大于 32 mm 时宜用电弧焊连接，管径小于或等于 32 mm 时可采用气焊连接。镀锌钢管不得采用焊接。

4. 铜管

铜管主要由纯铜、磷脱氧铜制造，称为铜管或紫铜管，如图 1-16 所示。黄铜管是由普通黄铜、铅黄铜等黄铜制造的。连接方法有焊接和螺纹连接。

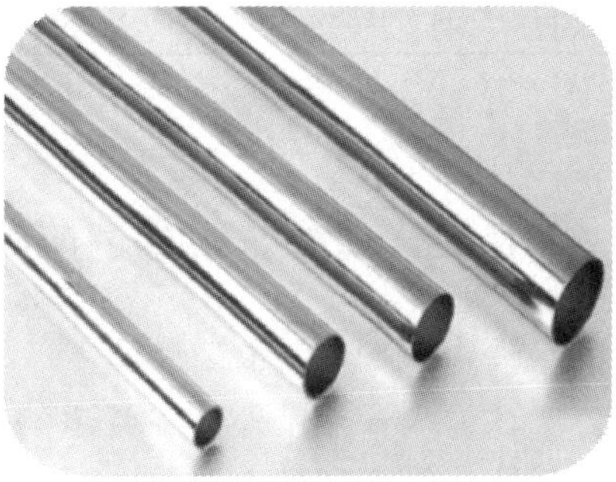

图 1-16　紫铜管

5. 给水铸铁管

铸铁管采用铸造生铁以离心法或砂型法铸造而成，如图 1-17 所示。它具有耐腐性强、使用寿命长、价格低等优点。管径大于 75 mm 的给水管适宜作为埋地管道。缺点是性脆、重量大、长度小。铸铁管采用承插法和法兰两种连接方式，适用于埋地敷设，一般采用普压给水铸铁管。采用承插法连接的，接口方式有胶圈接口、铅接口、膨胀水泥接口、石棉水泥接口。

给水铸铁管有低压管、普压管和高压管。给水铸铁管件：90°双承弯头；90°承插弯头；90°双盘弯头；45°和 22.5°承插弯头；三承三通；三盘三通；双承三通；双盘三通；四承四通；四盘四通；三承四通；三盘四通；双承异径管；双盘异径管；承插异径管。

管材的选用：生活用水选用有利于水质保护的塑料管、复合管、钢管；自动喷水灭火系统的消防给水管采用热浸镀锌钢管；埋地给水管道采用塑料管或有衬里的球墨铸铁管。

关于直径表示方法：钢管、铸铁管常用公称直径“DN”表示。常用的管道与附件公称直径的标准：15mm、20 mm、25 mm、32 mm、40 mm、50 mm、65 mm、80 mm、100 mm、125 mm、150 mm、200 mm、250 mm、300 mm、350 mm、400 mm、450 mm、500 mm、600 mm。

塑料管的直径常用外径表示，符号为“De”。表 1-1 所示为塑料管公称外径与公称直径关系对照表。

(a) 球墨铸铁管

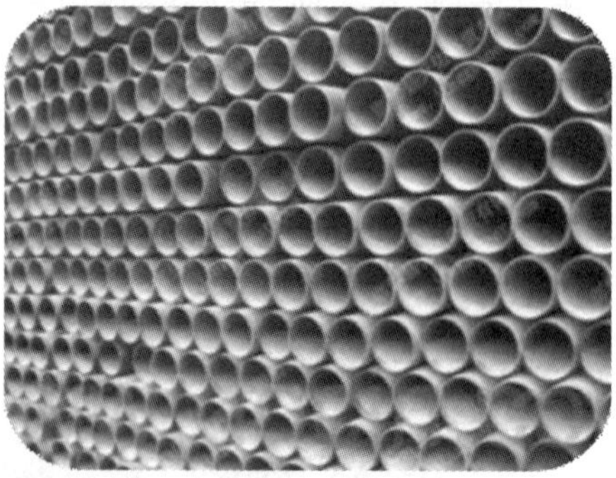

(b) 灰口铸铁管

图 1-17 给水铸铁管

表 1-1 塑料管公称外径与公称直径关系对照表

公称外径 De/mm	20	25	32	40	50	63	75	90	110
英制直径/mm	1/2	3/4	1	1.25	1.5	2	2.5	3	4
公称直径 DN/mm	15	20	25	32	40	50	65	80	100

1.1.3 建筑给水系统所需水压和给水方式

1. 给水系统所需水压

在引入管与室外给水管道的接管处，需要有足够的水压，才能将用水输送到建筑内部给水系统的最不利配水点，该水压称为建筑给水系统所需水压。最不利配水点通常位于建筑给水系统的最高、最远点。

建筑给水系统所需水压不但要克服地势、高差、管道压力损失、水表压力损失，还要满足用水设备的流出水压。

建筑给水系统必须保证将需要的水量输送到建筑物内最不利配水点(系统内所需给水压力最大的配水点，通常位于系统的最高、最远点)，并保证有足够的流出压力。配水点包括给水龙头、消火栓、喷淋喷头、水箱进水口以及其他用水设备接口。

2. 给水系统的给水方式

给水方式是指给水系统的给水方案，选择原则如下：

(1) 充分利用外网水压直接供水，当不能满足时，上面数层采用加压供水。

(2) 当两种及两种以上用水的水质接近时，应尽量采用共用给水系统。

(3) 生产给水系统应优先设置循环给水系统或重复利用给水系统，并应利用其余压。

(4) 系统中管道、配件和附件所承受的水压，均不得大于产品标准规定的允许工作压力。

3. 建筑物内部基本的给水方式

1) 直接给水方式

直接给水方式只设给水管道系统，不设加压及贮水设备，室内给水管道与室外供水管网直接相连，利用室外管网压力直接向室内给水系统供水，如图 1-18 所示。优点：给水系统简单，投资少，安装维修方便，可充分利用室外管网水压，节省运行能耗。缺点：给水系统没有贮备水量，当室外管网停水时，室内系统会立即断水。直接给水方式适用于室外管网水量和水压充足，能够全天保证室内用户用水要求的地区。

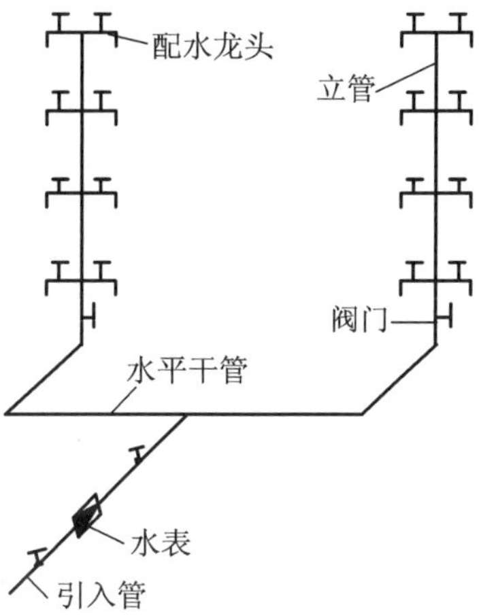

图 1-18　直接给水方式

2）设水箱的给水方式

设水箱的给水方式设管道系统和屋顶水箱（亦称高位水箱），且室内给水系统与室外给水管网直接相连，平时贮存一定的用水，当供高峰用水时，室外管网压力不足，则由水箱向室内系统补充供水。为了防止水箱中的水回流到室外管网，在引入管上要设置止回阀。设水箱的给水方式适用于室外管网水压周期性不足及室内用水要求水压稳定，并且允许设置水箱的建筑物，即当室外管网压力在一天内的大部分时间能满足要求，仅在用水高峰时刻，由于用水量的增加，室外管网的水压降低而不能保证建筑物上部楼层用水时。图 1-19 所示为设水箱的给水方式。

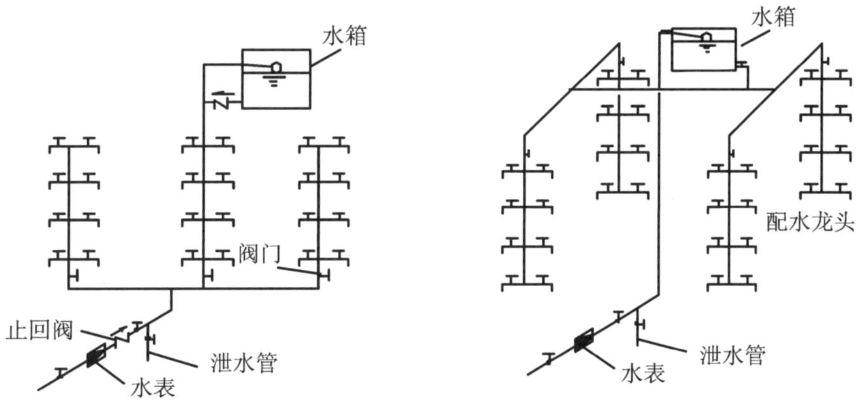

图 1-19　设水箱的给水方式

3）设水泵的给水方式

设水泵的给水方式设管道系统及加压水泵，当室外管网水压经常不足时，利用水泵进行加压后向室内给水系统供水。当室外管网压力允许水泵直接吸水时，应绕水泵设旁通管，并在水泵出口和旁通管上装设止回阀，以防止停泵时，室内给水系统中的水产生回流。当造成室外管网压力幅度波动时，则必须设置断流水池（兼作贮水池使用），从而增加了供水的安全性。图 1-20 所示为设水泵的给水方式。

4）设水池、水泵和水箱的给水方式

适用于室外给水管网水压经常不足，而且不允许水泵直接从室外管网吸水和室内用水不均匀的情形。在高位水箱上采用水位继电器控制水泵启动，易于实现管理自动化。

设水池、水泵和水箱的给水方式在开始工作时，先由水泵从水池吸水并向建筑内部给水管道系统供水，如果供水量大于用水量，则水箱贮水，当水箱水面达到最高水位时，由水位开关控制水泵停止运行，此时由水箱向建筑内部给水管道系统供水，随着供水时间的延长，当水箱水面降至最低水位时，由水位开关控制水泵启动运行，如图 1-21 所示。

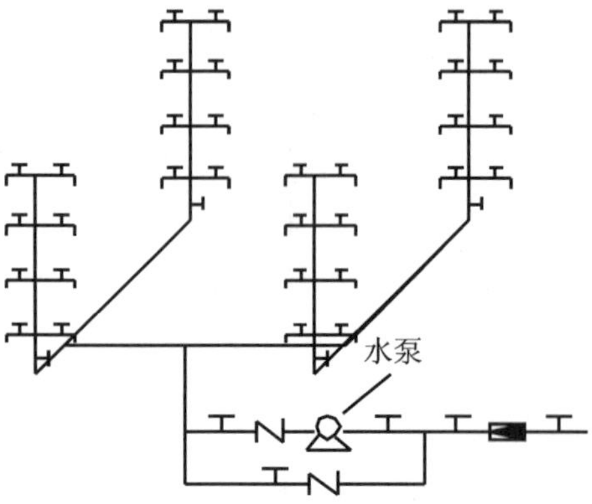

图 1-20　设水泵的给水方式

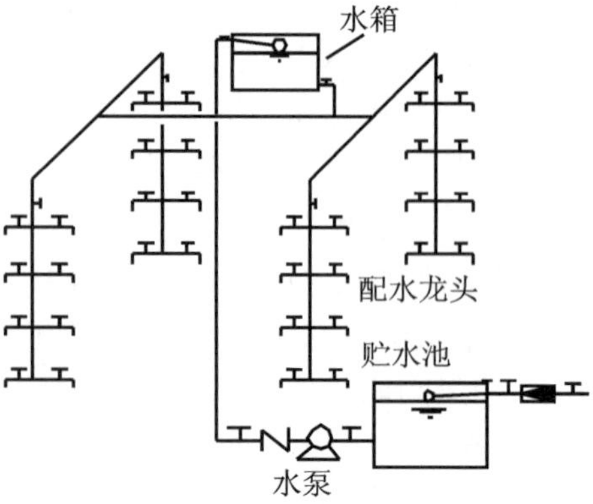

图 1-21　设水池、水泵和水箱的给水方式

5）设气压给水装置的给水方式

对于某些无法或者不允许在其屋面设置水箱的多层或高层建筑，可采用设气压给水装置的给水方式。设气压给水装置的给水方式在给水系统中设置气压给水设备，利用气压气罐内气体的可压缩性升压供水。气压给水装置是利用密闭压力水罐内空气的可压缩性贮存、调节和压送水量的给水装置，其作用相当于高位水箱和水塔，由气压水罐调节贮存水量及控制水泵运行，如图 1-22 所示。

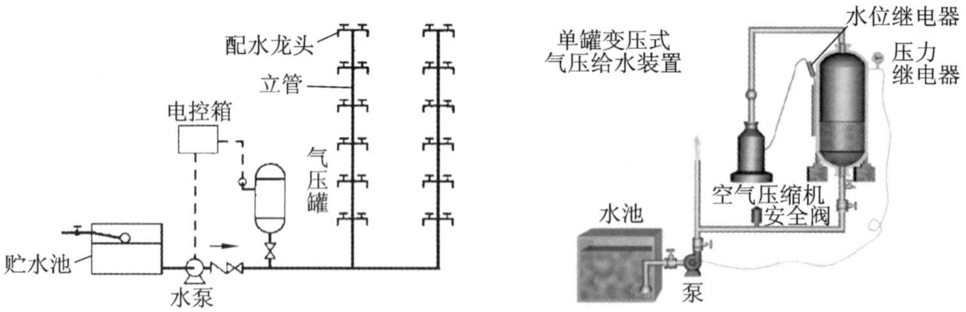

图 1-22　设气压给水装置的给水方式

6）分区给水方式

利用室外给水管道的供水压力，可将水供到高层建筑下部若干楼层时，为了充分利用室外管网水压，可将建筑物供水系统划分为上、下两区。下区由外网直接供水，上区由升压、贮水设备供水，如图 1-23 所示。

这种给水方式可减少下部楼层设有洗衣房、浴室、餐厅等用水量大的高层建筑的供水电耗，从而降低其建筑内部给水系统的运行费用。

1.1.4　给水系统施工图识读

建筑给水系统图和建筑排水系统图通常为一张图纸，识读方法基本一致。下面，我们介绍给排水施工图的识读方法、图例和图纸组成以及给水系统图的识读步骤。

1. 建筑给排水工程施工图的组成

建筑给排水工程施工图通常包括建筑给水和建筑排水工程施工图，一般由图纸设计说

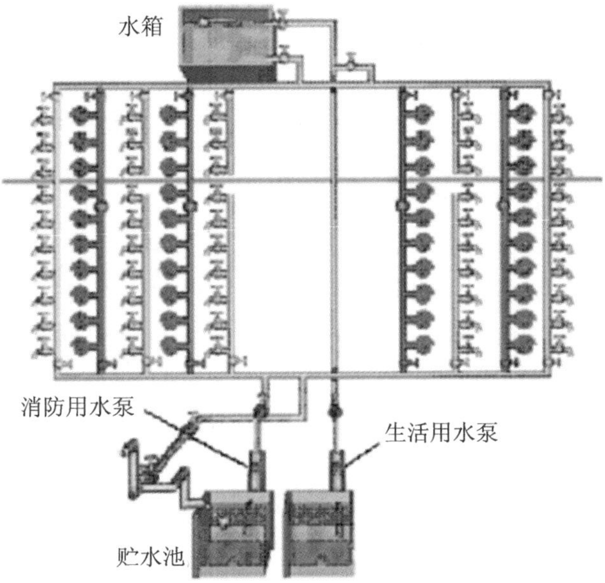

图 1-23　分区给水方式

明、目录、设备图例表、平面布置图、系统图(轴测图)、施工详图、设计施工说明及主要材料设备表等组成。室外小区给排水工程,根据工程内容还应包括管道断面图、给排水节点图等。

1) 图纸设计说明、目录和设备图例表

图纸设计说明是用文字对施工图上无法表示出来而又要施工人员知道的内容给予说明,识读给排水安装工程施工图时要遵循先文字、后图形的原则;目录体现了整套图纸的组成和顺序,识图时可以作为索引查看相应图纸;设备图例表通常详列了施工图中出现的给排水工程设备、器具及附件等的图例符号、规格、采用的图集编号以及数量等信息,便于识图和列项算量。

2) 平面布置图

平面布置图主要表达给水、排水管线和设备的平面布置情况。根据建筑规划,在设计图纸中,用水设备均要做出给水和排水平面布置;各种功能管道、管道附件、卫生器具、用水设备,如消火栓箱、喷头等,均应用各种图例表示;各种横干管、立管、支管的管径、坡度等,均应标出。平面布置图上的管道都用单线绘出,沿墙敷设时不标注管道距墙面的距离。

3) 系统图

系统图,也称"轴测图",其绘法取水平、轴测、垂直方向,完全与平面布置图比例相同。系统图上应标明管道的管径、坡度,标出支管与立管的连接处,以及管道各种附件的安装标高,标高的±0.000 应与建筑图一致。系统图上各种立管的编号应与平面布置图一致。系统图均应按给水、排水、热水各系统单独绘制,以便于施工安装和概预算应用。

4) 施工详图

平面布置图、系统图中局部构造因受图面比例限制而表达不完善或无法表达的,为使施工概预算及施工不出现失误,必须绘出施工详图。通用施工详图系列,如卫生器具安装、排水检查井、雨水检查井、阀门井、水表井、局部污水处理构筑物等,均有各种施工标准图,施工详图宜首先采用标准图。

5）设计施工说明及主要材料设备表

用工程绘图无法表达清楚的给水等管材、防腐、防冻、防露的做法，难以表达的诸如管道连接、固定、竣工验收要求、施工中特殊情况技术处理措施，施工方法要求严格必须遵守的技术规程、规定等，可在图纸中用文字写出设计施工说明。工程选用的主要材料设备表，应列明材料类别、规格、数量，设备品种、规格和主要尺寸。

2. 给排水施工图的识读

1）标高、管径、管路编号的标注

① 标高。室内工程应标注相对标高；室外工程应标注绝对标高，当无绝对标高资料时，可标注相对标高，但应与总图一致。标高一般情况下以 m 为计量单位，写小数点后面第三位；标高按标注位置分为顶标高、中心标高、底标高；若图纸没有特别说明，一般情况下给水管标注的是管道中心标高，排水管标注的是管道底标高。

下列部位应标注标高：沟渠和重力流管道的起讫点、转角点、连接点、变尺寸（管径）点及交叉点；压力流管道中的标高控制点；管道穿外墙、剪力墙和构筑物的壁及底板等处；不同水位线处；构筑物和土建部分的相关标高。图 1-24 所示为平面图、系统图和剖面图的标高标注方法。

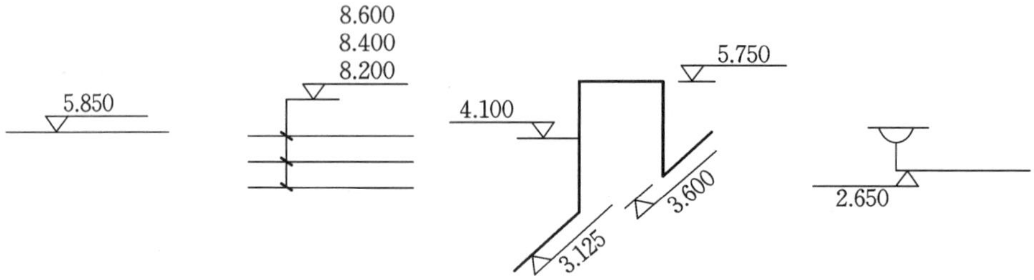

（a）平面图、系统图中管道标高标注法

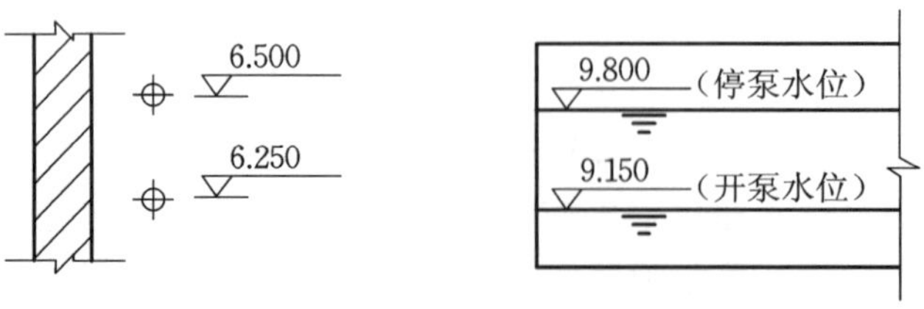

（b）剖面图中管道及水位标高标注法

图 1-24　平面图、系统图和剖面图的标高标注方法

② 管径（以 mm 为单位）。焊接钢管、铸铁管、复合管的管径以公称直径 DN 表示（如 DN15 等），无缝钢管、铜管的管径以外径×壁厚表示（如 D108×4 等），钢筋混凝土管、陶土管等的管位以内径表示（如 d230、d380 等），塑料管材的管径按产品标注的方法表示（外径或公称）。单管和多管的管径表示方法如图 1-25 所示。

③ 管路编号。建筑物的给水引入管或排水排出管的数量超过 1 根时宜进行编号。建筑物穿越楼层的立管的数量超过 1 根时宜进行编号。在总平面图中，给排水附属构筑物的数量超过 1 个时，宜进行编号。编号方法："构筑物代号-编号"。给水构筑物的编号顺序宜为从水源到干管，再从干管到支管，最后到用户；排水构筑物的编号顺序宜为从上游到下游，

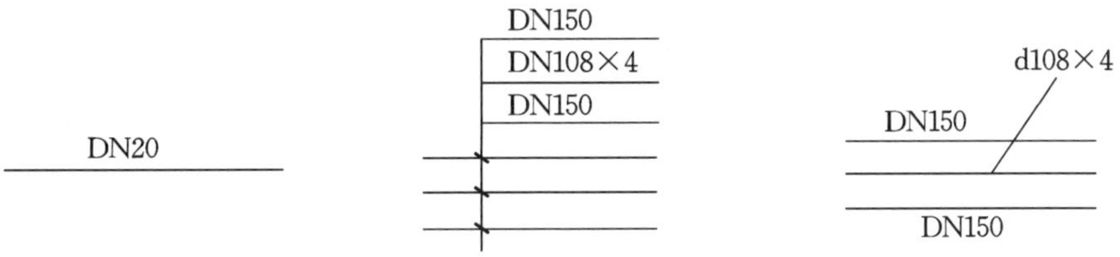

图 1-25 单管和多管的管径表示方法

先干管后支管。给排水机电设备的数量超过 1 台时，宜进行编号，并应有设备编号与设备名称对照表。管路编号表示法如图 1-26 所示。

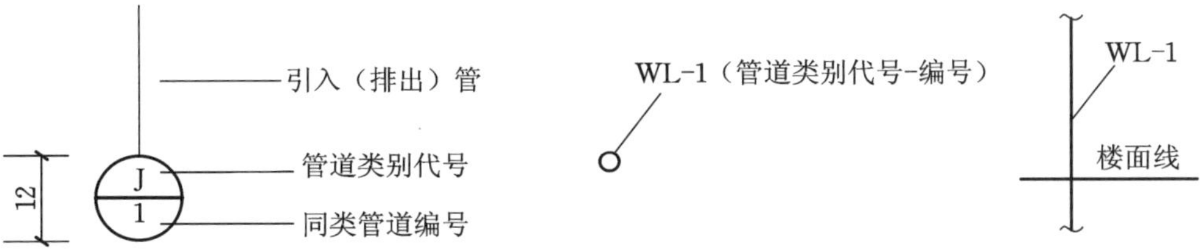

（a）给水排水进出口编号表示法　（b）立管编号表示法

图 1-26 管路编号表示法

2）常用给排水管道图例

建筑给排水图纸上的管道、卫生器具、设备等均按照《建筑给水排水制图标准》(GB/T 50106—2010)的图例来表示。《建筑给水排水制图标准》列出了 11 类图例(管道、管道附件、管道连接、管件、阀门、给水配件、消防设施、卫生设备及水池、小型给水排水构筑物、给水排水设备、仪表等)，如表 1-2 和表 1-3 所示。

表 1-2 管道图例

序号	名称	图例	序号	名称	图例
1	生活给水管	— J —	10	空调凝结水管	— KN —
2	热水给水管	— RJ —	11	通气管	— T —
3	热水回水管	— RH —	12	消火栓给水管	— XH —
4	废水管	— F —	13	自动喷水灭火给水管	— ZP —
5	污水管	— W —	14	管道立管(X 为管道类别，L 为立管，1 为编号)	XL-1 平面　XL-1 系统
6	雨水管	— Y —			
7	压力污水管	— YW —	15	排水立管(检查井)编号、管内底(井底)标高	WL-1 (W-1) 1.00 (1.50)
8	管径	DN　D　d			
9	坡度	I	16	管长	L

表 1-3　室内给排水常用图例

名称	图例	名称	图例
生活给水	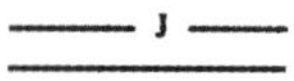	立式小便器	
排水管		蹲式大便器	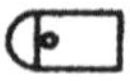
室内消火栓		坐式大便器	
闸阀		立式洗脸盆	
止回阀		台式洗脸盆	
存水弯		浴盆	
圆形地漏		淋雨喷头	
水表		清扫口	
立管检查口			

3. 建筑给水施工图识读方法

建筑给水施工图识读的基本方法是先粗后细，平面、系统多对照。识读主要图纸之前，应当先看说明和材料设备表，然后以系统图为线索深入阅读平面图、系统图及详图，将三种图相互对照来看。

1）平面图的识读

室内给排水管道平面图是施工图纸中最基本和最重要的图纸，常用的比例是 1∶100 和 1∶50 两种，该比例的选用宜与建筑专业一致。它主要表明建筑物内给排水管道、卫生器具和用水设备的平面布置。图上的线条都是示意性的，同时管材配件（如活接头、补心、管箍等）也不画出来，因此在识读图纸时还必须熟悉给排水管道的施工工艺。应该掌握的主要内容和注意事项如下：

① 查明卫生器具、用水设备和升压设备的类型、数量、位置、定位尺寸。

② 弄清给水引入管和污水排出管的平面位置、走向、定位尺寸、与室外给排水管网的连接形式、管径及坡度等。

③ 查明给排水干管、立管、支管的平面位置与走向、管径尺寸及立管编号。从平面图上可清楚地查明是明装还是暗装，以确定施工方法。

④ 消防给水管道要查明消火栓的布置、口径大小及消防箱的形式与位置。

⑤ 在给水管道上设置水表时，必须查明水表的型号、安装位置以及水表前后阀门的设置情况。

⑥ 对于室内排水管道，还要查明清通设备的布置情况，清扫口和检查口的型号、位置。

2）系统图的识读

给排水管道系统图主要表明管道系统的立体走向，给水管道系统是由引入管、干管、立管、横管和支管组成的，排水管道系统则包括器具排水管、支管、横管、立管、干管和排出管。在给水系统图上，卫生器具不画出来，只需画出水龙头、淋浴器莲蓬头、冲洗水箱等符号；用水设备（如锅炉、热交换器、水箱等）则画出示意性的立体图，并在旁边注以文字说明。在排水系统图上也只画出相应的卫生器具的存水弯或器具排水管。

识读给水系统轴测图和展开系统原理图，是从系统轴测图或展开系统原理图中掌握管道系统的来龙去脉，并与平面图对照读图，建立全面、完整的系统形象。了解管道设置标高、空间走向，管径和给水方式；了解施工图中，给水附件、设备使用的图例符号，掌握它们的类型、规格，设置的楼层位置等。其读图顺序可按水流方向确定：引入管→水表→横干管→给水立管→支管→卫生器具配水附件→给水加压贮水装置。

在识读系统图时，应掌握的主要内容和注意事项如下：

① 查明给水管道系统的具体走向，干管的布置方式，管径尺寸及其变化情况，阀门的设置，引入管、干管及支管的标高。

② 查明排水管道的具体走向、管路分支情况、管径尺寸与横管坡度、管道各部分标高、存水弯的形式、清通设备的设置情况、弯头及三通的选用等。识读排水管道系统图时，一般按卫生器具或排水设备的存水弯、器具排水管、横支管、立管、排出管的顺序进行。

③ 系统图上各楼层标高都有注明，识读时可据此分清管路是属于哪一层的。

3）详图的识读

室内给排水工程的详图包括节点图、大样图、标准图，主要是管道节点、水表、消火栓、水加热器、开水炉、卫生器具、套管、排水设备、管道支架等的安装图及卫生间大样图等。这些图都是根据实物用正投影法画出来的，图上都有详细尺寸，可供安装时直接使用。具体识图方法：平面图对照系统图识读，一般按水流方向，从底层至顶层逐层识读。

① 给水工程可从进户引入管开始识读，顺着水流方向，经干管、立管、横管、支管到用水设备。分清水流方向、分支位置、管路走向、管径变径位置，各管段的管径、标高，阀门的型号与位置等。

② 排水系统可从卫生器具开始，沿水流方向经支管、横管、立管一直看到排出管。弄清管道变径位置，各管段的管径、标高、坡向，管路上清扫口、检查口、地漏等的位置和形式。

4. 给水施工图识读案例

某住宅楼室内给水平面图和系统图如图 1-27 所示。

1）识读平面图

由图可知，该住宅楼共有三层，各层卫生器具的布置均相同；除底层设有一条引入管和一条排出管外，其余各层的管道布置都相同。

从给水平面图上可以看到，上面有 4 处蹲式大便器，下面表示的是小便池和一处污水池。按照水流方向，从引入管开始，自平面图右侧引入，穿过 C 轴墙体，到一个小圆圈处，该圆圈表示干管，沿 C 轴穿过 GL_1 和 GL_2 的这条水平管道为干管。水流从引入管到干管，再到立管，最后到横支管，从 GL_1 分出的横支管顺着 1 轴线方向布置，设置了 4 个用水点，分别给 4 个蹲式大便器供水；从 GL_2 分出的横支管顺着 2 轴线方向布置，设置了 2 个用水点，分别给小便池和污水池供水。

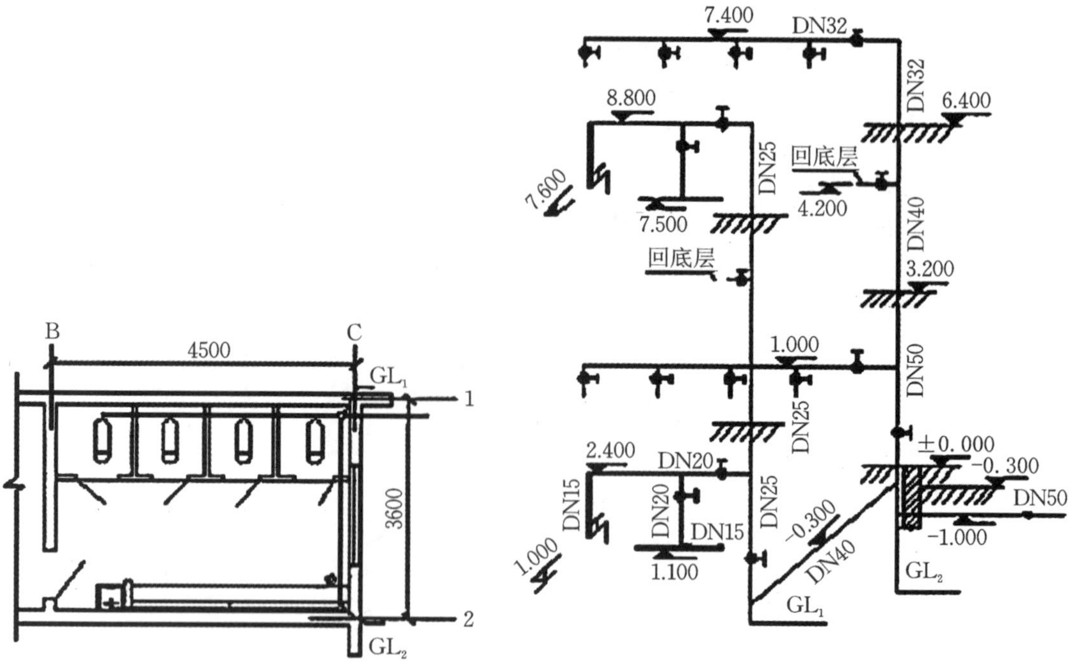

（a）平面图　　　　（b）系统图

图 1-27　某住宅楼室内给水平面图和系统图

2）识读系统图

结合给水系统图进一步识图。系统图为斜轴测图，−0.300 为室外设计标高，±0.000 为室内设计标高，3.200 和 6.400 分别表示二层和三层的楼面标高。按照水流方向，引入管管径为 DN50，标高为−1.000 m，进入室内，连接立管为 GL_1，对应平面图上右上角的立管圈，从 GL_1 有一路分支，管径为 DN40，标高为−0.300 m，连接到立管 GL_2，这条分支就是平面图上的干管。在 GL_1 立管上，连接了一个阀门，顺着 GL_1 方向标注的管径依次为 DN50、DN40、DN32，此时需要确定立管上的变径点，由于管道变径处一般位于水流分流或合流处，即三通处，故 DN50 和 DN40 管道之间的连接点应位于首层立管和横管的分支处，即标高 1.000 m 处，DN40、DN32 管道之间的连接点应位于二层立管和横管的分支处，即标高 4.200 m 处。

接下来看 GL_1 的横管，横管分别从标高 1.000 m、4.200 m、7.400 m 处分出，管径为 DN32，每根横管上先设置了一道阀门，后面 4 个阀门表示蹲式大便器的用水点，即脚踏阀，这个横管对应平面图上从 GL_1 立管圈分出来水平向左的管道，由于首层、二层和三层设置相同，在系统图上可省略。

关于 GL_2，先连接一个阀门，顺着 GL_2 管道方向看到，标注的管径为 DN25，与 GL_2 底端相连的干管的管径为 DN40，二者的变径点为 GL_2 上第一个分流处，标高为 2.400 m。自 2.400 m处到顶部标高 8.800 m 处，管径均为 DN25。

GL_2 上的横管，首层横管标高为 2.400 m，先设置了一个阀门，管径为 DN20，有一个向下的分支，这个分支对应平面图上的小便池中间，向下管径为 DN20，标高将为 1.100 m，这道管安装了一个阀门，有道水平的 DN15 管道，表示小便池冲洗多孔管，再回到横管上，管径变为 DN15，管道标高从 2.400 m 降低到 1.200 m，又连接一个水龙头，表示污水池的用水点，二层设置与首层相同。三层处 DN25 立管处分出来的横管到连接小便池冲水管处，管径为 DN25，其余设置与首层相同。

某项目卫生间给水平面图、卫生间给水轴测图和卫生间给水系统图如图 1-28 至图 1-30 所示。

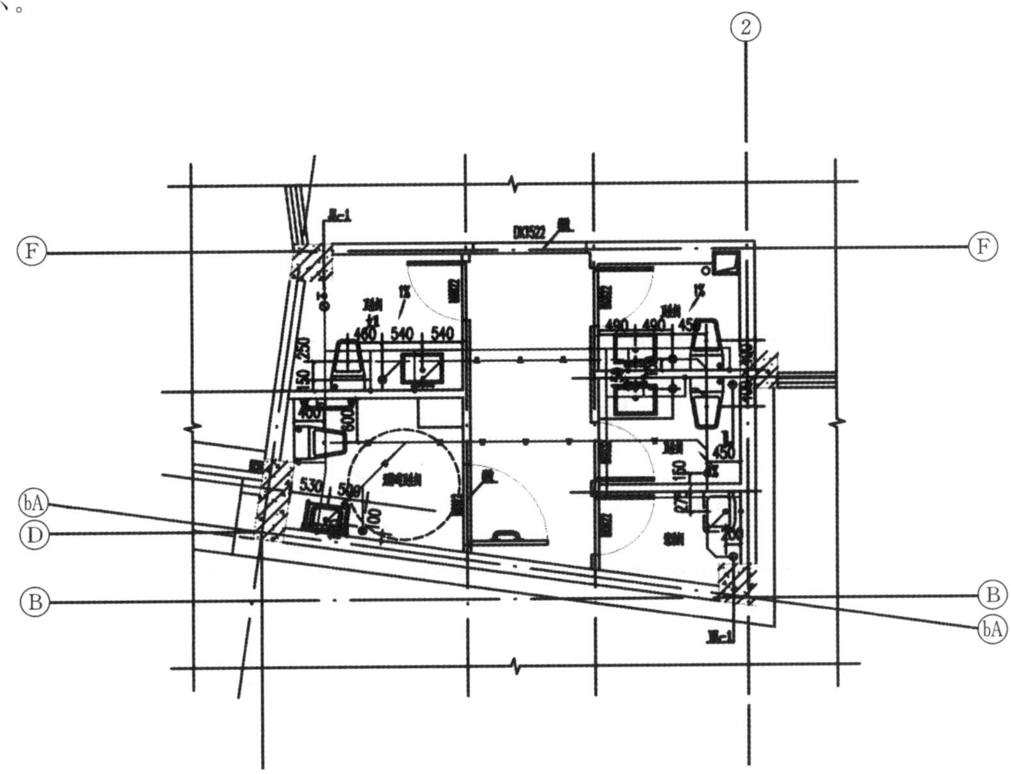

图 1-28　某项目卫生间给水平面图

图 1-28 识图指导：

每个卫生间各布置 2 个坐便器、洗手池，清洁间布置 1 个水池。卫生器具的平面布置可从图中看出。两个卫生间的共用给水立管为 JL-1，粗实线表示的给水支管在管井内设有截止阀、叶轮式水表并连接卫生器具。

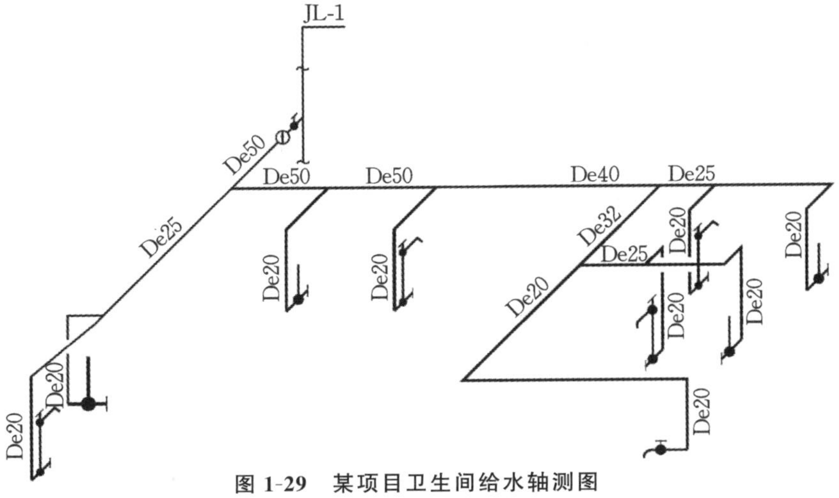

图 1-29　某项目卫生间给水轴测图

图 1-29 识图指导：

结合给水平面图，从轴测图可以看到，给水立管 JL-1 连接截止阀、叶轮式水表各一个，管径均为 De50。给水横管连接第一个卫生间，由北向南连接一个坐便器（管径为 De20）、一个洗脸盆（管径为 De20）；从西到东，给水横管（管径为 De50）连接一个坐便器（管径为 De20）、一个洗脸盆（管径为 De20）。接着，这条给水横管继续通向第二个卫生间，由 De50 变径为 De40，在连接第一排大便器和洗脸盆时，给水横管变径为 De25，所连接的大便器和洗脸盆的管径均为 De20；给水横管连接第一排大便器和洗脸盆时，由 De32 变径为 De25，所连接的大便器和洗脸盆的管径均为 De20，通向清洁间的水龙头的管径为 De20。

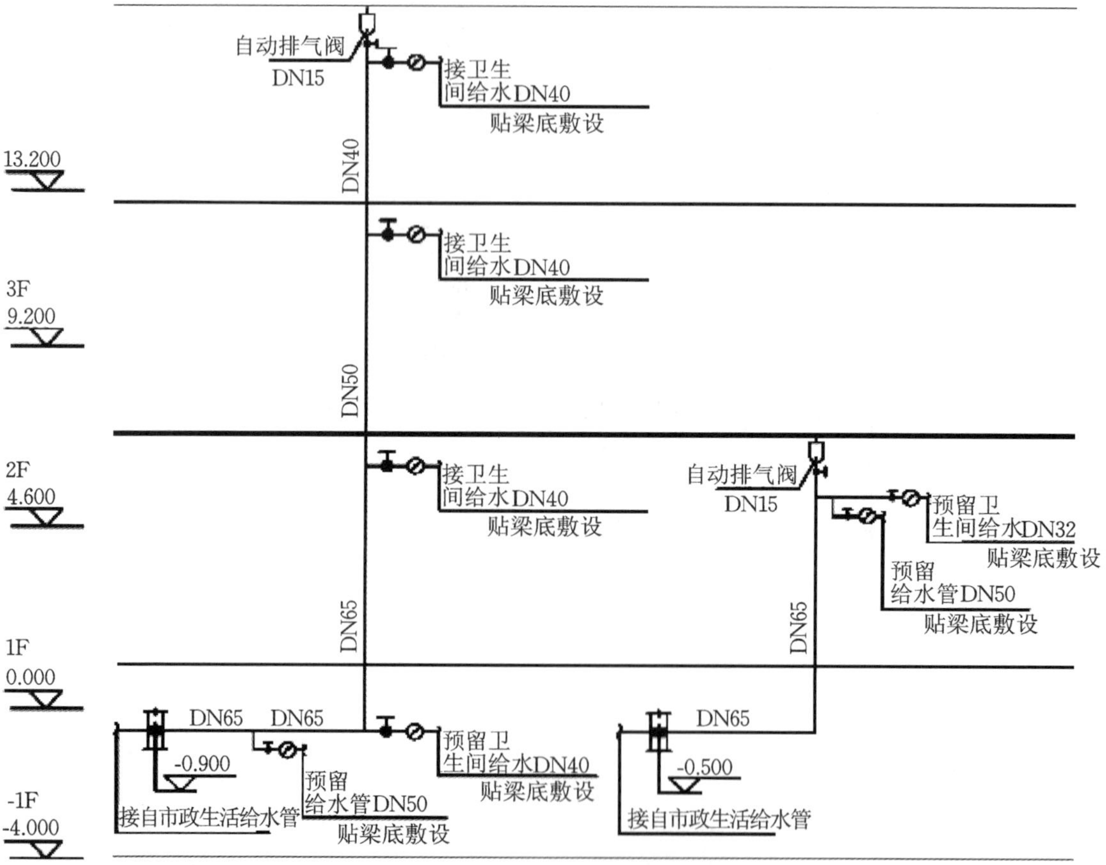

图 1-30　某项目卫生间给水系统图

图 1-30 识图指导：

DN65 给水引入管道进入室内，埋地干管的标高为－0.900 m，连接的第一给水支管为预留给水管 DN50，贴梁底敷设。给水干管连接 DN65 的给水立管，给水立管从地下室开始到地上三层，所连接的卫生间给水支管为 DN40，布置均相同，卫生间支管流向见卫生间大样图和轴测图。给水立管在每层卫生间支管分别变径为 DN50、DN40，到 3 层顶部连接了一个 DN15 的自动排气阀。

思政小课堂

严格注重管材质量，杜绝以次充好、偷工减料

管材质量，是工程管线安全的重要保障。以次充好，在原材料上花“心思”，这不仅是管材质量的最大杀手，也是管材寿命潜在的威胁。一些不良管道生产商在塑料管材的生产过程中为了降低成本，采用了劣质原料。关系民生的给水管道也没能幸免于难。

虽然管材价格低，但是安全性却大打折扣，寿命不仅无法保障，而且新管刚刚使用就会因化学残留造成二次污染，让人不寒而栗。管材市场鱼龙混杂，施工单位管材采购商也通常会因为低廉的成本而转向这些劣质管材。严格进行遏制，才能从根本上改善整个行业的风气与现状。具体措施：①在材料进场时，仔细核对管材的品牌、规格、等级等；②在施工中注意管材下料准确，严格控制管材的用处，注意检查是否与预算一致，施工单位要有公正的管理体系，严防偷工减料；③在人员素质方面，要讲诚信，坚守职业道德底线。所以每位同学在校期间就要培养良好的职业素质和正确的人生观、价值观，意识到“以次充好”“偷工减料”等现象对建筑行业的危害性，在工作岗位上严把质量关，坚决抵制这种行为。

技能考核

姓名__________ 班级__________ 学号__________ 成绩__________

一、简答题

1.建筑给水系统按用途分为哪几类？由哪几部分组成？

2.建筑内部给水方式有哪几种？其适用范围有哪些？

二、识图题

识读卫生间施工平面图（见图1-31）和给水轴测图（见图1-32），请说明以下问题。

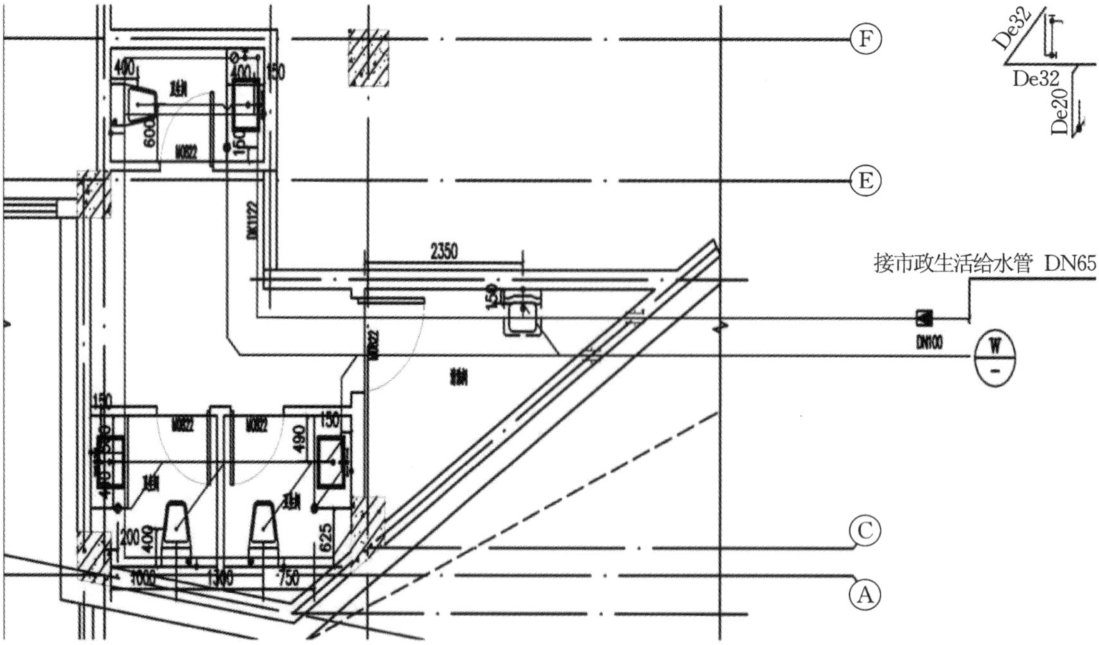

图1-31 卫生间施工平面图

(1)卫生间的给水立管有几条？管径为多大？标高为多少？请描述其在建筑物内的位置。

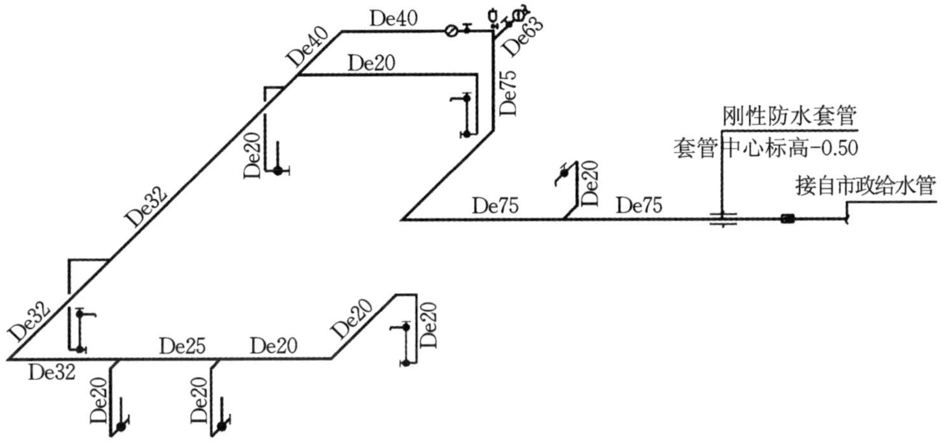

图 1-32　卫生间给水轴测图

(2)说明卫生器具的数量、编号和管径。

(3)说明给水立管为哪些卫生器具供水。说明给水立管是否变径,若变径,请指出变径点。

1.2 建筑热水系统与识图

任务描述

(1)热水系统的分类和组成。
(2)热水加热设备的特点。
(3)热水的供应方式。
(4)热水系统识图方法与应用。

任务目标

结合学生情况,以课程标准和岗位能力需求为依据,确定任务目标。
(1)熟悉热水系统的分类、组成。
(2)熟悉热水系统的管材及供水方式。
(3)掌握热水系统读图方法的一般步骤。
(4)能读懂热水专业施工图图纸。

相关技能点

1.2.1 热水系统的分类与组成

热水供应也属于给水,与冷水供应的区别是水温,必须满足用水点对水温、水量的要求,因此热水系统除了水的系统(管道、用水器具等),还有"热"的供应(热源、加热系统等)。

1. 热水系统的分类

建筑热水系统,按照热水供应范围的大小可分为局部热水供水系统、集中热水供水系统和区域热水供水系统。

1)局部热水供水系统

局部热水供水系统指采用小型加热器,供应一个或几个用水点的热水系统,常用于供水点很少的情况,如家庭、食堂等建筑。加热器就是普通的炉灶、煤气热水器、电热水器、太阳能热水器等,特点是设备简单、使用方便、造价低。图 1-33 所示为太阳能集热器热水供水系统。

2)集中热水供水系统

集中热水供水系统指在热水锅炉(热水机房)或热交换站将冷水集中加热,通过热水管网供应一幢或多幢建筑的热水系统,如图 1-34 所示。

集中热水供水系统通常设于热水供应范围较大、用水量多的建筑物，热水的加热、输送动力、贮备都在锅炉房中，通过管网输送。集中热水供水系统的特点是集中管理、节省建筑面积、热效率高、投资大，是大型公用设施。

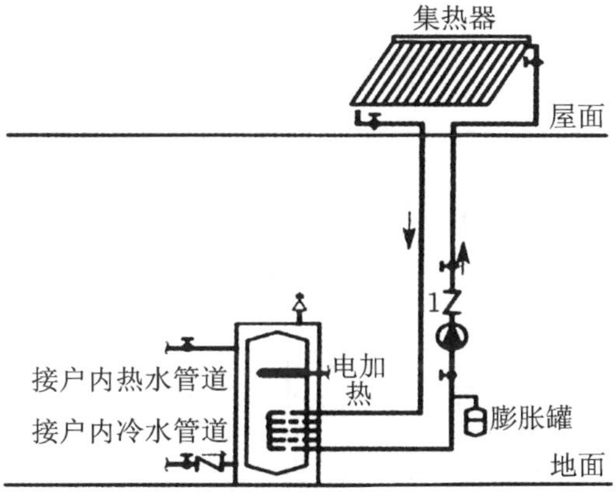

图 1-33　太阳能集热器热水供水系统

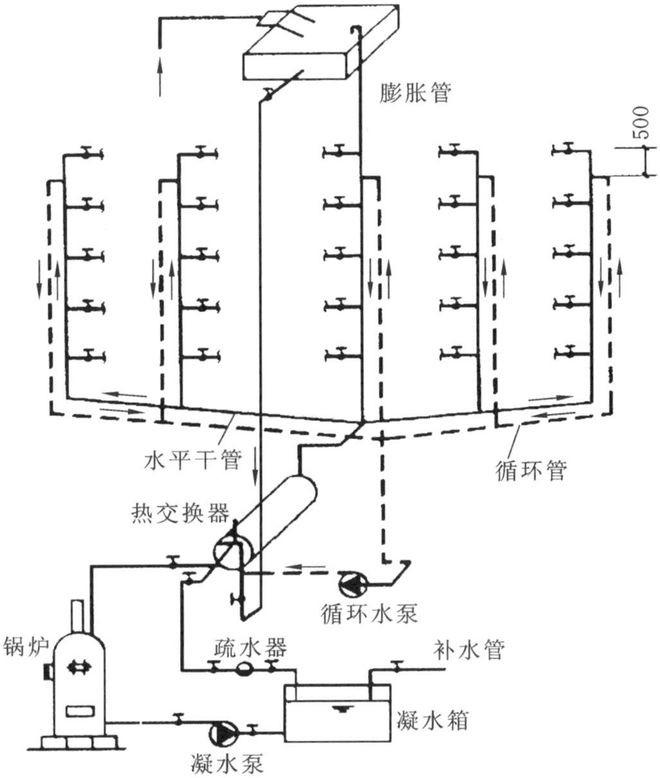

图 1-34　集中热水供水系统

3）区域热水供水系统

区域热水供水系统指在热电站、区域性的锅炉房或大型热交换站集中加热，通过城市热力管网送至建筑群或建筑单体，然后经过建筑热水管网送至各用水点的热水系统，如图 1-35

所示。

区域热水供水系统适用于建设小区锅炉房或利用城市热水管网集中供应热水，特点为供水规模大、设备集中、热效率高、使用方便、排污少、设备复杂、管理要求高、投资大。

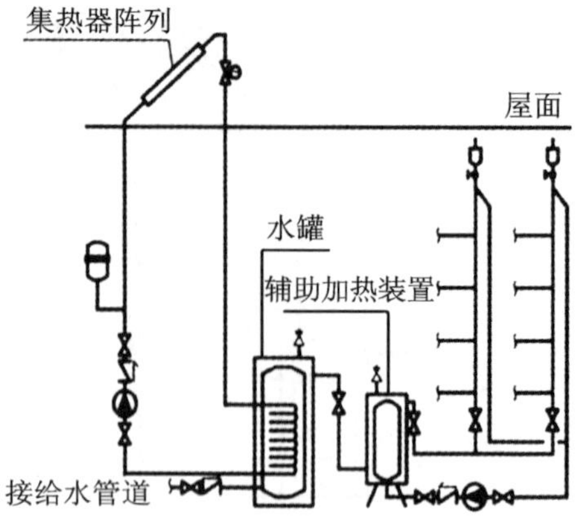

图 1-35 区域热水供水系统

2. 热水系统的组成

热水系统一般由热媒系统、热水管网系统和热水系统附件三部分组成。

1）热媒系统

热媒系统也称第一循环系统，它是由热源、热媒和水加热设备组成的，其作用是制备热水。锅炉产生的蒸汽（或过热水）通过热媒管网送到水加热器加热冷水，经过热交换，蒸汽变成冷凝水，靠余压送到冷凝水池，冷凝水和新补充的软化水经冷凝循环泵再送回锅炉加热为蒸汽。

2）热水管网系统

热水管网系统也称第二循环系统，它由热水配水管网和热水回水管网组成，其作用是将热水输送到各用水点并保证达到水温要求。

3）热水系统附件

热水系统附件包括控制蒸汽和热水压力、流量、温度的控制附件，管道连接附件和保证系统安全运行的附件等，如温度自动调节器、安全阀、排气阀等。

1.2.2 热水系统的供水方式

建筑内部的热水供水方式很多，要根据建筑物的性质、供水要求、建筑高度、热源情况来定。常见的供水方式如下。

1. 按热水系统的加热方式分类

（1）直接加热：直接加热方法有两种。第一种为锅炉加热的热媒（蒸汽或高温热水）直接与冷水混合制备热水。图 1-36 所示为汽水混合器直接加热。第二种为热水锅炉把冷水直接加热成热水，这种系统需配置热水箱，如图 1-37 所示。

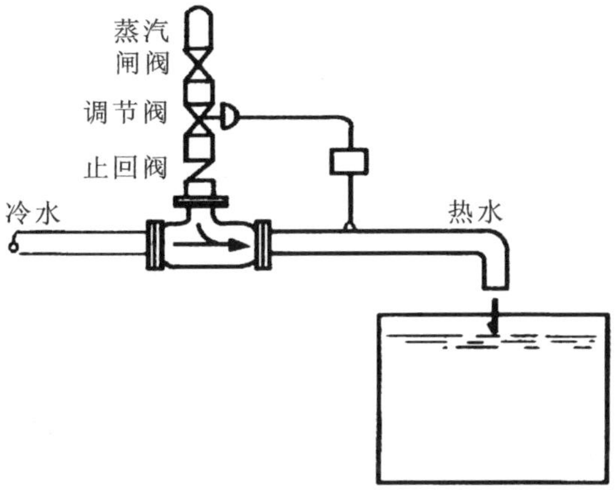

图 1-36　汽水混合器直接加热

图 1-37　热水锅炉加热

(2) 间接加热:热媒在水加热器中与被加热水不直接接触,通过传热面把冷水加热,如图 1-38 所示。图 1-39 所示为容积式水加热器。图 1-40 所示为板式水加热器。

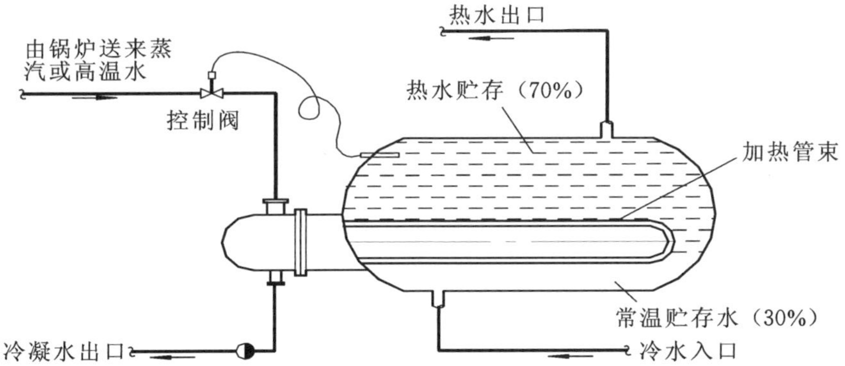

图 1-38　间接加热

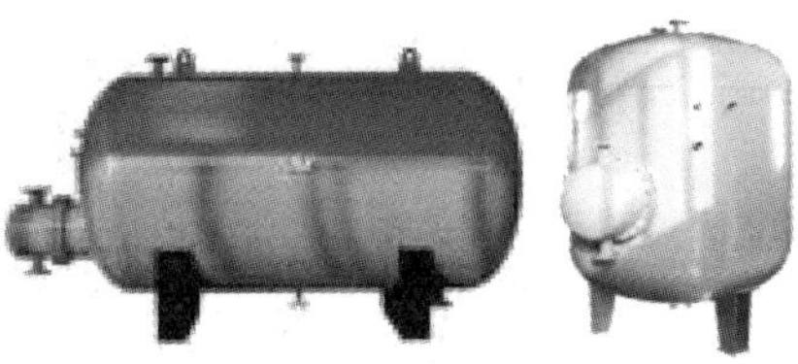

图 1-39　容积式水加热器

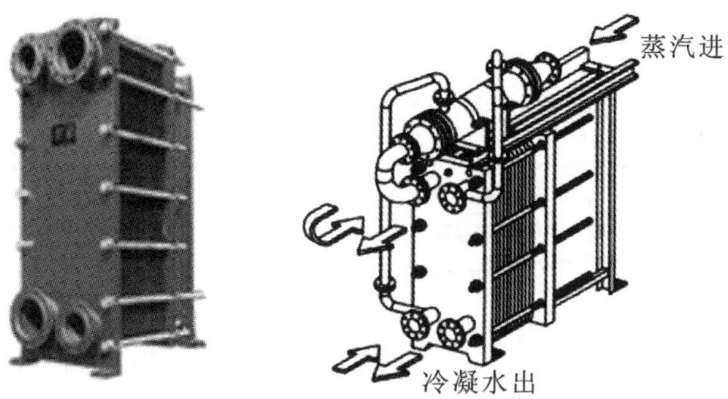

图 1-40　板式水加热器

2. 按系统的循环动力分类

1) 机械循环

热水供应系统设置循环水泵,系统依靠水泵产生的动力进行循环。水泵的扬程主要用于克服系统运行中管路和设备的阻力，一般用于大、中型热水供应系统。热水系统依靠冷、热水密度差产生的动力进行循环，如图 1-41 所示。

2）自然循环

热水供应系统不设循环水泵，系统仅靠冷、热水密度差产生的热动力进行循环。自然循环一般用于小型热水供应系统，热水系统依靠水泵产生的动力进行循环，如图 1-42 所示。

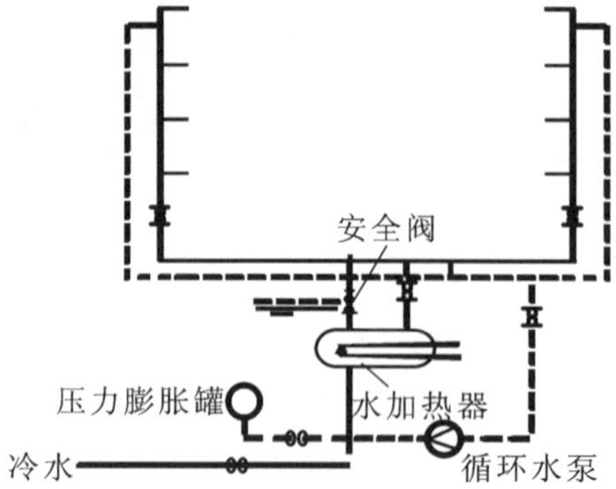

图 1-41 机械循环

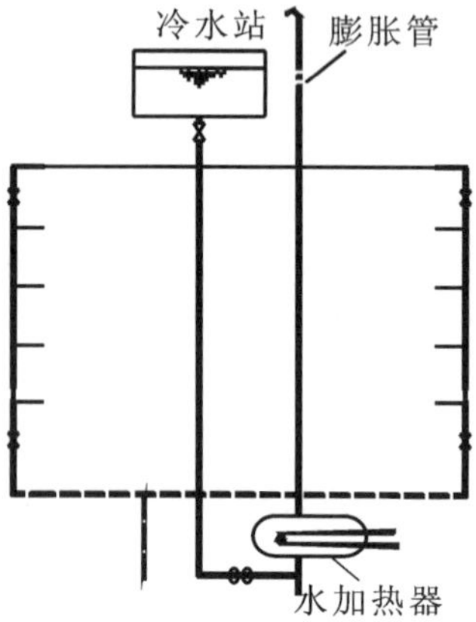

图 1-42 自然循环

3. 按系统回水的设置方式分类

为维持管网中热水的温度，热水管网除配水管道外，根据具体情况设置不同形式的回水管道，当配水管道停止配水时，使管网中仍维持一定的循环流量，以补偿管网热损失，控制热水配水温度。回水管道有全循环、半循环和无循环之分，如图 1-43 所示。

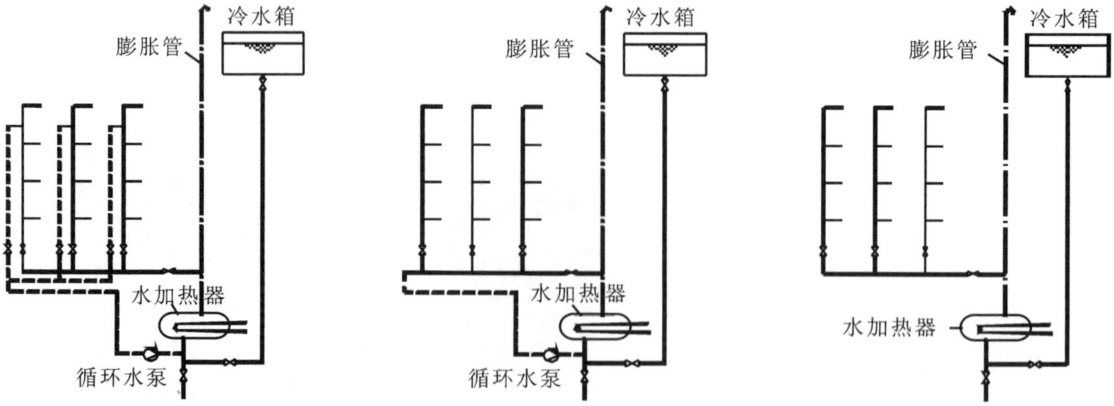

（a）全循环　（b）半循环　（c）无循环

图 1-43 不同形式的回水管道

1）全循环系统

热水干管、立管及支管均能保持热水的循环，各配水龙头随时打开都能提供符合设计水温要求的热水。全循环系统适用于有特殊要求的高标准建筑，如高级宾馆、饭店、高级住宅等。

2）半循环系统

半循环供水又分为立管循环供水和干管循环供水。前者是指热水干管和立管均能保持热水的循环；后者是指仅保持热水干管的热水循环。立管循环用于全日供应热水的建筑和设有定时供水的高层建筑；干管循环多用于定时供应热水的建筑。

3）无循环系统

无循环系统没有循环管道，适用于定时供热水的建筑，如公共浴室、旅馆等，每天定时供应热水，其他时间没有热水，一般不设循环管道，节约投资。无循环系统适用于热水供应系统较小，使用要求不高的定时供应系统，如公共浴室、洗衣房等。

4. 按系统的压力工况分类

1）开式系统

系统设有高位热水箱（开式膨胀水箱或膨胀管），在所有配水点关闭后，系统内的水仍与大气连通，如图 1-44 所示。开式系统的优点是热水供应系统的水压稳定。

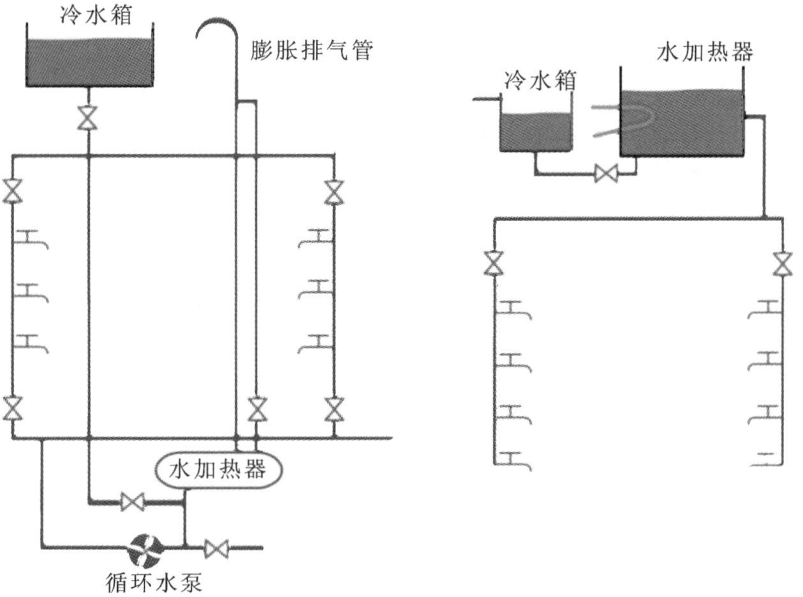

图 1-44　开式系统

2）闭式系统

热水管网不与大气相通，在所有配水点关闭后，系统与大气隔绝，形成密闭环境，如图1-45所示。闭式系统的水不易受外界污染，但为避免水加热膨胀而引起水压超高，需设置隔膜式压力膨胀罐或安全阀。

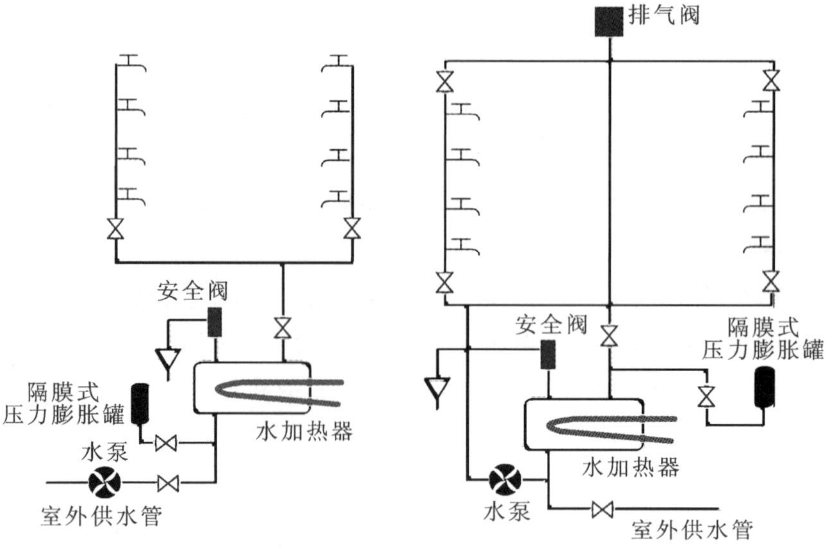

图 1-45　闭式系统

1.2.3　热水系统的加热设备

热水系统的加热设备有直接加热设备和间接加热设备。

1. 直接加热设备

1）燃气、燃油和燃煤热水机组

燃气热水机组（见图 1-46）可直接使用城市低压管网燃气、天然气、城市煤气等。该机组有构造简单、体积小、热效率高、正常工作温度低、使用安全可靠、排污量少的优点，符合目前环境保护的要求，应用较广。燃煤热水机组具有使用燃料价格低、运行成本低的优点，但存在燃煤产生的烟尘和二氧化硫对环境造成污染的问题，使用较少。

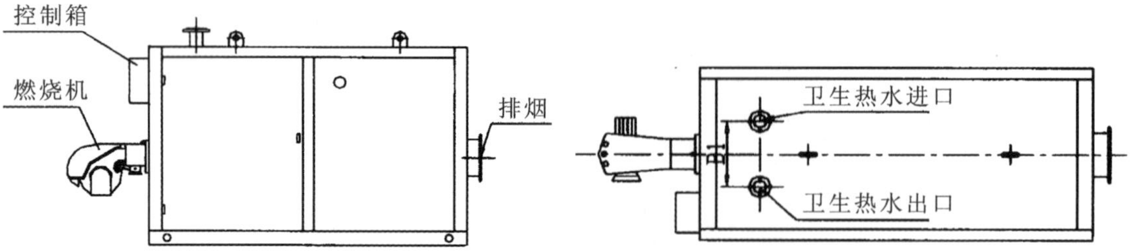

图 1-46　燃气热水机组外形图

2）汽水混合器

汽水混合器将清洁的蒸汽通过喷射器喷入贮水箱的冷水中，使水汽充分混合来加热水，蒸汽在水中凝结成热水。该加热设备热效率高，设备简单、紧凑，造价较低，但喷射器有噪声，需设法消除，热水制备量较小，一般用于小型热水系统，如图 1-47 所示。

2. 间接加热设备

间接加热设备是热媒通过设备中的加热管将水加热的设备，按是否有贮存水量，可分为容积式、半容积式、半即热式和快速式水加热器等。

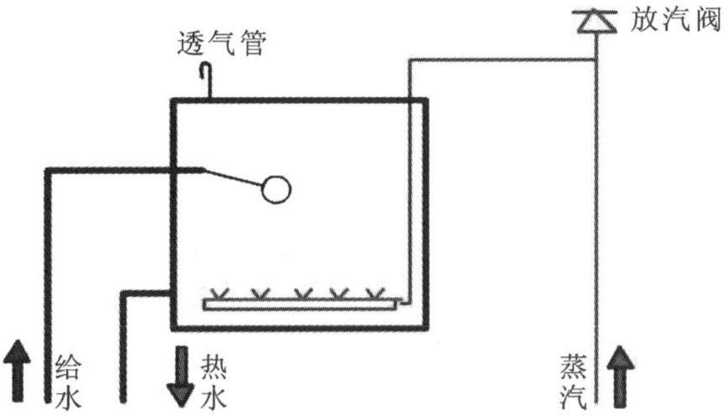

图 1-47 蒸汽与被加热水混合加热方式

1）容积式水加热器

容积式水加热器是内部设有热媒导管的热水贮存器，具有加热冷水和贮存热水两种功能。组成：贮水罐、钢板、密闭压力容器、盘管。热媒：蒸汽、高温水。该类设备外形有立式和卧式之分，图 1-48 所示为卧式容积式水加热器。

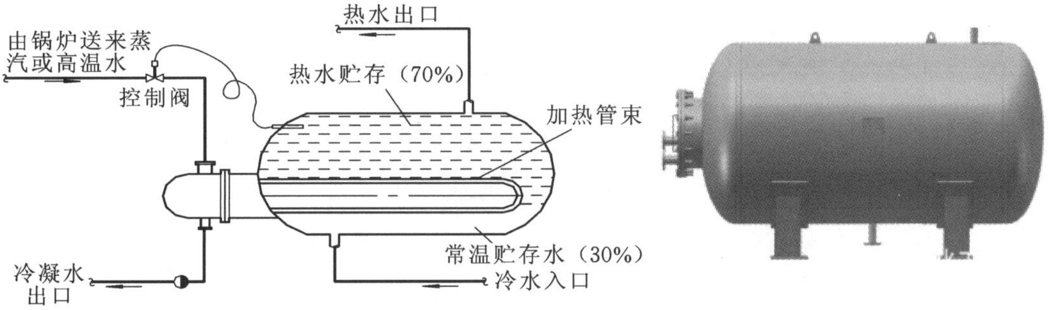

图 1-48 卧式容积式水加热器

优点：效果稳定，水温波动小；既可加热，又可贮热；设置地点不受限。缺点：加热速度慢；体积利用率低；占地面积大；热效率较低。容积式水加热器一般适用于宾馆、医院等要求水温稳定的建筑。

2）半容积式水加热器

半容积式水加热器是带有适量贮存与调节体积能力的内藏式容积式水加热器，由贮热水罐、内藏式快速换热器和内循环泵 3 个主要部分组成。半容积式水加热器具有体型小、加热快、换热充分、供水温度稳定、节水节能的优点，但由于内循环泵不间断地运行，需要有极高的质量保证，如图 1-49 所示。

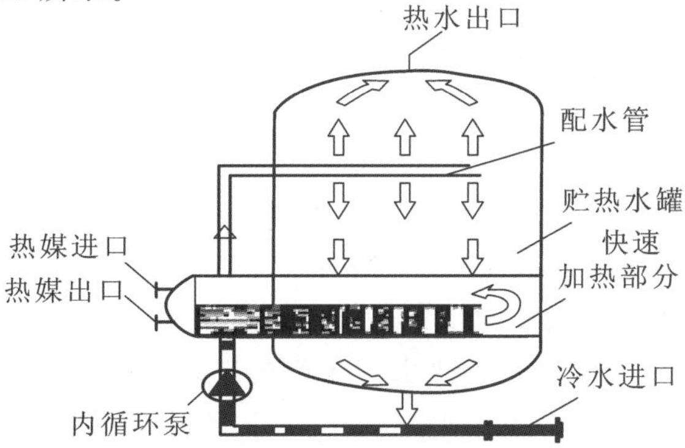

图 1-49 半容积式水加热器

3）半即热式水加热器

该设备为带有超前控制，具有少量贮存体积的快速式水加热器，如图 1-50 所示。加热原理：热媒蒸汽经控制阀和底部入口通过立管进入各并联盘管，冷凝水入立管后由底部流出，冷水从底部经孔板入罐，同时有少量冷水进入分流管。

该加热器的特点：有预测温控装置，出水温度稳定；传热系数大，换热速度快；体积小，占地面极小，水流停留时间短，能有效地防止军团菌的滋生；自动除垢。该加热器适用于有各种不同负荷需要的机械循环热水供应系统。

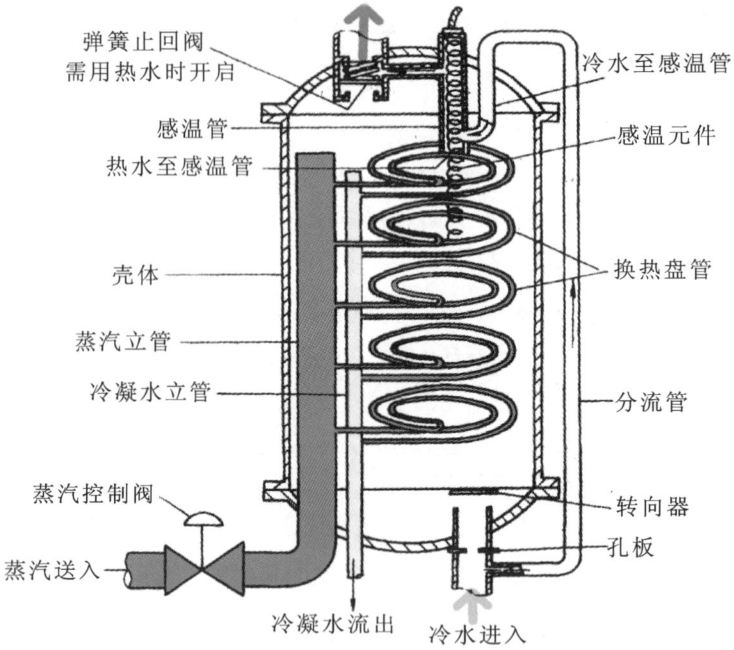

图 1-50　半即热式水加热器构造示意图

4）快速式水加热器

快速式水加热器就是热媒与被加热水通过较大速度的流动进行快速换热的一种间接加热设备，如图 1-51 所示。快速式水加热器具有效率高、体积小、安装搬运方便的优点；缺点是不能贮存热水、水头损失大、在热媒或被加热水压力不稳定时出水温度波动较大。快速式水加热器适用于生产车间和工业企业生活间。

1.2.4　热水系统施工图识读

1. 热水系统施工图识读的方法

热水系统施工图的识读方法与给水系统基本相同，应先读平面图，后将轴测图或展开系统原理图对照识读。从平面图中获得管道、附件、设备的平面布置位置，从系统轴测图或展开系统原理图中掌握热水管道系统的"来龙去脉"。识读过程如下。

（1）识读热水制备系统。以高温热水为热媒的顺序：锅炉→热媒给水管→水-水加热器→热媒回水管→热媒循环水泵→锅炉给水。以蒸汽为热媒的顺序：锅炉→供汽管→汽-水

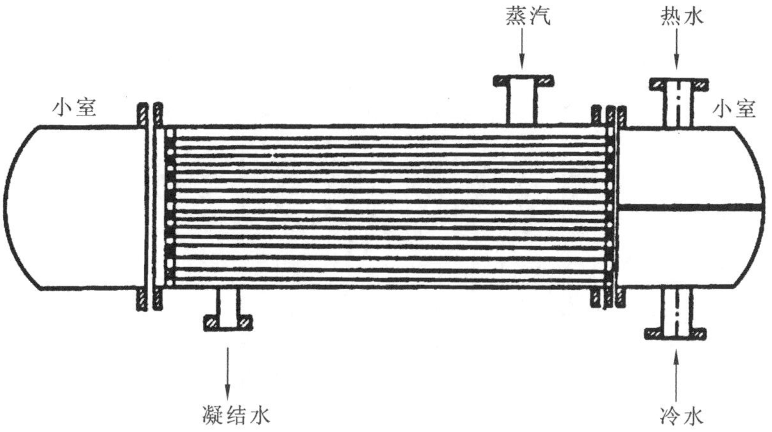

图 1-51 多管式汽-水快速式水加热器

加热器→凝结水管→凝结水箱→凝结水泵→锅炉给水。

(2) 识读热水供应系统。按水流顺序:水加热器→热水供水管→卫生器具配水附件→热水回水管→热水循环水泵→加热器→冷水补水系统。识读内容包括水加热器类型、标高管道的标高、管径供回水管道的走向、热水系统附件的位置、立管编号、系统编号。

2. 热水系统施工图识读实例

如图 1-52 至图 1-55 所示,请识读热水系统平面图和热水系统原理图。

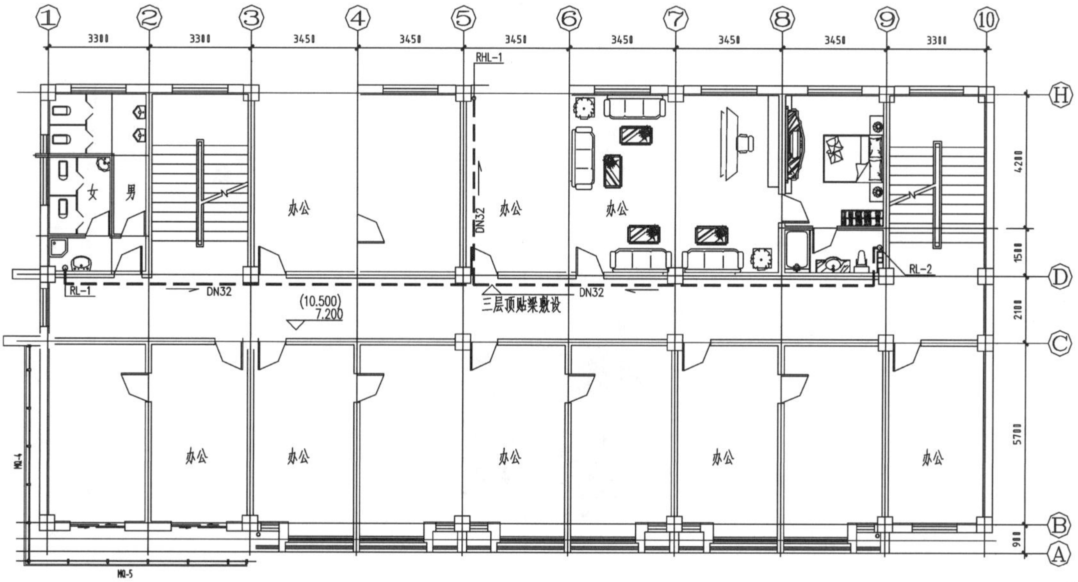

图 1-52 三、四层热水系统平面图

三、四层热水系统平面图识读:

(1) 供水立管 RL-1 、RL-2 布置在卫生间内,回水立管 RHL-1 布置在 H 轴和 5 轴交界处 。

(2) 回水干管贴三层梁底布置。

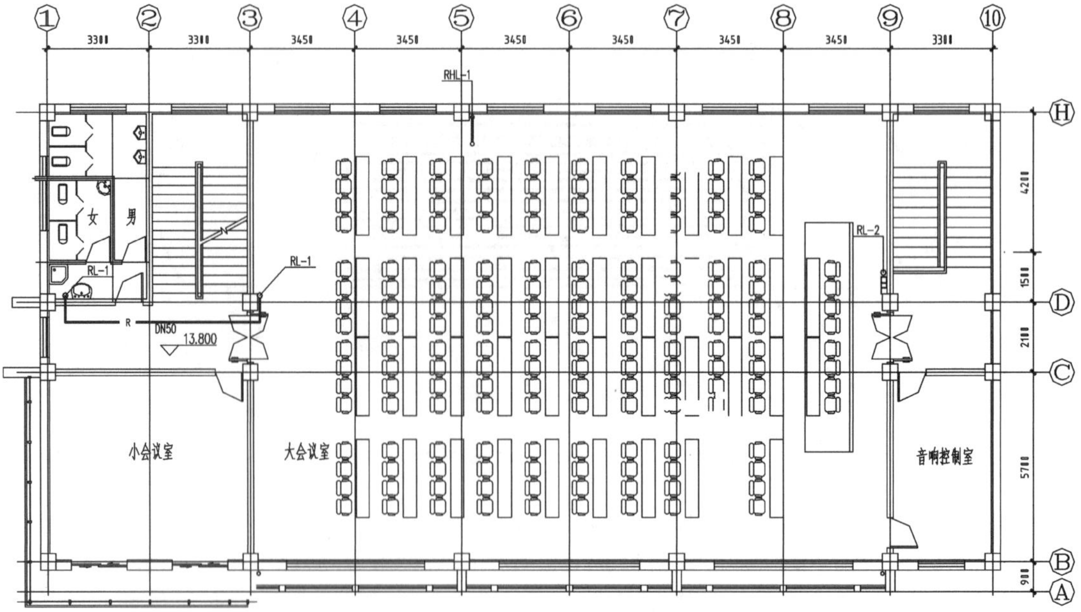

图 1-53 五层热水系统平面图

五层热水系统平面图识读：

(1) 供水立管 RL-1 、RL-2 布置在卫生间内，回水立管 RHL-1 布置在 H 轴和 5 轴交界处 。

(2) 供水立管 RL-1 在五层转向，布置在 D 轴和 3 轴交界处。回水立管 RHL-1 往南转向。

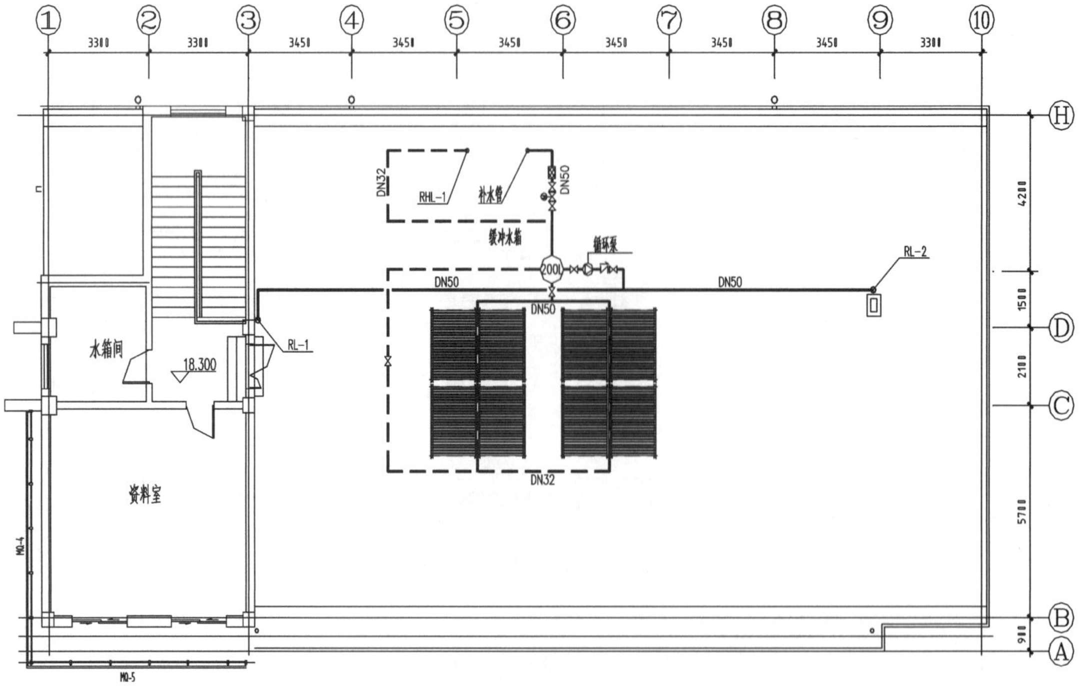

图 1-54 屋面热水系统平面图

屋面热水系统平面图识读：

(1) 屋面设有 2 组太阳能集热器、1 个缓冲水箱、1 台循环泵。

(2) RHL-1 回水和补水进入缓冲水箱，缓冲水箱向集热器供水，被集热器加热的水进入缓冲水箱，由循环水泵输向 RL-1、RL-2 供水立管。

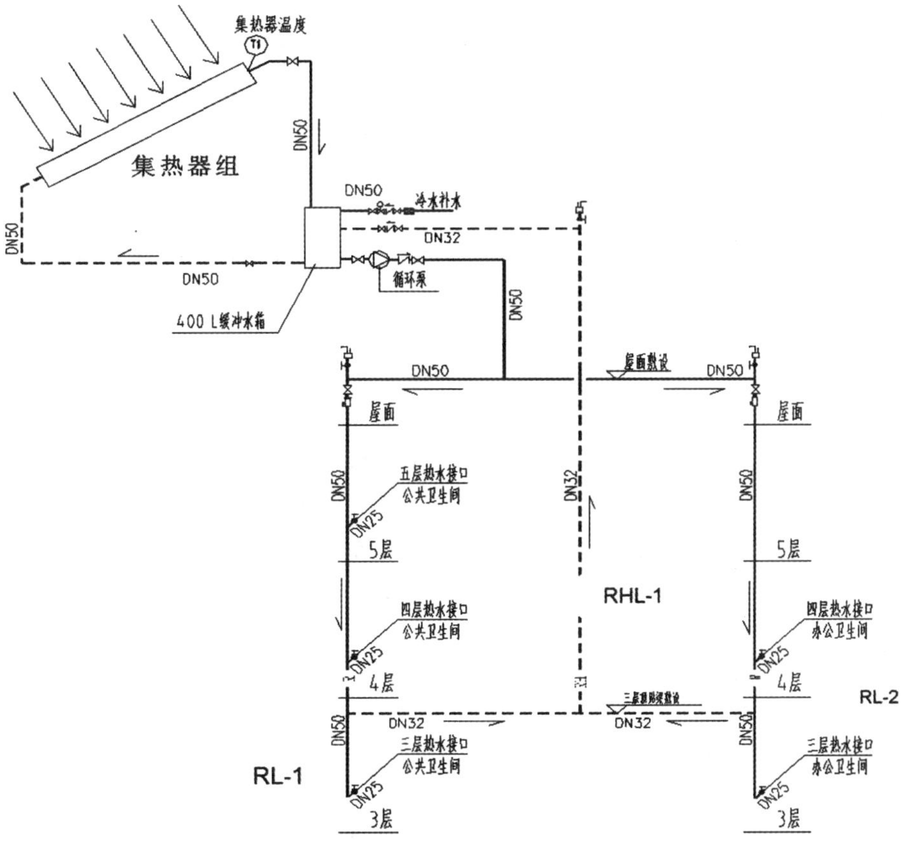

图 1-55 热水系统原理图

热水系统原理图识读：

(1) 屋面设有太阳能集热器、循环水泵、400 L 缓冲水箱。

(2) 集热器将低温水加热供给缓冲水箱，缓冲水箱在屋面接立管 RL-1、RL-2，向三、四层卫生间供应热水。回水管设置在三层，通过 RHL-1 接至屋面缓冲水箱。

(3) RHL-1 RL-1、RL-2 立管最高处安装排气阀，每层连接卫生间支管处均安装截止阀。

(4) 循环水泵前后设有阀门附件，补水管、回水管上设有闸阀、止回阀等。

思政小课堂

绿色建筑节水与水资源利用

二十一世纪全球面临的共同课题是如何促进人口、资源、环境和社会协调与可持续发展。水作为重要的资源，直接关系到人类的生存、发展和社会的进步。我国人均占有水资源量不足世界人均水平的1/4，水资源时空分布不均匀，特别是北方地区干旱少水，水资源严重缺乏。随着我国人民生活水平提高，人们对供水水量和质量的要求不断提高；随着国家实施水资源的可持续利用和保护，绿色建筑节水及水资源利用已成为政府和广大人民群众关注的焦点。

绿色建筑是指在建筑的全寿命周期内最大限度地节约资源、保护环境和减少污染，为人们提供健康、适用和高效的使用空间，与自然和谐共生的建筑。其中，节水是实现绿色建筑的一个关键环节，涉及建筑给水排水系统、设施，需要统筹管理各种水资源，减少用水量和污水排放量。目前，节水技术有以下几种。

一是防止给水系统超压出流措施。针对给水系统超压所浪费的水量，采取分区供水等形式及采用新型供水设施可以合理利用市政管网压力，同时应在给水系统内合理配置减压阀、减压孔板及节流塞等减压装置，将各层水压都控制在要求范围内。

二是采用节水器具。《节水型生活用水器具》(CJ/T 164—2014)对于节水器具的定义为满足相同的饮用、厨用、洁厕、洗浴、洗衣等用水功能，较同类常规产品能减少用水量的器件、用具。目前，节水型生活用水器具主要包括节水型水龙头、节水便器及节水便器系统、热水系统节水器具等。

三是充分利用太阳能热水器。太阳能作为新能源的一种被越来越多地应用到建筑内，使用范围主要是利用太阳能制备生活热水，既可以节约能源，又能保护环境，但在太阳能热水系统设计中应注意在寒冷地区应考虑其抗冻性能、抗热冲击性能以及承压能力等因素。

四是水资源循环利用，如建筑中水回用技术、雨水回用技术，使水资源得到高效使用。

“十四五规划”和2035远景目标纲要提出，实施国家节水行动，建立水资源刚性约束制度。因此，我们要提高能源节约意识，尊重大自然，节约、保护水资源，同时从科技创新的角度出发，利用最新技术进行节水节能和新能源利用。

技能考核

姓名__________ 班级__________ 学号__________ 成绩__________

一、单选题

1.下列水加热器中，加热方式属于直接加热的是(　　)。

A.容积式水加热器

B.快速式水加热器

C.设有蒸汽多孔管的加热水箱

D.半容积式水加热器

2.下述关于容积式水加热器的描述不正确的是(　　)。

A.是内部设有热媒导管的热水贮存容器，具有加热冷水和贮存热水两种功能

B.具有较大的贮存和调节能力，被加热水通过时水头损失较小

C.出水水温较稳定

D.体积利用率较高

3.快速式水加热器的主要特点是(　　)。

A.加热效率低　　B.占地面积大

C.不能贮存热水，水头损失大　　D.出水水温稳定

二、简答题

热水系统的供水方式有哪几种，各有什么优缺点？

三、识图题

结合热水系统原理图(见图1-56)，请回答以下问题。

(1)图中有几根热水供水管，有几根热水回水管，代号分别是什么？

(2)热水供水管供哪几层的水，管径分别是多少？热水回水管支管的管径是多少？

(3)卫生间供水的立管的管径是多少？

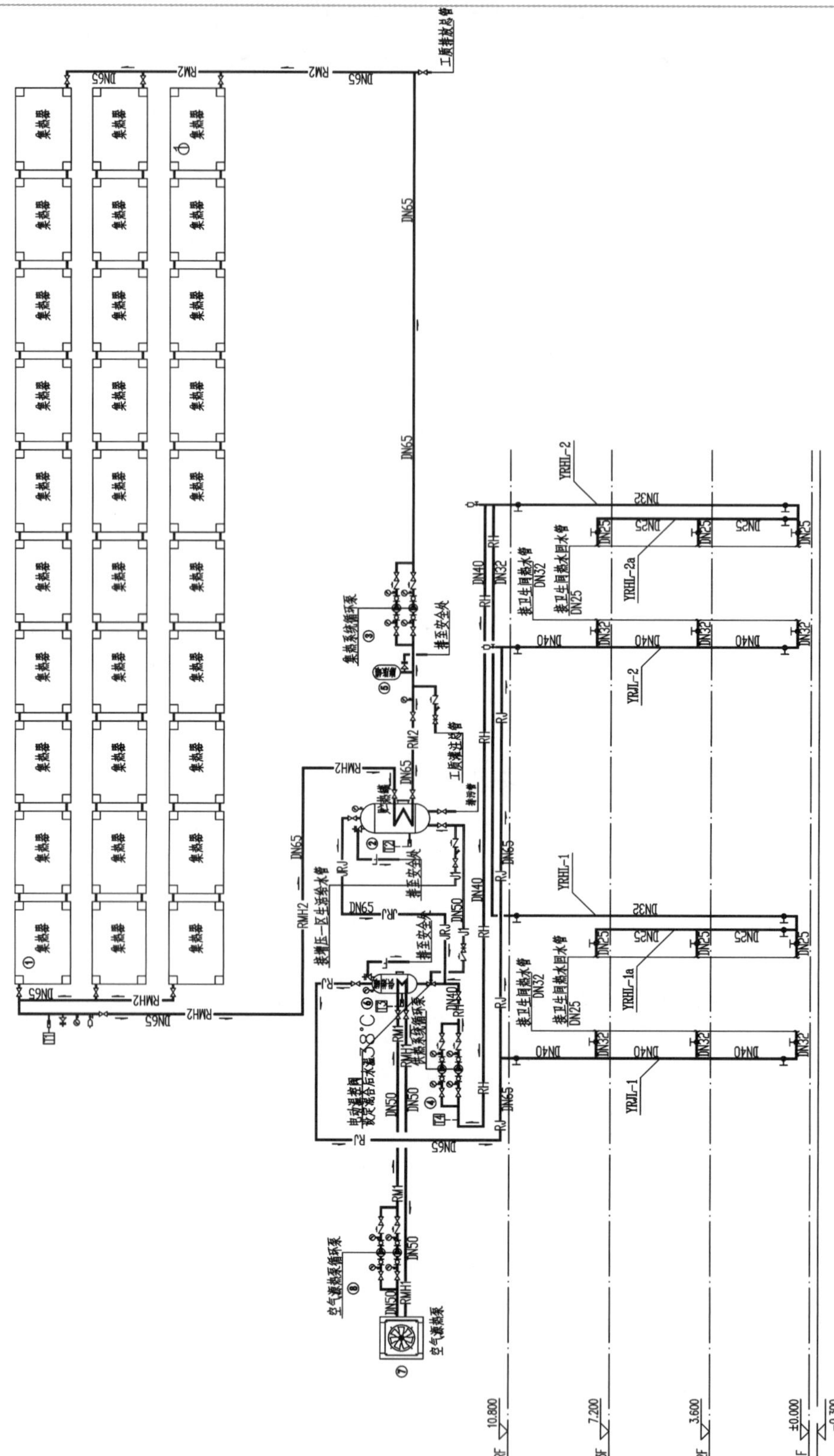

图1-56 热水系统原理图

模块 2

建筑排水工程设备与识图

2.1 建筑排水系统与识图

任务描述

(1)排水系统的分类和组成。
(2)排水系统的管材、附件。
(3)排水管道的布置和敷设。
(4)排水系统识图方法与应用。

任务目标

结合学生情况,以课程标准和岗位能力需求为依据,确定任务目标。
(1)了解排水系统的分类、组成。
(2)熟悉排水系统常用的管材、附件。
(3)熟悉排水管道的布置原则和敷设要求。
(4)掌握排水系统读图方法的一般步骤。
(5)能读懂排水专业施工图图纸。

相关技能点

2.1.1 排水系统的分类与组成

1. 排水系统的分类

建筑物排水系统的任务是将人们在建筑内部的日常生活和工业生产中产生的污水、废水以及降落在屋面上的雨水、雪水迅速地收集后排到室外,使室内保持清洁卫生,并为污水处理和综合利用提供便利的条件。按系统接纳的污水、废水类型不同,建筑物排水系统可以分为生活排水系统、工业废水排水系统、雨(雪)水排水系统三类。

1) 生活排水系统

该系统用来收集、排出在居住建筑、公共建筑及工厂生活的人日常生活产生的污水、废水,可进一步分为生活污水排水系统和生活废水排水系统。生活污水是指冲洗便器的生活污水,含有大量有机杂质和细菌,污染严重。生活废水一般是沐浴和洗涤废水,污染程度较轻,几乎不含固体杂质,由生活废水排水系统收集后直接排到室外排水系统。生活废水也可以作为中水系统较好的中水水源。

2) 工业废水排水系统

该系统的任务是排出工业生产中产生的污水、废水。生产污水污染较重,需要处理,达到排放标准后才能排入室外排水系统；生产废水污染较轻，可直接排放，也可经简单处理后重复利用。

3）雨(雪)水排水系统

雨(雪)水排水系统用来收集、排出降落在建筑屋面上的雨水和融化的雪水。降雨初期，雨水中含有从屋面冲刷下来的灰尘，污染程度轻，可直接排放。

2. 排水体制

建筑内部排水体制分为分流制和合流制两种。

(1) 建筑内部分流排水是指居住建筑和公共建筑中的生活污水和生活废水及工业建筑中的生产污水和生产废水各自由单独的排水管道系统排放。

(2) 建筑内部合流排水是指建筑中两种或两种以上的污水、废水合用一套排水管道系统排放。

3. 排水系统的组成

一个完整的建筑内部污(废)水排水系统是由下列部分组成的，如图 2-1 所示。

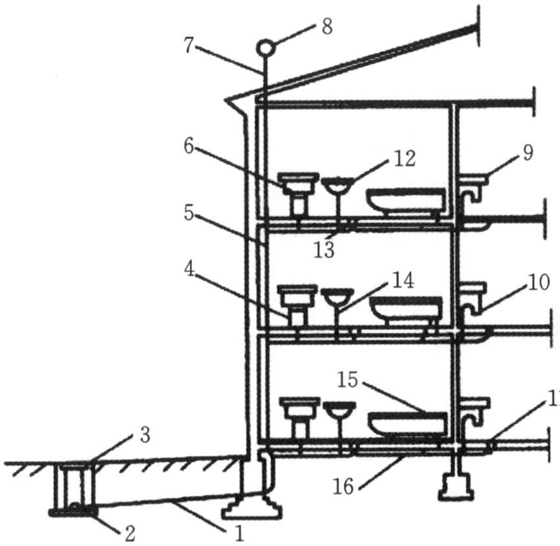

图 2-1　室内排水系统示意图

1—排出管；2—室外排水管；3—检查井；4—大便器；5—立管；6—检查口；7—伸顶通气管；8—铁丝网罩；9—洗涤盆；10—存水弯；11—清扫口；12—洗脸盆；13—地漏；14—器具排水管；15—浴盆；16—横支管

1）卫生器具和生产设备受水器

它们是用来存放用水和将用后的废水、废物排泄到排水系统的容器。建筑内的卫生器具应具有内表面光滑、不渗水、耐腐蚀、耐冷热、便于清洁、经久耐用等性质。

2）排水管道

排水管道由器具排水管(连接卫生器具和横支管的一段短管)、横支管、立管、埋设在地下的总干管和排出室外的排出管等组成，能迅速将污(废)水安全地排到室外。

3）通气管道

卫生器具排水时，需向排水管系补空气，减小内部气压变化，防止卫生器具水封破坏；需将排水管系中的臭气和有害气体排到大气中，使管系内经常有新鲜空气和废气的对流，减轻管道内废气造成的锈蚀。通气管应高出屋面 300 mm，但必须大于最大积雪厚度；在经常有

人停留的平屋顶上，通气管应高出屋面 2 m，并设防雷装置

4）清通设备

为疏通建筑内部排水管道，保障排水畅通，常需设置检查口、清扫口及带有清通门的 90°弯头或三通接头、室内埋地横干管上的检查井等。

5）提升设备

当建筑物内的污（废）水不能自流排至室外时，需设置污水提升设备。建筑内部污（废）水提升包括污水泵的选择、污水集水池体积确定和污水泵房设计。常用的污水泵有潜水泵、液下泵和卧式离心泵。

6）污水局部处理构筑物

当室内污水未经处理不允许直接排入城市排水系统或水体时需设置局部水处理构筑物。常用的局部水处理构筑物有化粪池、隔油井和降温池。

化粪池是一种利用沉淀和厌氧发酵原理去除生活污水中悬浮性有机物的最初级处理构筑物，由于目前我国许多小城镇还没有生活污水处理厂，所以建筑物卫生间内排出的生活污水必须经过化粪池处理后才能排入合流制排水管道。

隔油井的工作原理是使含油污水流速降低，并使水流方向改变，使油类浮在水面上，然后将其收集排除，适用于食品加工车间、餐饮业的厨房排水，由汽车库排出的汽车冲洗污水和其他一些生产污水的除油处理。

一般城市排水管道允许排入的污水的温度不大于 40 ℃，所以当室内排水温度高于 40 ℃（如锅炉排污水）时，应尽可能将其热量回收利用。如不可能回收，在排入城市管道前应采取降温措施，一般可在室外设降温池加以冷却。

2.1.2 排水管材、附件、卫生器具及通气系统

1. 排水管材、附件

1）排水管材

建筑内部排水管道应采用建筑排水塑料管及管件或柔性接口机制排水铸铁管及相应管件。在选择排水管道管材时，应综合考虑建筑物的使用性质、建筑高度、抗震要求、防火要求及当地的管材供应条件，因地制宜选用。

（1）塑料管。

目前在建筑内部广泛使用的排水塑料管是硬聚氯乙烯塑料管（简称 UPVC 管）。它具有质量轻、不结垢、不腐蚀、外壁光滑、容易切割、便于安装、可制成各种颜色、投资省和节能等优点。但塑料管也有强度低、耐温性差、立管产生噪声、暴露于阳光下管道易老化、防火性能差等缺点。

（2）排水铸铁管。

排水铸铁管有刚性接口和柔性接口两种，为使管道在内水压下具有良好的曲挠性和伸缩性，以适应建筑楼层间变位导致的轴向位移和横向曲挠变形，防止管道裂缝、折断。建筑内部排水管道应采用柔性接口机制排水铸铁管。它具有强度大、抗震性能好、噪声低、防火性能好、寿命长、膨胀系数小、安装施工方便、美观（不带承口）、耐磨和耐高温性能好等优点，但是造价较高。

（3）钢管。

钢管主要用作洗脸盆、小便器、浴盆等卫生器具与横支管的连接短管，管径一般为

32 mm、40 mm、50 mm。在工厂车间内震动较大的地点也可用钢管代替铸铁管。

(4) 带釉陶土管。

带釉陶土管耐酸碱、耐腐蚀，主要用于腐蚀性工业废水排放。室内生活污水埋地管也可采用带釉陶土管。

2) 排水附件

(1) 存水弯。

存水弯是在卫生器具排水管上或卫生器具内部设置的有一定高度的水柱，防止排水管道系统中的气体窜入室内的附件，存水弯内一定高度的水柱称为水封。存水弯按构造分为管式存水弯、瓶式存水弯。其中，管式存水弯是利用排水管道几何形状的变化形成的存水弯，有 S 形、P 形和 U 形三种类型，如图 2-2 所示。

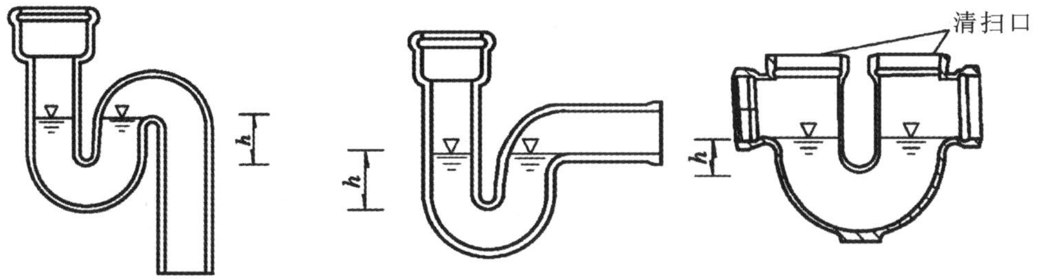

(a) S形存水弯　(b) P形存水弯　(c) U形存水弯

图 2-2　存水弯及其水封

(2) 检查口和清扫口。

检查口带有可开启的检查盖，是装设在排水立管及较长横管段上的附件。检查口一般装于立管，总立管或立管与横支管连接处有异物堵塞时清掏用，多层或高层建筑的排水立管上每隔一层就应装一个，检查口间距不大于 10 m。立管的最底层和设有卫生器具的两层以上坡顶建筑物的最高层必须设置检查口，平顶建筑可用通气口代替检查口。立管如装有乙字管，则应在该层乙字管上部装设检查口。当排水横管管段超过规定长度时，也应设置检查口。

清扫口是一种装在排水横管上，用于清扫排水横管的附件。各层横支管连接卫生器具较多时，横支管起点均应装清扫口(有时亦可用能供清掏的地漏代替)。

连接 2 个及 2 个以上的大便器或 3 个及 3 个以上的卫生器具的污水横管、水流转角小于 135°的污水横管，均应设置清扫口。清扫口安装不应高出地面，必须与地面平齐。设置在横管端部的地面式清扫口与管道垂直的墙面距离不得小于 150 mm，清扫口开口应与地面相平，如图 2-3(a)所示。若在楼板下横管的始端设置堵头代替清扫口时，其与墙面距离不得小于 400 mm，如图 2-3(b)所示。

(3) 地漏。

地漏是一种内有水封，用来排除地面水的特殊排水装置，通常装在地面须经常清洗或地面有水须排泄处，如淋浴间、水泵房、盥洗间、卫生间等装有卫生器具处。地漏在住宅中还可用作洗衣机排水口。地漏安装时，应放在易溅水的卫生器具附近的地面最低处，一般要求其篦子顶面低于地面 5～10 mm。图 2-4 所示为带篦子的地漏。

3) 其他附件

(1) 隔油具。

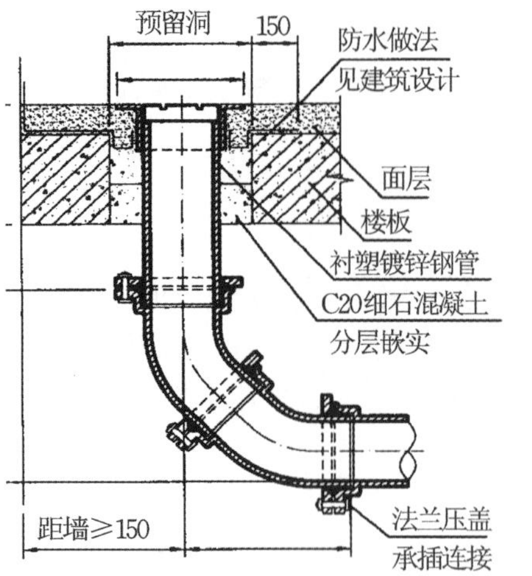

（a）地面式清扫口

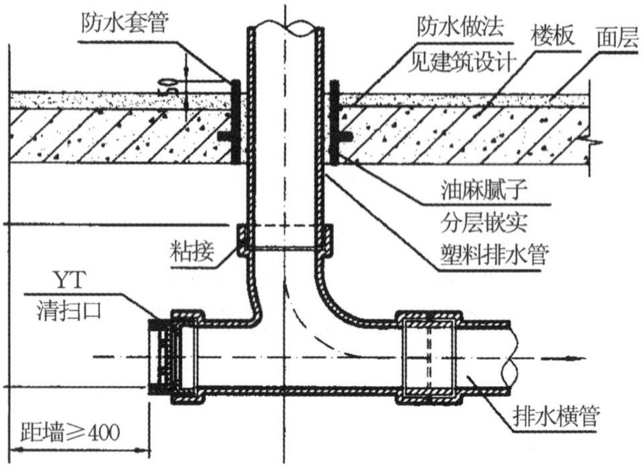

（b）楼板下清扫口

图 2-3　清扫口设置

图 2-4　带篦子的地漏

厨房或配餐间的洗鱼、洗肉、洗碗等含油脂污水从洗涤池排入下水道前必须先经过隔油装置进行初步的隔油处理，这种隔油装置简称隔油具，装在室内靠近水池的台板下面，隔一定时间打开隔油具，将浮积在水面上的油脂除掉，亦可在几个水池的排水连接横管上设一个共用隔油具。

（2）滤毛器。

理发室、游泳池和浴室的排水往往携带着毛发等絮状物，堆积多时容易造成管道堵塞，这些场所的排水管应先通过滤毛器后与室内排水干管连接或直接连接至室外。

（3）吸气阀。

吸气阀分Ⅰ型和Ⅱ型两种。在使用UPVC管材的排水系统中，为保持压力平衡或无法设通气管时，可在排水横支管上装设吸气阀。

2. 卫生器具

1）便溺器具

便溺器具是用来收集、排出粪便、尿液的卫生器具，设置在卫生间和公共厕所内。便溺用卫生器具包括便器和冲洗设备两部分。便溺器具有大便器、大便槽、小便器、小便槽。

（1）大便器。

大便器是排出粪便的便溺用卫生器具，其作用是把粪便和便纸快速、完全地排入下水管道，同时防臭。常用的大便器有坐式大便器和蹲式大便器两类，如图2-5所示。

（2）大便槽。

大便槽是可供多人同时使用的长条形沟槽，用隔板隔成若干小间。多用于学校、火车站、汽车站、码头、游乐场等人员较多的场所，代替成排的蹲式大便器。

（3）小便器。

小便器设于公共建筑的男厕所内，有的住宅卫生间内也需设置。小便器有挂式、立式两种。其中立式小便器用于标准高的建筑。

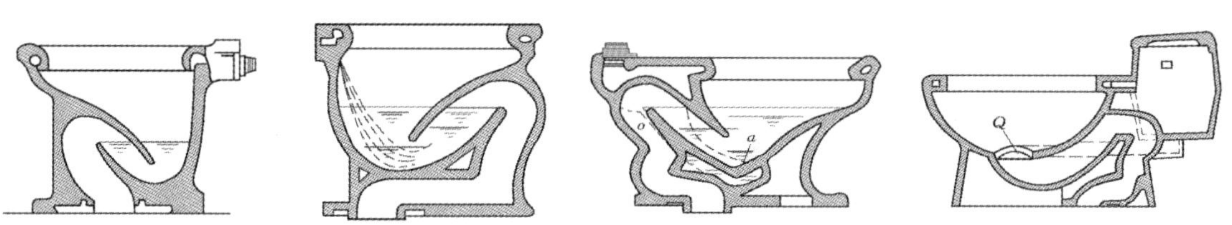

（a）冲洗式　（b）虹吸式　（c）喷射虹吸式　（d）漩涡虹吸式

图 2-5　坐式大便器

（4）小便槽。

小便槽是可供多人同时使用的长条形沟槽，由水槽、冲洗水管、排水地漏或存水弯等组成。小便槽采用混凝土结构，表面贴瓷砖，用于工业企业、公共建筑和集体宿舍的公共卫生间。

2）盥洗器具

（1）洗脸盆。

洗脸盆一般用于洗脸、洗手、洗头，常设置在盥洗室、浴室、卫生间和理发室等场所。洗脸盆的高度及深度适宜，盥洗不用弯腰，较省力，使用不溅水，用流动水盥洗比较卫生。洗脸盆有长方形、椭圆形和三角形，安装方式有墙架式、台式和柱脚式。图 2-6 所示为墙架式洗脸盆。

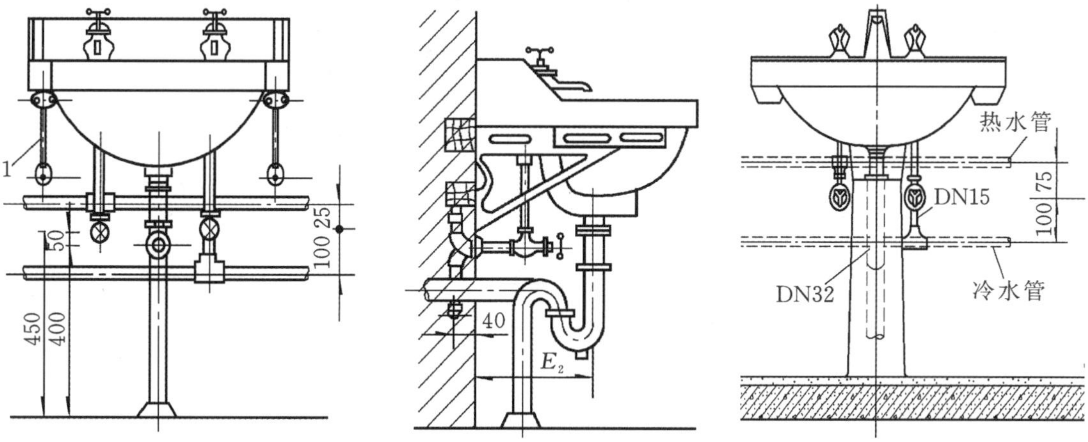

图 2-6　墙架式洗脸盆

（2）盥洗台。

盥洗台有单面和双面之分，一般为钢筋混凝土现场浇注，水磨石或瓷砖贴面，也有不锈钢、搪瓷、玻璃钢等制品。盥洗台常设置在同时有多人使用的地方，如集体宿舍、教学楼、车站、码头、工厂生活间内。图 2-7 所示为单面盥洗台。

3）淋浴器具

（1）浴盆。

浴盆设在住宅、宾馆、医院等的卫生间或公共浴室，供人们清洁身体。浴盆配有冷热水或混合龙头，并配有淋浴设备。浴盆多为搪瓷制品，也有陶瓷、玻璃钢、人造大理石、亚克力（有机玻璃）、塑料等制品。浴盆按使用功能分为普通浴盆（见图 2-8）、坐浴盆和按摩浴盆三种；按形状分为方形、圆形、三角形和人体形；按是否有裙边分为无裙边和有裙边两类。

（2）淋浴器。

如图 2-9 所示，淋浴器是一种由莲蓬头、出水管和控制阀组成，喷洒水流供人沐浴的卫生器具，多用于工厂、学校、机关、部队的公共浴室和体育馆内。淋浴器占地面积小、清洁卫

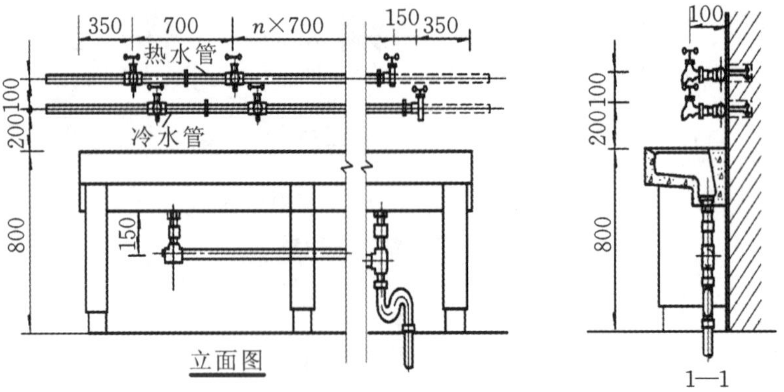

图 2-7 单面盥洗台

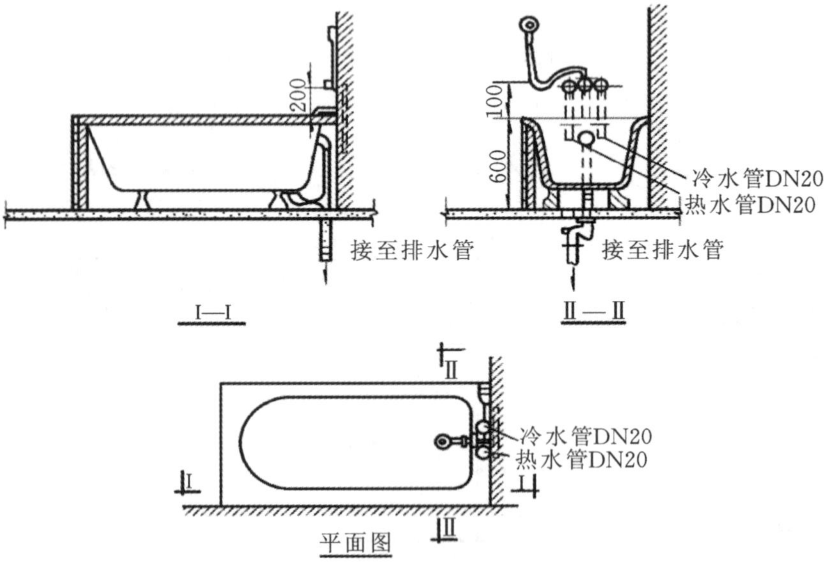

图 2-8 普通浴盆

生、避免疾病传染、耗水量小、设备费用低。

4）洗涤器具

洗涤器具是用来洗涤食物、衣物、器皿等物品的卫生器具。常用的洗涤器具有洗涤盆(池)、化验盆、污水盆(池)。

(1) 洗涤盆。

洗涤盆常设置在厨房或公共食堂内，用来洗涤碗碟、蔬菜等。医院的诊室、治疗室等处也需设置洗涤盆。洗涤盆有单格和双格之分，有的还带搁板和背衬。双格洗涤盆的一格用于洗涤，另一格泄水，如图 2-10 所示。

(2) 化验盆。

化验盆是洗涤化验器皿，是供给化验用水、倾倒化验排水的洗涤器具。化验盆设置在工厂、科研机关和学校的化验室或实验室内，可根据需要安装单联、双联、三联鹅颈龙头，如图 2-11 所示。

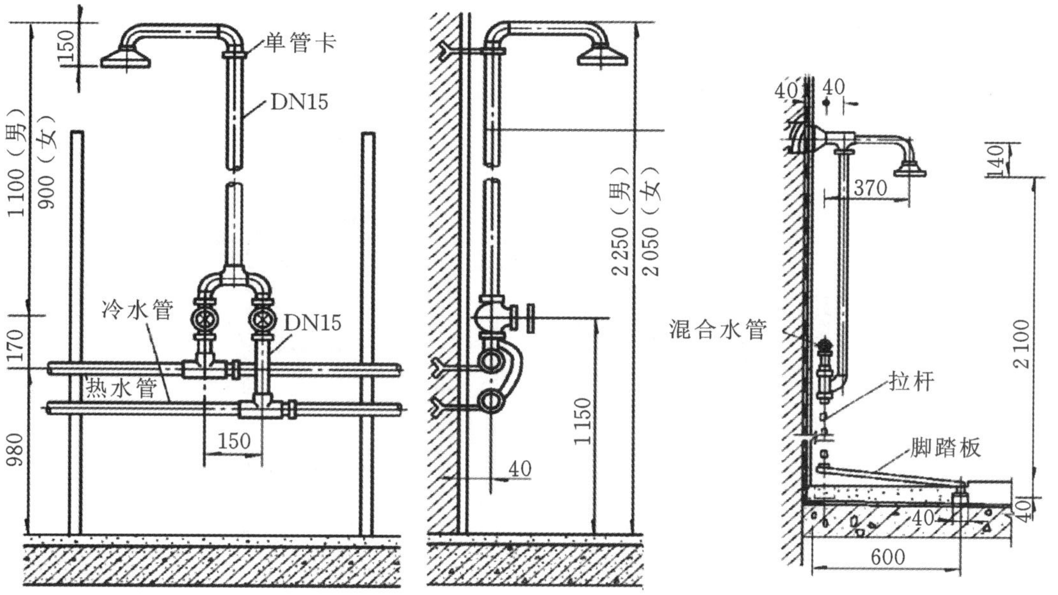

（a）　（b）

图 2-9　淋浴器

（3）污水盆。

污水盆又称污水池，常设置在公共建筑的厕所、盥洗室内，供洗涤拖把、打扫卫生或倾倒污水之用。污水盆多为陶瓷、不锈钢或玻璃钢制品。污水池以水磨石现场建造。按设置高度，污水盆（池）有挂墙式和落地式两类，如图 2-12 所示。

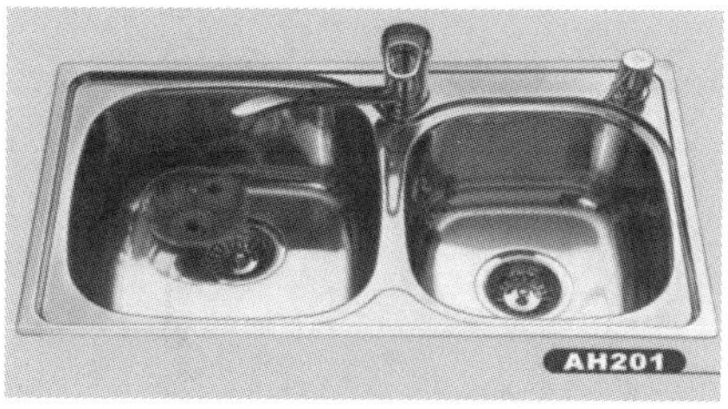

图 2-10　双格洗涤盆

3. 通气系统

建筑内部排水管道内是水气两相流。为使排水管道系统内空气流通、压力稳定，避免因管内压力波动使有毒、有害气体进入室内，需要设置与大气相通的通气系统。通气系统有排水立管延伸到屋面上的伸顶通气管、辅助通气管等，如图 2-13 所示。

1）伸顶通气管

污水立管顶端延伸出屋面的管段称为伸顶通气管，用于通气及排除臭气，为排水管系最简单、最基本的通气方式。

2）辅助通气管

（1）专用通气立管。

专用通气立管指仅与排水立管连接，为污水立管内空气流通而设置的垂直通气管道。每隔两层与排水立管相通。

（2）环形通气管。

环形通气管指在多个卫生器具的排水横支管上，从最始端卫生器具的上游端接至通气立管的那一段通气管段。

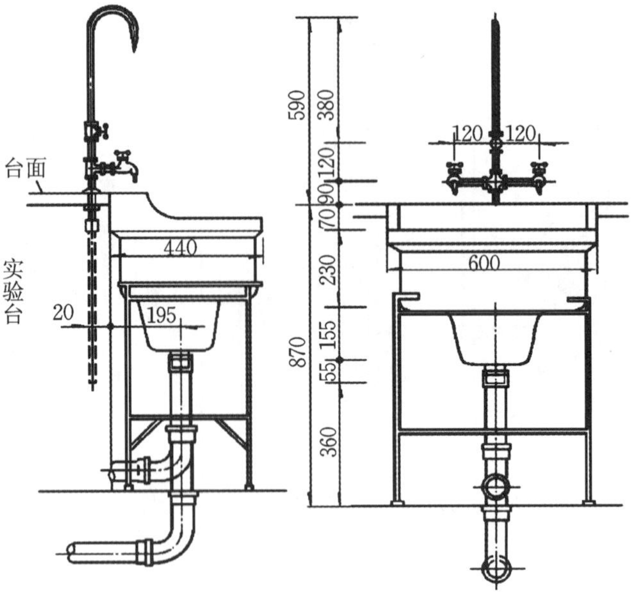

图 2-11　化验盆

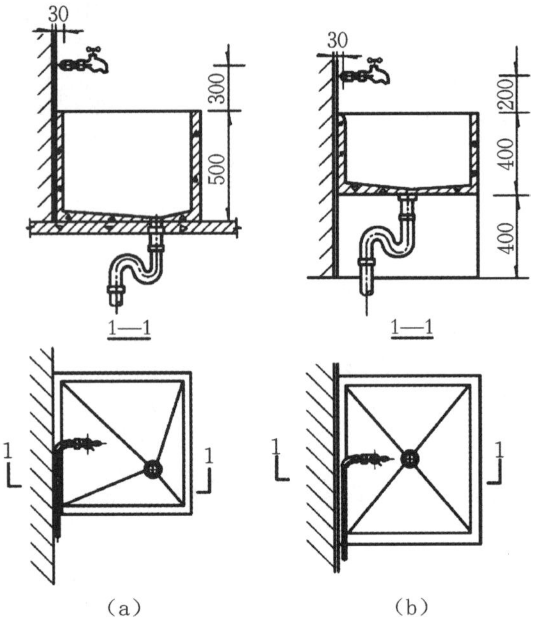

图 2-12　污水盆

(3) 主通气立管。

主通气立管指连接排水横支管和排水立管的垂直管道。

(4) 副通气立管。

副通气立管指仅与环形通气管连接，不和排水立管连接，为使排水横支管内空气流通而设置的通气管道。

(5) 结合通气管。

结合通气管指排水立管与通气立管的连接管段。作用:当上部横支管排水,水流沿立管向下流动,水流前方空气被压缩,通过它释放被压缩的空气至通气立管。

(6) 器具通气管。

器具通气管指卫生器具存水弯出口端一定高度处与主通气立管连接的通气管段,可以防止卫生器具产生自虹吸现象和噪声。器具通气管一般设置于卫生标准及控制噪声要求高的排水系统中。

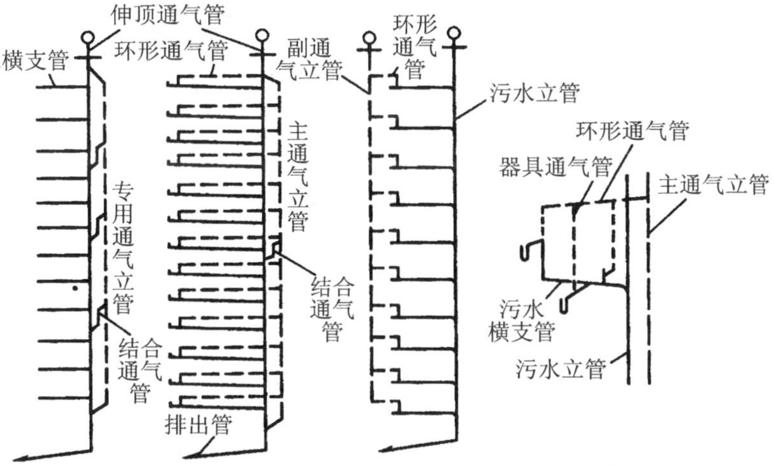

图 2-13　几种典型的通气管示意图

2.1.3　排水系统施工图识读

1. 排水系统施工图识读的方法

建筑排水系统施工图主要由图纸目录、施工说明、排水平面图、系统图和详图组成。

(1) 识读排水系统施工图时,首先要对照图纸目录,确认成套图纸是否完整、图名与图纸目录是否吻合。

(2) 识读设计施工说明,要了解排水系统设计内容,施工使用的规范、标准图集和图例符号含义。掌握排水系统使用的卫生器具、管材、附件、局部水处理构筑物的类型和技术参数。了解设计对排水系统的施工质量要求。

(3) 识读排水系统平面图,应了解建筑使用功能对排水系统工程的要求;注意排水系统与房屋的相互关系,如卫生器具、管线、附件的平面位置,管线穿墙、楼板、基础、屋面的位置;排水立管的位置、编号,排水系统的编号;管径、标高、管道坡度等。

(4) 识读排水系统图,从排水系统图中掌握管道系统的"来龙去脉",并与平面图对照识图,建立全面、完整的排水系统形象;了解排水管道的设置标高、管径和卫生间排水方式;了解排水系统的安装位置等。

其读图的顺序可按水流方向从卫生器具→污水横支管→污水立管(含通气管)→污水干管→污水总立管→污水排出管。

2. 排水系统施工图识读实例

结合图 2-14 至图 2-16 所示的平面图,图 2-17 和图 2-18 所示的系统图,进行排水系统施工图的识读。

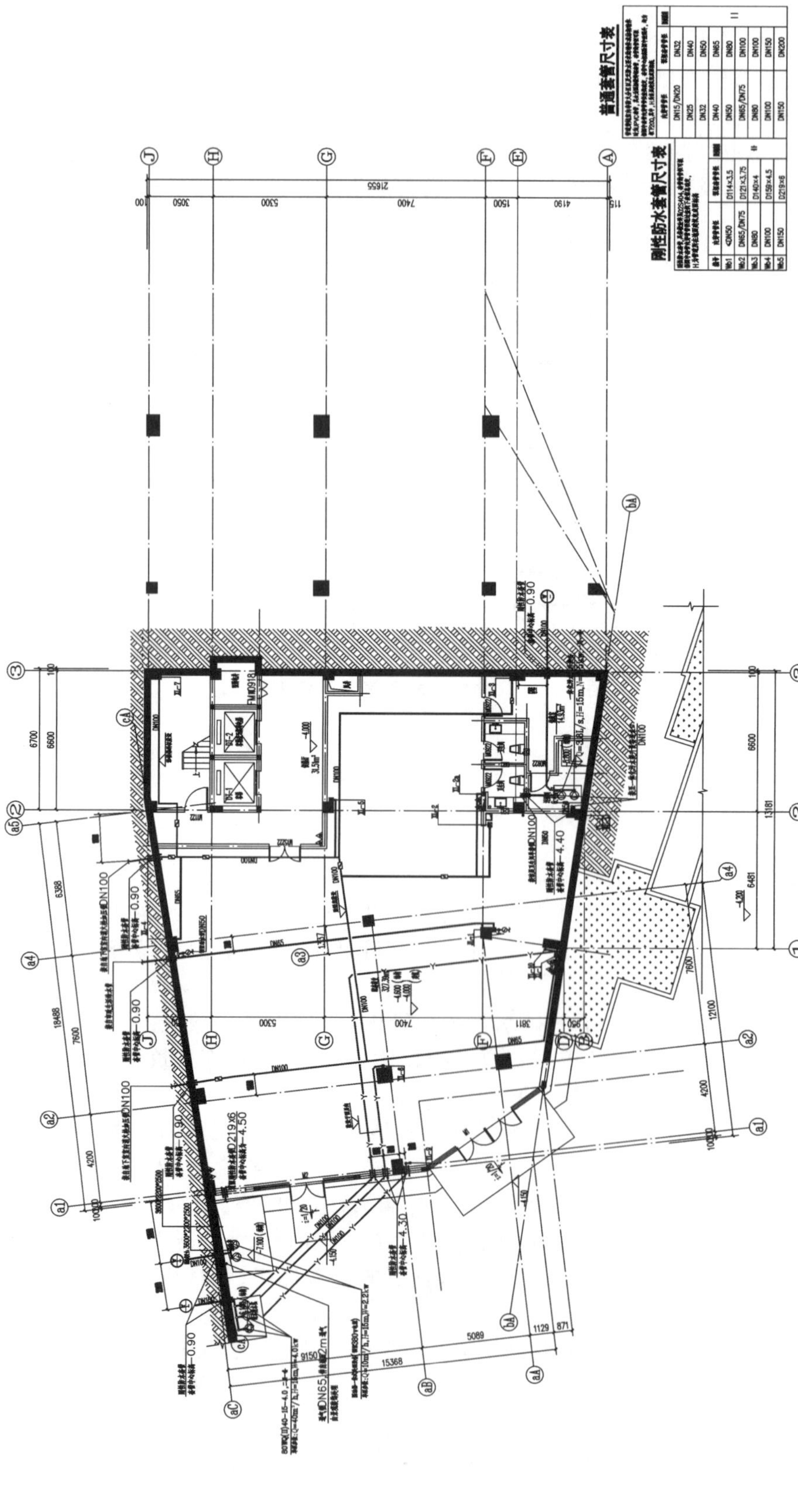

图2-14 地下一层给排水及消防平面图

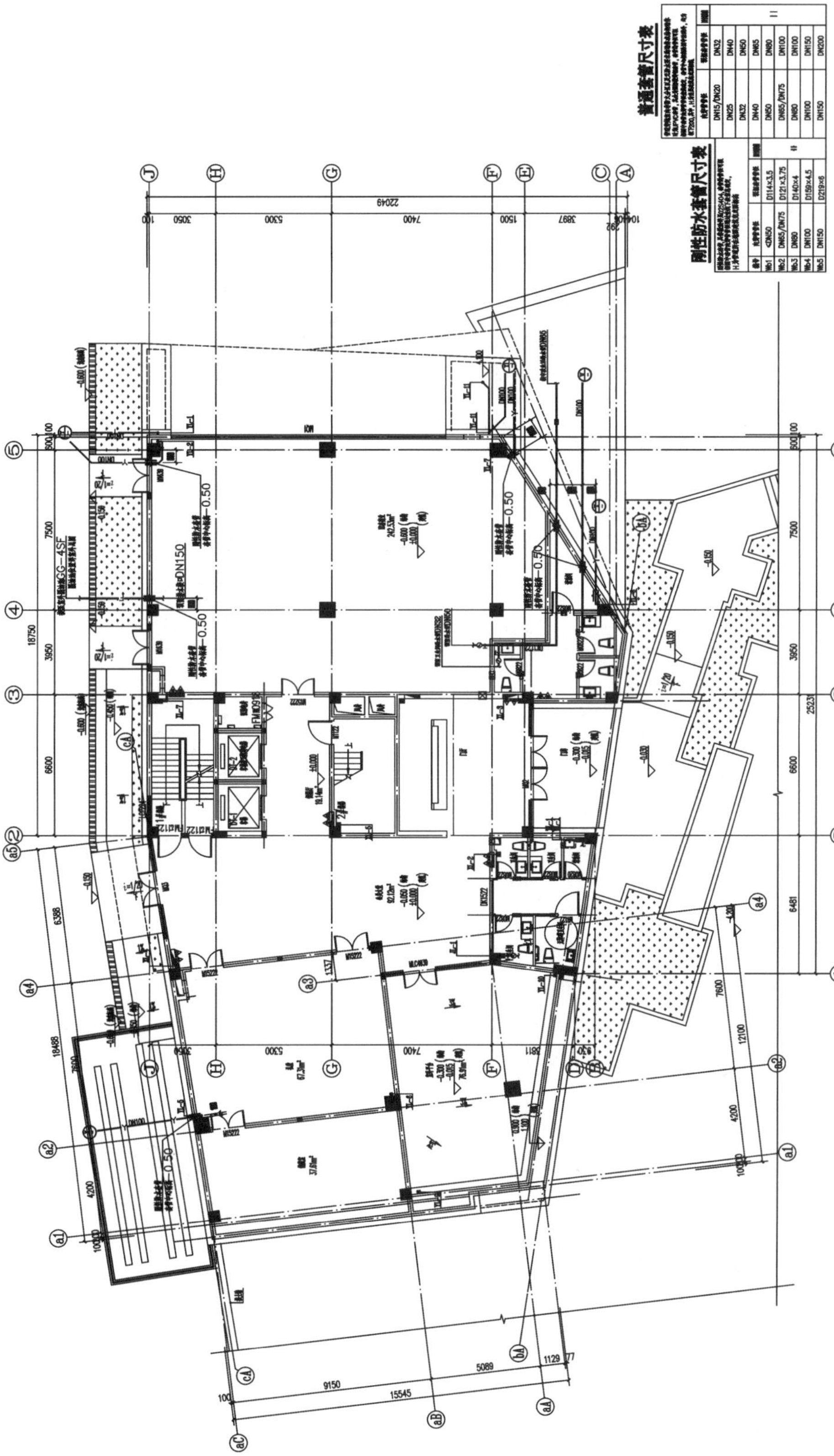

图2-15　一层给排水及消防平面图

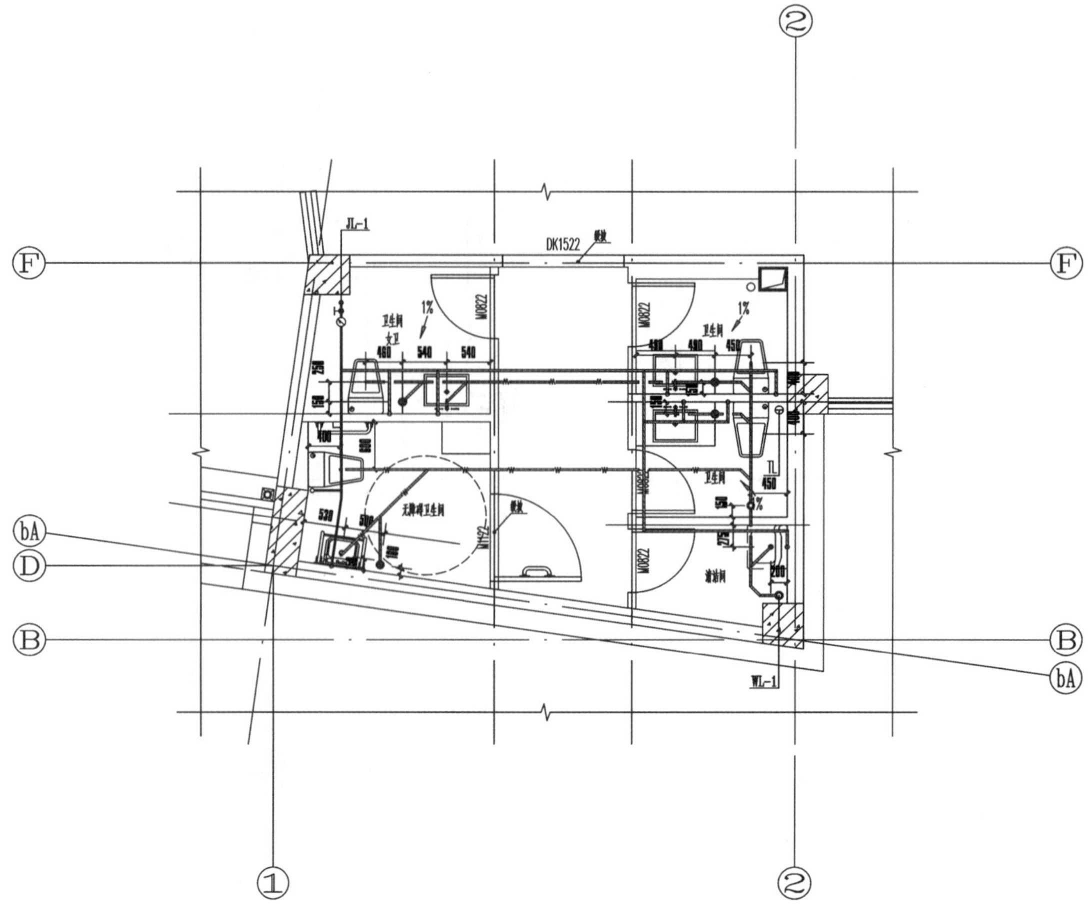

图 2-16　卫生间给排水平面放大图

平面图识读：

根据平面图了解室内卫生器具及用水设备的平面布置情况。

在 2 轴和 B 轴处设 WL-1 污水立管，排放一个清洁间、四个卫生间的地面排水，共有 1 个拖把池、4 个蹲便器、4 个洗手池、4 个地漏。为了防止排水横支管堵塞，在连接拖把池通向四个卫生间的排水管上设置了地面清扫口。排水立管的定位尺寸详见图纸。

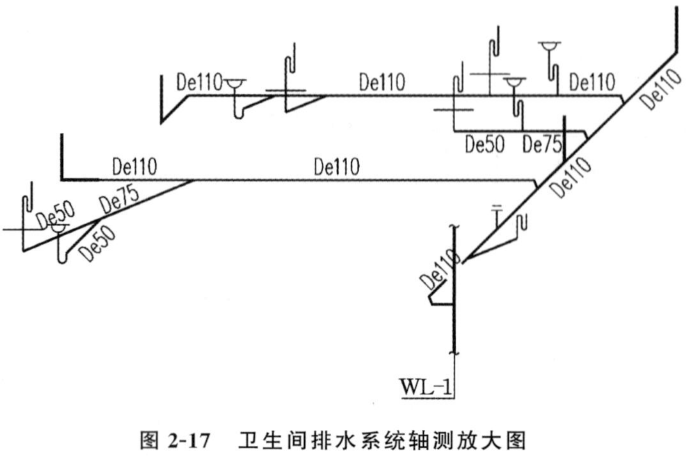

图 2-17　卫生间排水系统轴测放大图

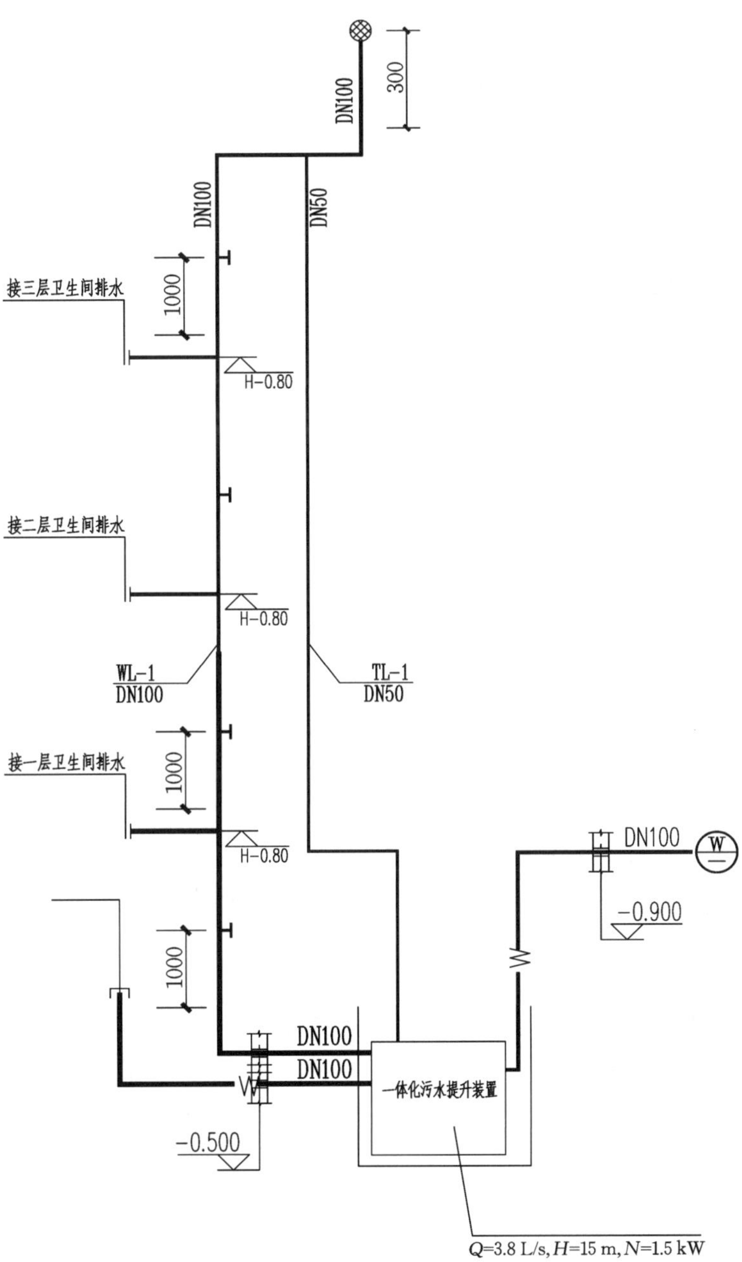

图 2-18　污水系统原理图

系统图识读：

该卫生间的排水系统为污水系统，WL-1 污水立管的管径为 De110，连接清洁间和卫生间的横支管的管径为 De110，在无障碍卫生间中，连接地漏和洗手台的横支管的管径为 De75，到地漏和洗手台又变径为 De50。

结合排水系统原理图，WL-1 污水立管的管径为 DN100，分别连接一层、二层、三层卫生间排水支管，排水支管最低点与楼面的高差为 800 mm。在高出每层 1000 mm 的排水立管上设了截止阀，管径为 DN100，立管上部的伸顶通气管上设有通气帽，高出屋面 300 mm。

思政小课堂

有效监测排水管网，升级智慧地下排水系统

保利国际广场商业项目是按照国内一流设计标准打造，集设计办公建筑、区域地标建筑、绿色生态建筑等于一体的高端写字楼宇群，三栋写字楼的总建筑面积近 35 万平方米。在保利国际广场商业项目 B2 栋 101 商铺装修期间，其业主发现主排污管严重堵塞，驳接受阻。项目工程部闻讯后多方排查，发现该污水管于负一楼汇总后排至外化粪池。

为解业主的燃眉之急，项目工程部迅速拿出解决方案：地面开挖 5 个沙井，按原标高开挖；沙井底部做钢筋混凝土承台，连接沙井的管道底部做混凝土垫层；铺设连接管道，重建沙井；回填压实，安装井盖。工作人员随即联系挖机进场，炮轰挖土，将地面垫层及雨水井、阀门井全部挖出，同时调来环卫车抽走雨水井内的污水。

保利国际广场商业项目以此次地下排污管道改造为契机，升级智慧地下排水系统，着力打造一体化、规范化、精细化的智慧排水管理体系。

一方面实施雨污分流，让污水排入污水管网，并通过污水处理厂处理，实现污水再生回用，加快污水收集率，减少污水对河道、地下水的污染，改善城市水环境。

另一方面加强对各种排水点源、排放、管网的管理，建立排水数据库，并全面接入现有的监控检测网络，打造一个一体化、规范化、精细化、智慧化的智慧排水管理体系。

据项目负责人介绍，智慧排水管理体系竣工后，能准确全面反映排水管网运行现状，以现有排水管网数据为基础，进行数据现场核查、补充测绘，以及标准化处理等工作；同时建立有效的排水管网在线监测网络，准确反映排水管网运行动态，为规划管理提供可靠依据。

随着我国经济社会的迅猛发展，生态文明建设已经成为我国可持续发展的根本大计，每个人应具备正确的生态文明观，了解“绿水青山就是金山银山”的生态内涵。我们应从此事件中明白保护水环境既要从源头上减少污染，又要特别关注水污染治理中的二次污染问题，注重减量化、资源化、无害化，防治结合共创良好的水环境。

技能考核

姓名＿＿＿＿＿＿　班级＿＿＿＿＿＿　学号＿＿＿＿＿＿　成绩＿＿＿＿＿

一、简答题

1.按所排污水性质的不同,室内排水系统可分为几种?

2.简述有哪些专门的辅助通气管系统并说明定义。

3.简述室内排水平面图的识读方法。

4.如何识读室内排水系统?

二、识图题

如图2-19和图2-20所示,请进行识读并回答下列问题。

(1)W污水立管的管径为多少?透气帽高出屋面的高度为多少?立管高度为多少?屋面是否为上人屋面?

(2)卫生间采用的大便器为哪种冲水方式?请统计所有大便器、洗手池、地漏的数量。

(3)排水立管上哪个位置设置套管?套管的管径为多大?

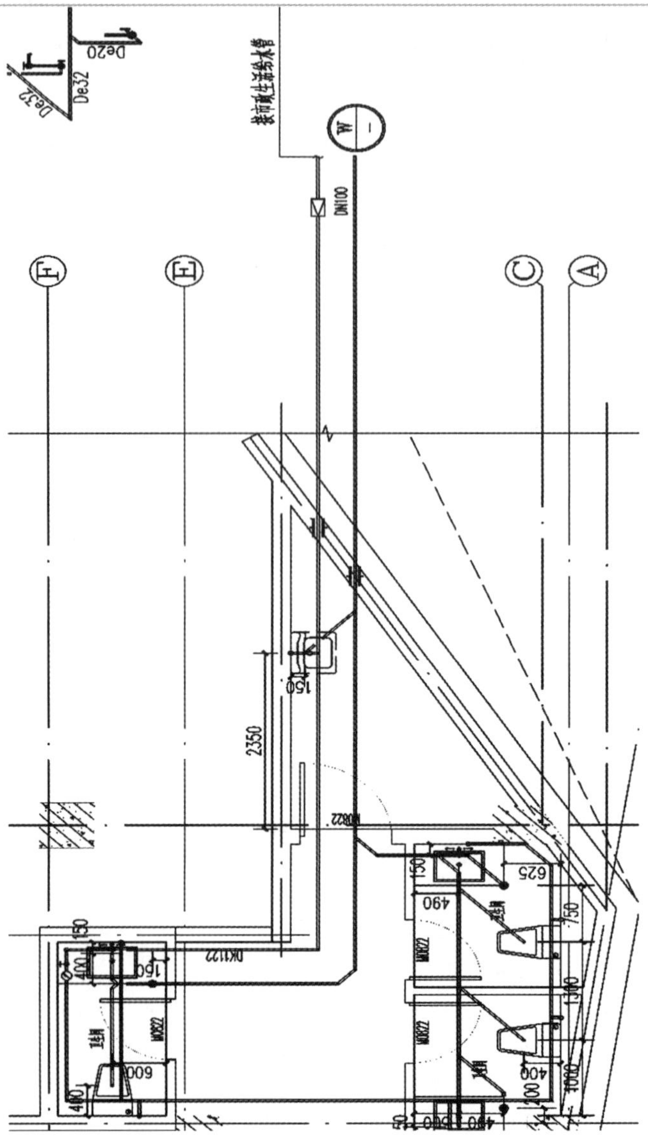

图 2-19　技能考核的卫生间给排水平面放大图

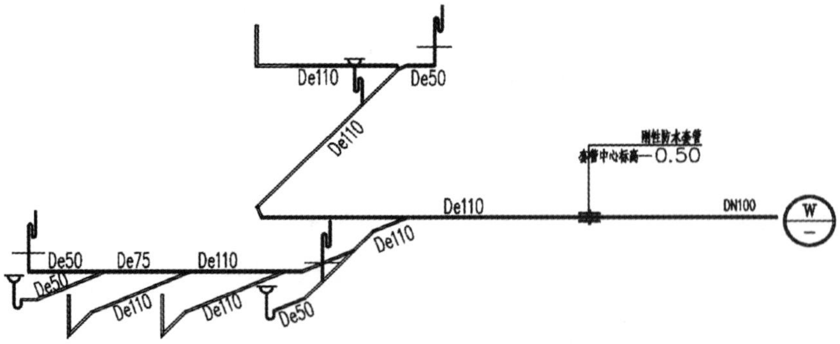

图 2-20　技能考核的卫生间排水轴测放大图

2.2 屋面雨水排水系统与识图

任务描述

(1)屋面雨水排水系统的分类和组成。
(2)屋面雨水排水系统采用的管材和雨水斗。
(3)屋面雨水排水系统识图方法与应用。

任务目标

结合学生情况，以课程标准和岗位能力需求为依据，确定任务目标。
(1)熟悉屋面雨水排水系统的分类、组成。
(2)熟悉屋面雨水排水系统采用的管材。
(3)掌握屋面雨水排水系统读图方法的一般步骤。
(4)能读懂屋面雨水排水专业施工图图纸。

相关技能点

2.2.1 雨水排水系统的分类与组成

建筑雨水排水系统是建筑物给排水系统的重要组成部分，它的任务是及时排出降落在建筑物屋面的雨水、雪水，避免形成屋顶积水对屋顶造成威胁，或造成雨水溢流、屋顶漏水等水患事故，以保证人们正常生活和生产活动。

屋面雨水排水系统按照管道的设置位置不同可分为外排水系统、内排水系统；按雨水的设计流态可分为重力流雨水系统、虹吸压力流雨水系统。

1. 外排水系统

外排水是指屋面不设雨水斗，建筑物内部没有雨水管道的雨水排放方式。根据建筑结构形式、气候条件及生产使用要求，在技术经济合理的情况下，屋面雨水尽量采用外排水。

外排水系统按照屋面是否有天沟可以分为普通外排水系统和天沟外排水系统。

1) 普通外排水系统

普通外排水系统指雨落管外排水系统，由檐沟、雨水斗、承水斗、雨落管、检查井、雨水沟、雨水口、连接管和雨水管等组成，如图 2-21 所示。普通外排水系统一般用于居住建筑、屋面面积比较小的公共建筑和小型单跨工业建筑，雨水的排集多采用屋面檐沟汇集，然后流入雨落管，沿雨落管排泄到地下管沟或排到地面。

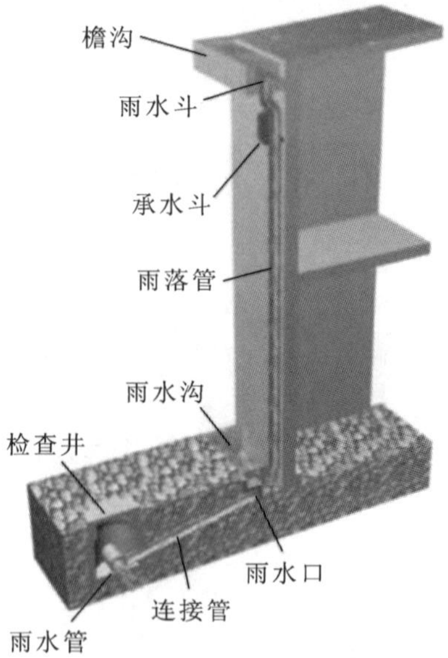

图 2-21 雨落管外排水系统

雨落管间距：民用建筑为 12～16 m，工业建筑为 18～24 m。雨水立管不得少于 2 根。最小管径不得小于 75 mm，在地面 1 m 处设置检查口。

2）天沟外排水系统

天沟外排水系统由天沟、雨水斗、雨水立管等组成。天沟设置在两跨中间并坡向端墙，雨水斗沿外墙布置。降落到屋面上的雨水沿坡向天沟的屋面汇集到天沟，沿天沟流至建筑物两端（山墙、女儿墙），入雨水斗，经立管排至地面或雨水井。

天沟的排水断面形式多为矩形和梯形，天沟坡度不宜太大，一般为 0.003～0.006。最小管径为 100 mm，在地面 1 m 处设置检查口。天沟内的排水分水线应设置在建筑物的伸缩缝或沉降缝处，天沟的长度一般不超过 50 m。

2. 内排水系统

内排水系统是指屋面设雨水斗，雨水管道设置在建筑内部的雨水排水系统。内排水系统由天沟、雨水斗、连接管、悬吊管、立管、排出管等部分组成。图 2-22 所示为屋面内排水系统。图 2-23 所示为内排水系统示意图。

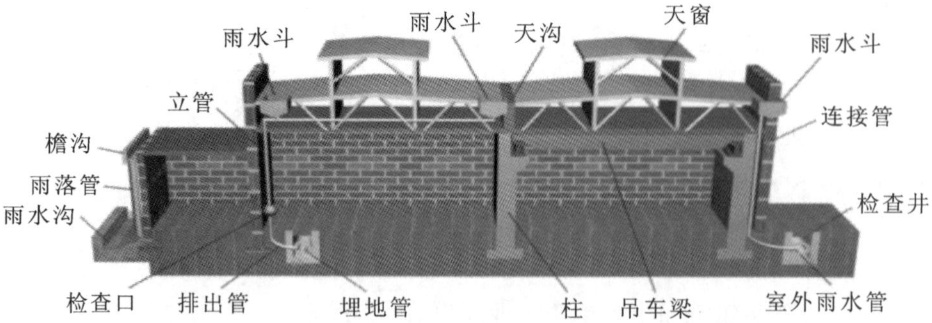

图 2-22 屋面内排水系统

内排水系统适用于屋面跨度大、屋面曲折(壳形、锯齿形)、屋面有天窗等设置天沟有困难的情况,以及高层建筑、建筑立面要求比较高的建筑、大屋顶建筑、寒冷地区的建筑等不宜在室外设置雨水立管的情况。根据立管连接雨水斗的个数,内排水系统分为单斗雨水排水系统、多斗雨水排水系统。

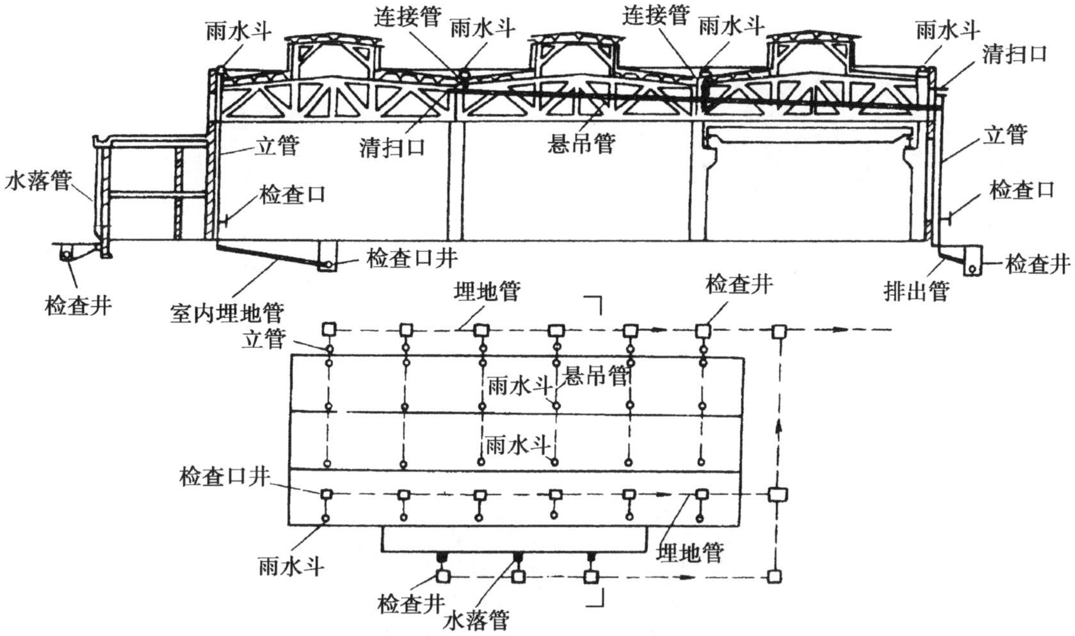

图 2-23　内排水系统示意图

3. 重力流雨水系统

重力流雨水系统的设计水流状态为半有压流,系统的设计流量、管材、管道布置等考虑了水流压力的作用。

4. 虹吸压力流雨水系统

虹吸压力流雨水系统采用虹吸式雨水斗,管道中的设计水流状态为压力流,屋面雨水的排水过程是虹吸排水过程。

2.2.2　管材与雨水斗

1. 管材

采用重力流雨水系统的多层建筑宜采用建筑排水塑料管,高层建筑宜采用承压塑料管、金属管,不得采用污水、废水系统的排水管材。

2. 雨水斗

雨水斗是整个雨水管道系统的进水口,主要作用是最大限度地排泄雨水、雪水;对进水具有整流、导流作用,使水流平稳,以减少系统的掺气;具有拦截粗大杂质的作用。目前国内常用的雨水斗为 65 型雨水斗、79 型雨水斗、87 型雨水斗、平篦雨水斗、虹吸式雨水斗等，如图 2-24 所示。

一般情况下，多斗雨水排水系统的雨水斗的横向间距可为 12～24 m，纵向间距可为 6～12 m。同一系统的雨水斗应在同一水平面上，一根悬吊管上的雨水斗不宜多于 4 个，最好为对称布置。雨水斗不能设在排水立管顶端。

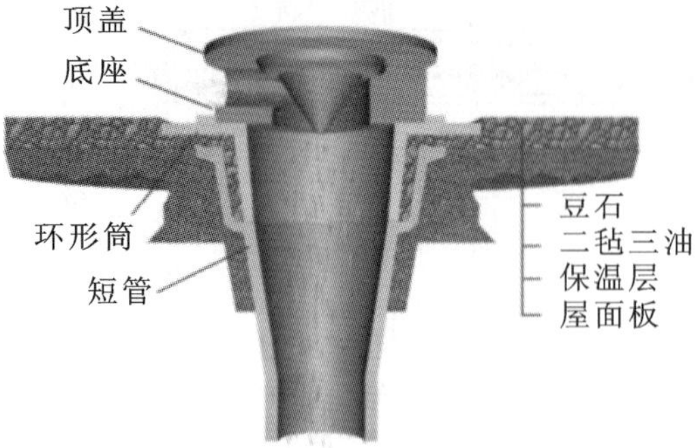

（a）65型雨水斗

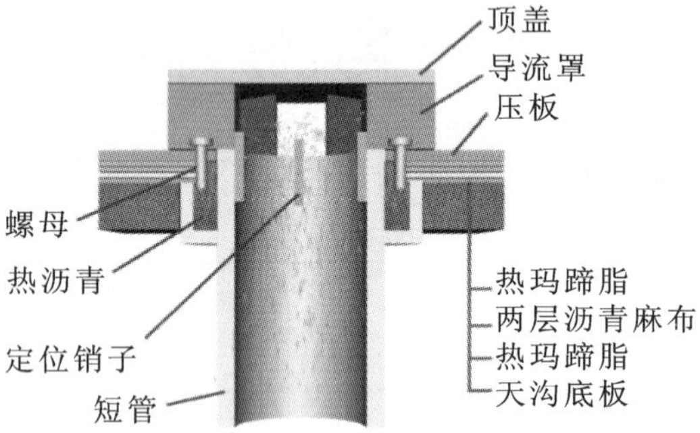

（b）79型雨水斗

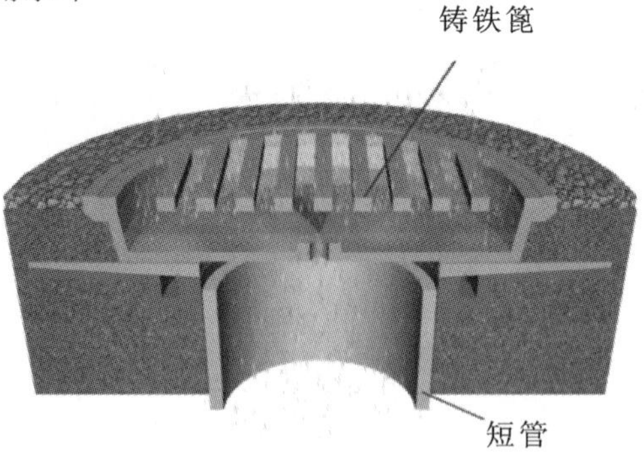

（c）平篦雨水斗

图 2-24　雨水斗类型

2.2.3　屋面雨水排水系统施工图识读

1. 屋面雨水排水系统施工图识读方法

屋面雨水排水系统施工图的识读方法同排水施工图，可由屋面雨水斗开始，沿排水方向经支管、横管、立管、干管到排出管。

2. 屋面雨水排水系统施工图识读实例

图 2-25 至图 2-27 所示为雨水排水系统平面图和雨水排水系统原理图。

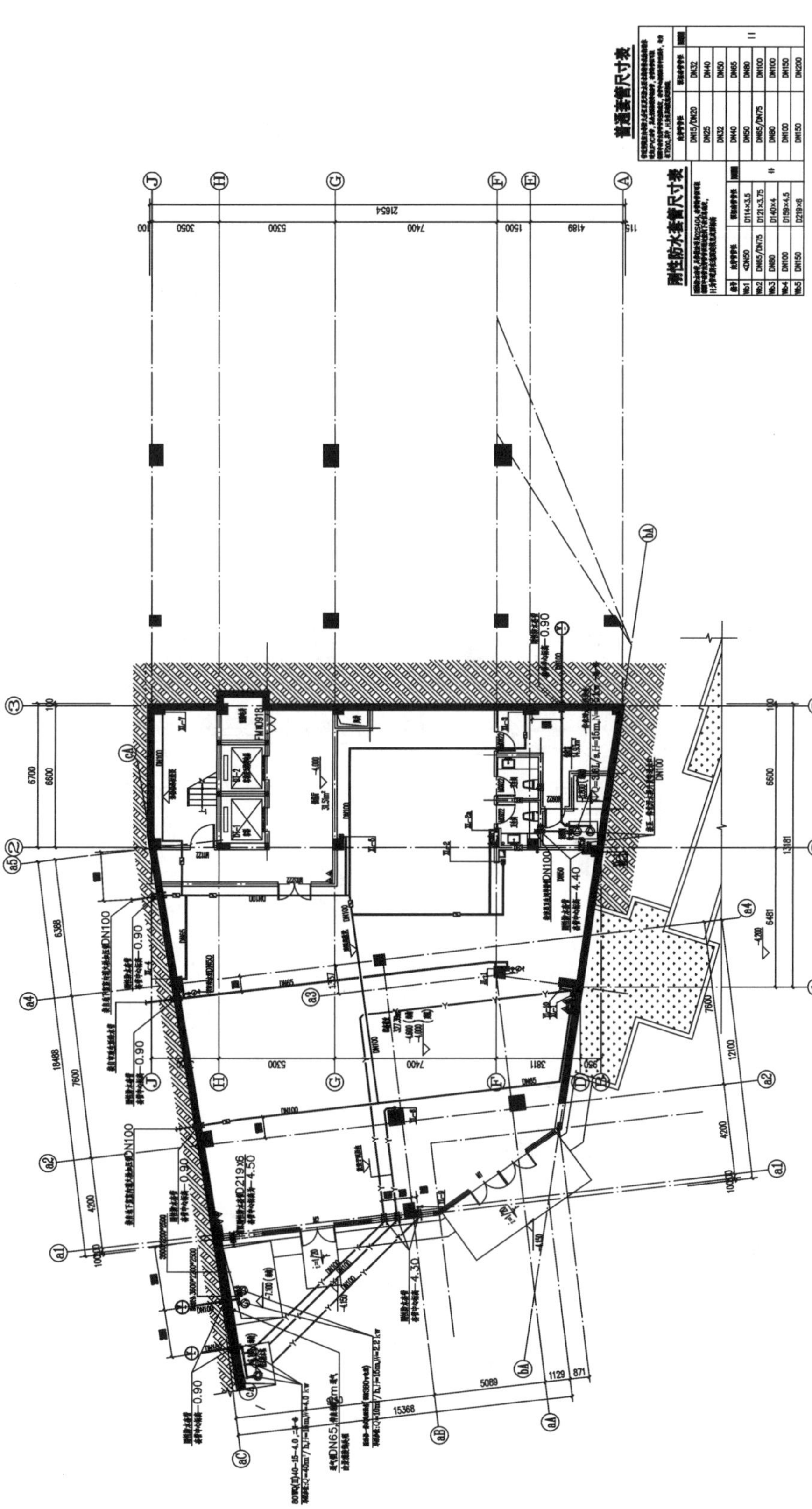

图2-25　地下一层雨水排水系统平面图

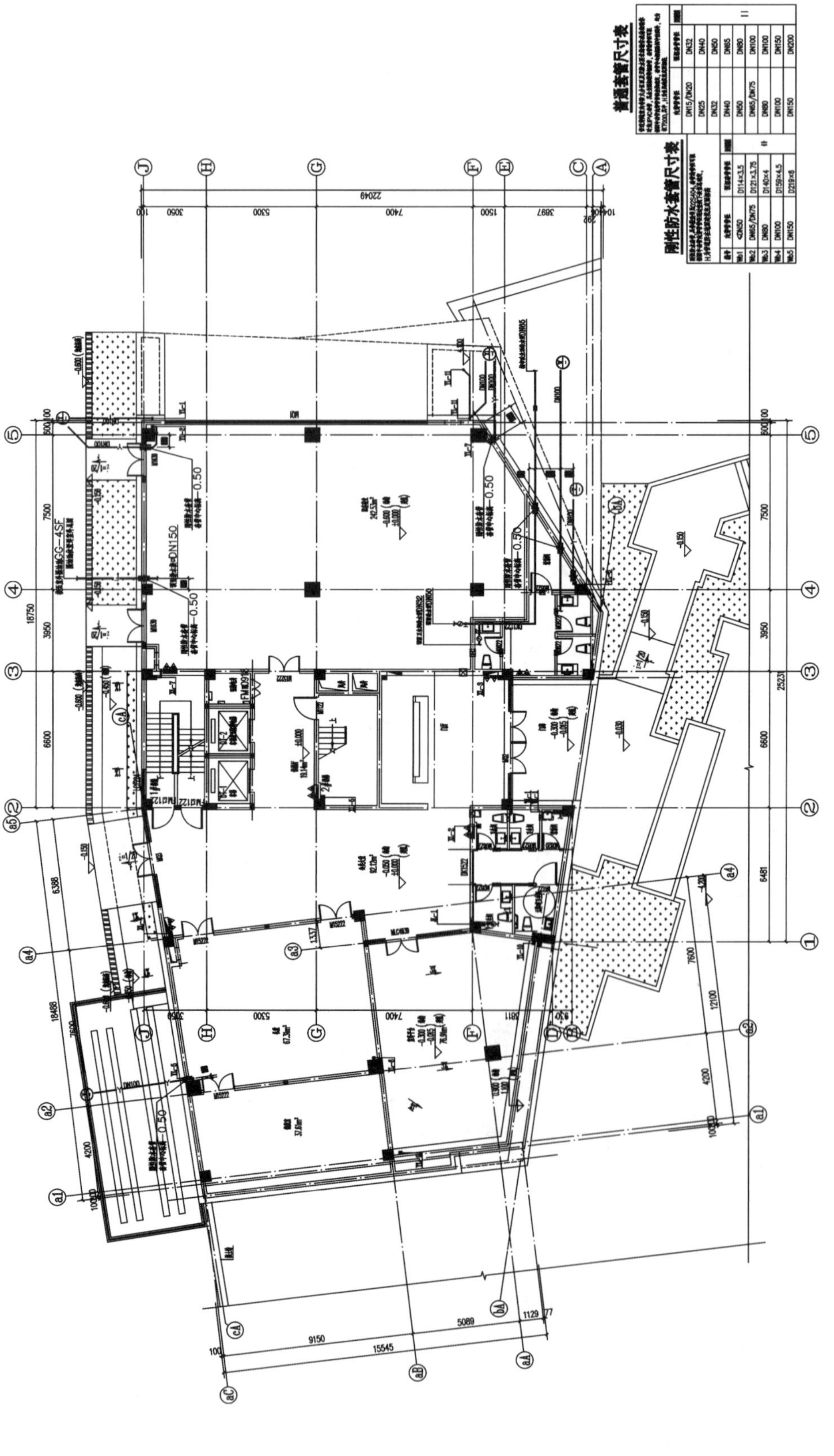

图2-26 一层雨水排水系统平面图

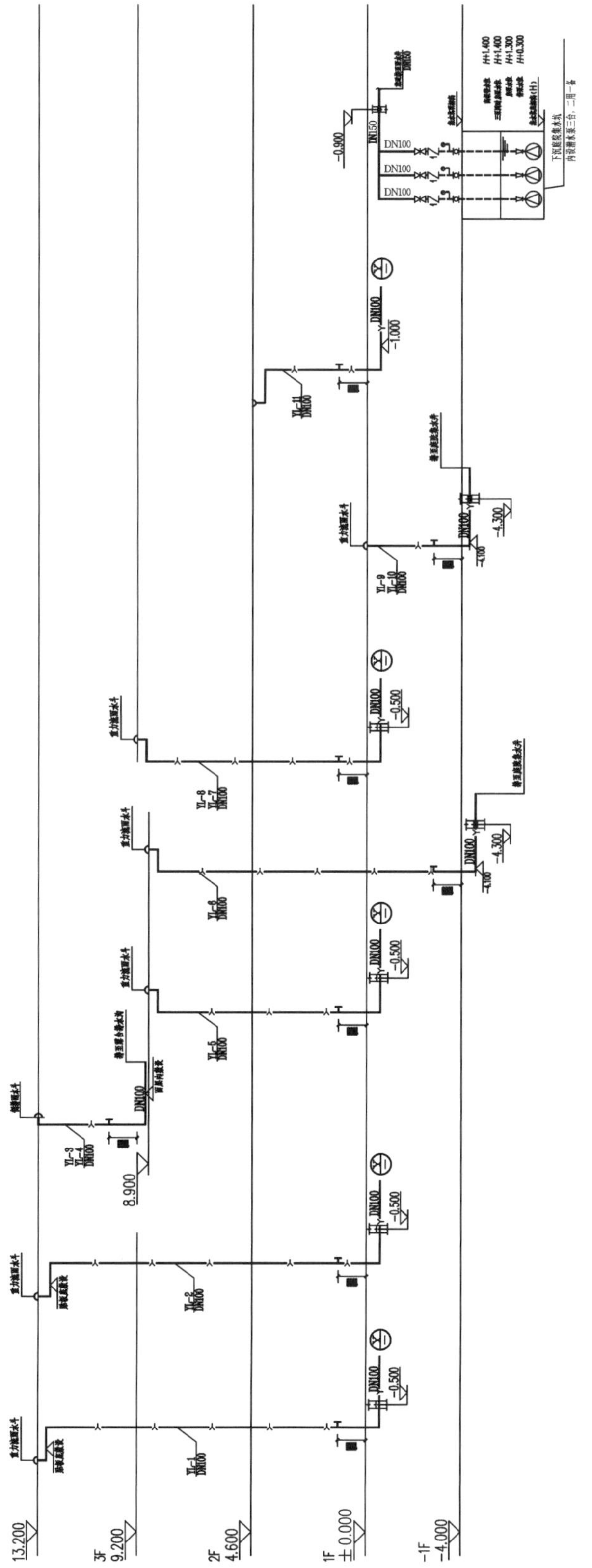

图2-27　雨水排水系统原理图

图 2-25 识图指导：

雨水管线用—Y—图例表示。轴线 a1 和 aB 的交界处是 Y9 雨水系统，对应的雨水立管编号是 YL-9；轴线 a2 和 aB 的交界处是 Y6 雨水系统，对应的雨水立管编号是 YL-6；轴线 1 和 bA 的交界处是 Y10 雨水系统，对应的雨水立管编号是 YL-10。

图 2-26 识图指导：

在一层雨水排水系统平面图中，从左上角顺着雨水管开始，雨水立管的编号分别为 YL-5、YL-9、YL-6、YL-10，轴线 C 和轴线 4、5 交界处分别有雨水立管 YL-8、YL-7，轴线 5 和轴线 J、F 交界处分别有雨水立管 YL-1、YL-2、YL-11、YL-7。

图 2-27 识图指导：

如图 2-27 所示，YL-1、YL-2、YL-5、YL-6 和 YL-7、YL-8，YL-9 和 YL-10、YL-11 为独立的雨水系统。YL-6、YL-9 和 YL-10 的立管的管径为 DN100，在－4.300 标高处将雨水排到庭院雨水井，其他雨水立管的管径为 DN100，在－0.500 标高处将雨水就近接到雨水井，连接雨水井的管径为 DN150，集水坑的顶标高为－4.000。雨水立管底层高于地面 1000 mm 处设有检查口。雨水立管 YL-3、YL-4 将雨水排至露台排水沟，管径为 DN100，在高于三层标高 1000 mm 处设有检查口。

思政小课堂

虹吸式屋面雨水排水系统

早期屋面雨水排水系统的主要问题是屋面雨水内排水系统导致厂房内的雨水检查井冒水，现象是雨水检查井井盖被雨水顶开，雨水冒出检查井，雨水漫溢，影响车间正常生产。厂方用铸锭压在井盖上，但未能有效控制检查井冒水。后来，厂方引进了国外新技术——欧洲虹吸式屋面雨水排水系统，此现象才得以改善。

虹吸式屋面雨水排水系统在我国大约在20世纪末开始应用，广泛应用于跨度大、结构复杂的屋面。该技术就是利用虹吸原理，雨水排放时在管道中形成满管压力流，利用建筑物屋面高度和雨水所具有的势能，产生虹吸现象，屋面雨水在管道内负压的抽吸作用下以较高的流速被排出室外，从而迅速排除屋面积水。从我国浦东国际机场、北京世贸商城等一批大型项目投入使用来看，系统总体运行良好。

虹吸现象在我们日常生活中经常可以看到，其工作原理就是当两个液面存在高差时，高差部分的水通过事先装满水的管道在重力作用下流动，从而使上部管道中产生负压，水就会不断地被排放；高差越大，管内的水流速度越大，排水越迅速。虹吸式屋面雨水排放系统就是利用这一原理。虹吸式雨水排放系统形成虹吸，分波浪流、脉冲流、活塞流、泡沫流、满管流等几个阶段。在降雨初期，屋面雨水高度未超过雨水斗高度时，整个排水系统的工作状况与重力排水系统相同；随着降雨的持续，屋面雨水高度超过雨水斗高度时，防漩涡雨水斗通过控制进入的雨水流量和调整流态减少漩涡，极大地减少了雨水进入排水系统时夹带的空气，使系统中排水管道呈满流状态；利用建筑物屋面的高度和雨水所具有的势能，使满管流动时产生虹吸作用，在雨水连续流经雨水悬吊管转入雨水立管处管道产生最大负压，屋面雨水在管道内负压的抽吸作用下以较高的流速被排至室外。

从本案例中，我们体会到做事一定要有知识迁移的能力和可持续发展的能力，才能取得较好的效果。

技能考核

姓名______________ 班级______________ 学号______________ 成绩____________

一、简答题

1.简述屋面雨水排水系统是如何分类的。

2.简述雨水斗是如何布置的。

二、识图题

如图2-28所示,结合屋面雨水排水系统的原理图,回答以下问题。

(1)图中一共有多少根雨水立管,代号分别为什么,管径分别为多少?

(2)YL-1、YL-2底层管径和标高分别为多少?

(3)检查口的位置在哪里?

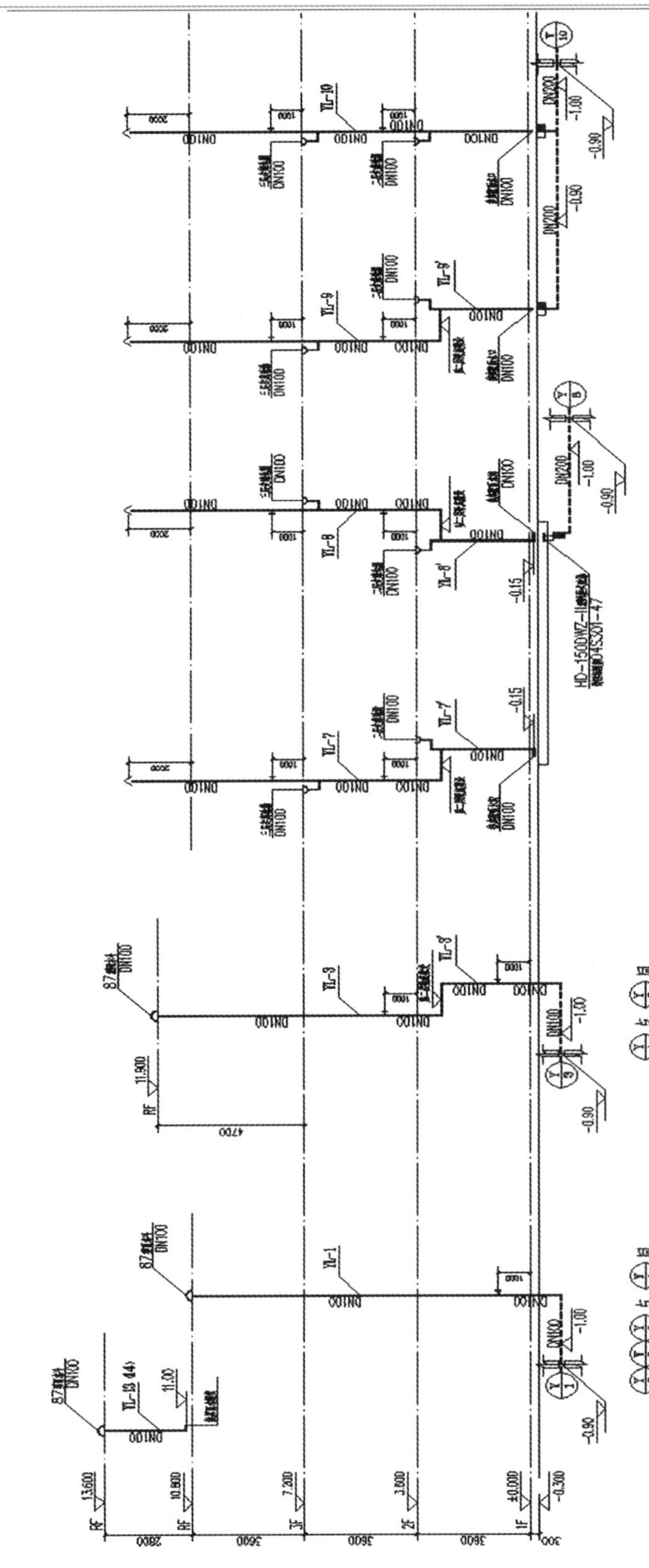

图2-28　屋面雨水排水系统的原理图

模块3

建筑消防设备与识图

3.1 建筑消火栓系统与识图

任务描述

建筑消防工程是房屋建筑工程的重要组成部分，其设计和施工质量的好坏，将直接影响建筑的使用功能和安全性能。我们要通过系统学习，对消火栓系统及其图纸有全面认识。

任务目标

结合学生情况，以课程标准和岗位能力需求为依据，确定任务目标。

(1)熟悉室内、室外消火栓给水系统的组成。

(2)掌握室内消火栓给水系统的给水方式。

(3)掌握消火栓给水系统的布置要求。

(4)熟悉消防给水设备的设置要求。

(5)掌握消火栓系统图纸识读。

相关技能点

3.1.1 概述

建筑消火栓系统是指用水作为灭火剂的固定消防系统，其灭火机理主要是冷却降温，可用于可燃固体(一般为有机物，如棉、麻、木材等)引起的火灾。

消火栓给水系统以建、构筑物外墙为界进行划分，分为室外消火栓给水系统和室内消火栓给水系统两大部分，它们有明确的消防范围，承担不同的消防任务，又有紧密的衔接性，是配合和协同的工作关系。

3.1.2 室内消火栓给水系统

1. 系统概述

室内消火栓给水系统是指一种可供火灾现场人员使用消火栓箱内的消防水喉或水枪扑救建筑物初期火灾的系统。

2. 系统组成

系统主要包括高位水箱、消火栓箱(室内消火栓、水枪、水带、水喉、启泵按钮)、水泵接合器(接扣、本体、阀门、止回阀、安全泄压阀、放空阀)、消防水泵、消防水池、增压泵、稳压泵、管网、阀门等。

(1) 高位水箱:在灭火救援活动中提供水源的消防设施。一方面,高位水箱使消防给水管道充满水,节省消防水泵开启后水充满管道的时间,为扑灭火灾赢得时间;另一方面,屋顶设置的增压、稳压系统和水箱能保证消防水枪的充实水柱,对于扑灭初期火灾的成败有决定性作用。消防水箱一般和生活水箱合用,使箱内储存水保持流动,防止水质变差。同时,水箱的安装高度应保证建筑物内最不利点消火栓所需水压要求,储存水量应满足室内10 min消防用水量。高位水箱如图 3-1 所示。

(2) 消火栓箱:火灾时,根据箱门的开启方式,按下门上的弹簧锁,销子自动退出,拉开箱门后,取下水枪,拉转水带盘,拉出水带,同时把水带接口与消火栓接口连接上,拨动箱体内公里壁的电源开关,把室内消火栓手轮顺开启方向旋开,即能进行喷水灭火。室内消火栓箱如图 3-2所示。

图 3-1　高位水箱

图 3-2　室内消火栓箱

(3) 室内消火栓:室内管网向火场供水的带有阀门的接口,为工厂、仓库、高层建筑、公共建筑及船舶等的室内固定消防设施,通常安装在消火栓箱内,与消防水带和水枪等器材配套使用,如图 3-3 所示。

(4) 水枪:灭火的射水工具,与水带连接会喷射密集的水流,具有射程远、水量大等优点。水枪根据射流形式和特征不同可分为直流水枪、喷雾水枪、多用水枪等。常用的水枪是直流水枪和喷雾水枪。直流水枪如图 3-4 所示。

图 3-3　室内消火栓

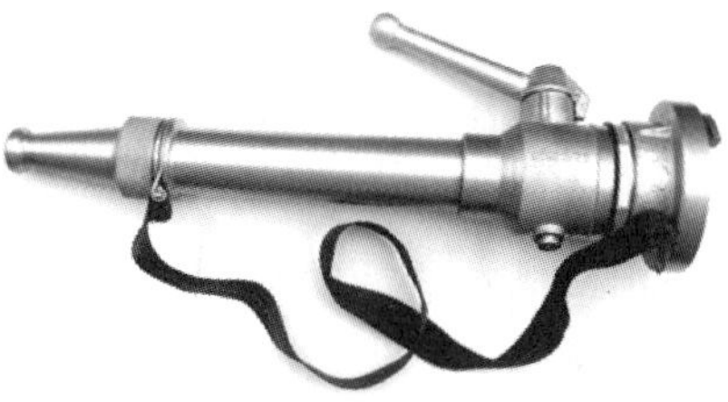

图 3-4　直流水枪

(5) 水带:用来运送高压水或泡沫等阻燃液体的软管。传统的消防水带以橡胶为内衬,外表面包裹亚麻编织物。先进的消防水带则用聚氨酯等聚合材料制成。消防水带如图 3-5

所示。

(6) 水喉:又称自救卷盘。消防水喉设备为直径 25 mm 的小口径自救式消火栓设备。它可供商场、宾馆、仓库,以及高、低层公共建筑内的服务人员、工作人员和一般人员进行初期火灾扑灭。消防水喉如图 3-6 所示。

图 3-5　消防水带

图 3-6　消防水喉

(7) 启泵按钮:启泵按钮通常安装在消火栓箱内,当人工确认发生火灾后,按下此按钮,消火栓启泵按钮提供有源输出触点,可直接启动消防水泵,同时向火灾报警控制器发出报警信号,火灾报警控制器接收到报警信号后,将显示报警按钮的编码号,发出报警声响。一旦确定火灾发生,将系统置于自动状态,此时按下启泵按钮就自动启泵。启泵按钮如图 3-7 所示。

(8) 水泵接合器:连接消防车向室内消防给水系统加压供水的装置,一端由消防给水管网水平干管引出,另一端设于消防车易于接近的地方。水泵接合器由本体、弯管、闸阀、止回阀、泄水阀及安全阀等组成,分地上式、地下式、墙壁式三种,如图 3-8 所示。

图 3-7　启泵按钮

图 3-8　水泵接合器

(9) 稳压泵:稳压泵是消防泵的一种,用于使自动喷水灭火系统和消火栓给水系统的压力稳定,满足最不利点所需压力,使系统水压始终处于要求压力状态,一旦喷头或消火栓出水,即能流出满足消防用水所需的水量。稳压泵如图 3-9 所示。

(10) 增压泵:增压泵用于喷头和消火栓已经出流,而消防用水的水压不足,需增加水压才能满足消防用水的水压要求的情况。当消防管网的(喷淋、消火栓)压力高于设定(设计值)时,增压泵自动停止运行。当消防管网(喷淋、消火栓)压力低于设定(设计值)时,增压泵自动启动。增压泵如图 3-10 所示。

图 3-9　稳压泵

图 3-10　增压泵

（11）管网：给水管网是给水工程中向用户输水和配水的管道系统，由管道、配件和附属设施组成，如图3-11所示。配件有闸阀、排气阀和排水阀等。附属设施有调节构筑物（水池、水塔或水柱）和给水泵站等。

图 3-11　给水管网

（12）安全泄压阀：一般安装于封闭系统的设备或管路上保护系统安全。当设备或管道内压力超过安全泄压阀设定的压力时，即自动开启泄压，保证设备和管道内介质压力在设定压力之下，保护设备和管道，防止发生意外。安全泄压阀如图3-12所示。

（13）阀门：装置在管道中用来控制流量的设备，具有截止、调节、导流、防止逆流、稳压、分流或溢流泄压等功能，如图3-13所示。

图 3-12　安全泄压阀

图 3-13　阀门

（14）消火栓泵控制柜：平常处于开启自动状态，只有在设备检修时允许转换到手动状态，如图3-14所示。

3. 工作原理

当火灾发生后，现场的人员可打开消火栓箱，将水带与消火栓栓口连接，开启消火栓的阀门，按下消火栓箱内的启泵按钮，将消火栓投入使用。在主机和消火栓控制柜自动控制的前提下，消火栓箱内的按钮可直接启动消火栓泵，向消火栓管网供水，并向消防控制中心报警。在供水的初期，由于消火栓泵的启动需要一定的时间，由高位水箱供水。消火栓泵还可由消防泵、消防控制中心启动。消火栓泵启动后不得自动停泵，停泵只能由手动控制。

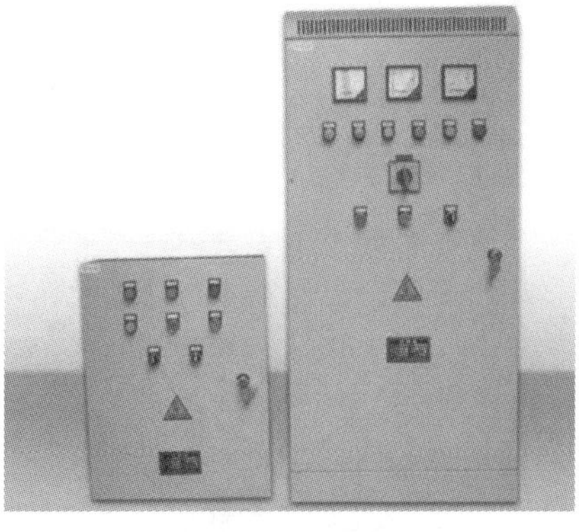

图 3-14　消火栓泵控制柜

4. 消火栓给水系统设置原则

根据《建筑设计防火规范》(GB 50016—2014)，下列建筑或场所应设置室内消火栓系统：

① 建筑占地面积大于 300 m^2 的厂房和仓库；

② 高层公共建筑和建筑高度大于 21 m 的住宅建筑(建筑高度不大于 27 m 的住宅建筑，设置室内消火栓系统确有困难时，可只设置干式消防竖管和不带消火栓箱的 DN65 的室内消火栓)；

③ 体积大于 5000 m^3 的车站、码头、机场的候车(船、机)建筑，展览建筑，商店建筑，旅馆建筑，医疗建筑，老年人照料设施，图书馆建筑等单、多层建筑；

④ 特等、甲等剧场，超过 800 个座位的其他等级的剧场和电影院，以及超过 1200 个座位的礼堂、体育馆等单、多层建筑；

⑤ 建筑高度大于 15 m 或体积大于 10 000 m^3 的办公建筑、教学建筑和其他单、多层民用建筑。

在建筑物及厂房内，消防给水通常与生活、生产给水管道组成统一的给水系统，当建筑物对消防要求较高、共用一个给水系统不经济或技术上不可能(如高层建筑，生产对水质、水压有特殊要求的建筑)，应设置独立的消防系统。

十层及十层以上的住宅建筑和建筑高度超过 24 m 的其他民用建筑和工业建筑的消防给水系统划分为高层建筑消防给水系统。高层建筑的室内消防给水系统应具有扑灭建筑物大火的能力。

5. 室内消火栓给水系统的类型

(1) 按压力高低分类：室内高压消防给水系统与临时高压消防给水系统。

(2) 按用途分类：合用的消防给水系统与独立消防给水系统。

(3) 按系统服务范围分类：独立的高压消防给水系统与区域集中的高压消防给水系统。

6. 室内消火栓给水原理图

室内消火栓给水原理图如图 3-15 和图 3-16 所示。

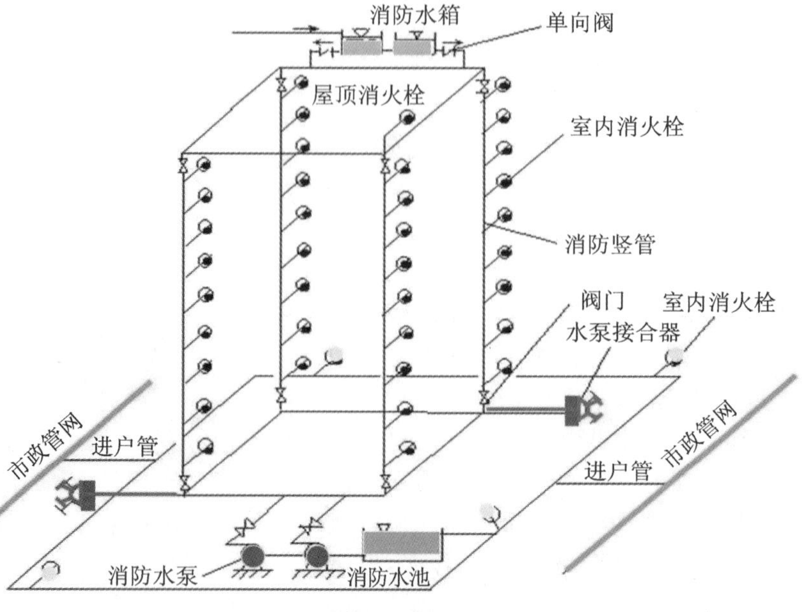

图 3-15　室内消火栓给水原理图 1

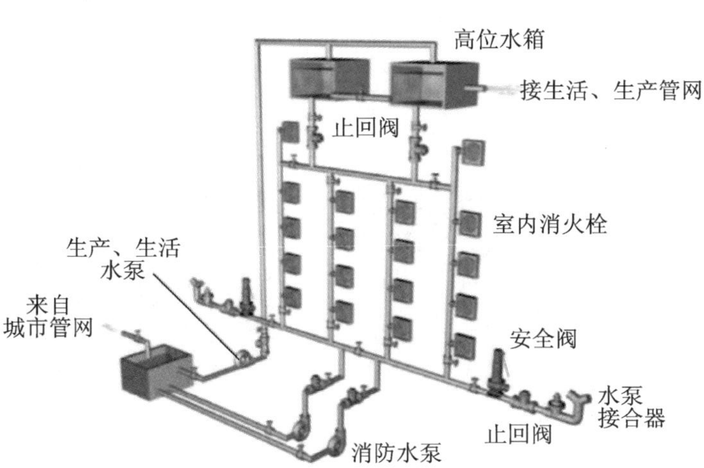

图 3-16　室内消火栓给水原理图 2

3.1.3　室外消火栓给水系统

1. 系统概述

设置在建筑物外墙中心线以外的一系列消防给水工程设施称作室外消火栓给水系统，其任务是通过室外消火栓为消防车等消防设备提供消防用水，或通过进户管为室内消防给水设备提供消防用水。

2. 系统组成

室外消火栓系统包括消防水源、取水设施、输水管、水处理设施、给水管网、室外消火栓等。

(1) 消防水源：消防水源有天然水源和人工水源两大类。天然水源是指自然形成的并有输水或蓄水条件的江、河、湖、泊、池塘等。人工水源是人工修建的给水管网、水池、水井、沟渠、水库等，如图 3-17 所示。

(2) 取水设施：位于自然水域水下的采集消防、生活、生产用水的设施，一般由取水头和引水管路两部分组成。

(3) 输水管：从水库等水源向水轮机或由水泵向高处送水，以及埋设在土石坝坝体底部、地面下或露天设置的过水管道。

(4) 水处理设施：水处理是指通过一系列水处理设备将被污染的工业废水或河水进行净化处理，以达到国家规定的水质标准。水处理设施如图 3-18 所示。

(5) 给水管网：给水管网是给水工程中向用户输水和配水的管道系统，由管道、配件和附属设施组成。市政给水管网是建筑小区的主要消防水源，通过两种方式提供消防用水：一是通过其上设置的消火栓(室外消火栓)为消防车等消防设备提供消防用水；二是通过建筑物的进水管，为该建筑物提供室内外消防用水。市政给水管网如图 3-19 所示。

(6) 室外消火栓：扑救火灾的重要消防设施之一，设置在建筑物外。室外消火栓由本体、弯管、泄水阀等组成，分地上式、地下式、直埋式三种。室外消火栓是设置在建筑物外面的消防给水管网上的供水设施，主要供消防车从市政给水管网或室外消防给水管网取水实施灭火，也可以直接连接水带、水枪出水灭火。室外消火栓如图 3-20 所示。

图 3-17 人工水源

图 3-18 水处理设施

图 3-19 市政给水管网

图 3-20 室外消火栓

3. 室外消火栓给水原理

市政管网中的水在保证室外消火栓在灭火时最不利点压力的前提下向建筑消火栓管网源源不断供水，通过室外消火栓系统来扑救外部火灾并且在火灾时向消防车供水。

4. 室外给水系统原理图

室外给水系统原理图如图 3-21 所示。

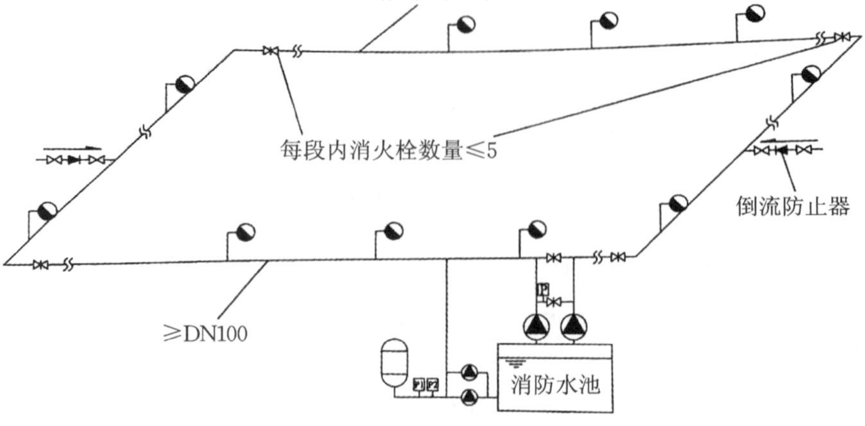

图 3-21 室外给水系统原理图

5. 室外消火栓给水系统的类型

（1）按消防水压要求分类：室外高压消防给水系统、室外临时高压消防给水系统和室外低压消防给水系统。

（2）按用途分类：生产、生活、消防合用给水系统，生产、消防合用给水系统，生活、消防合用给水系统，独立的消防给水系统。

3.1.4　消火栓系统识图

消防工程图一般由设计说明、消防工程平面图、消防工程系统图等组成。

常用消防工程图例如图 3-22 所示。

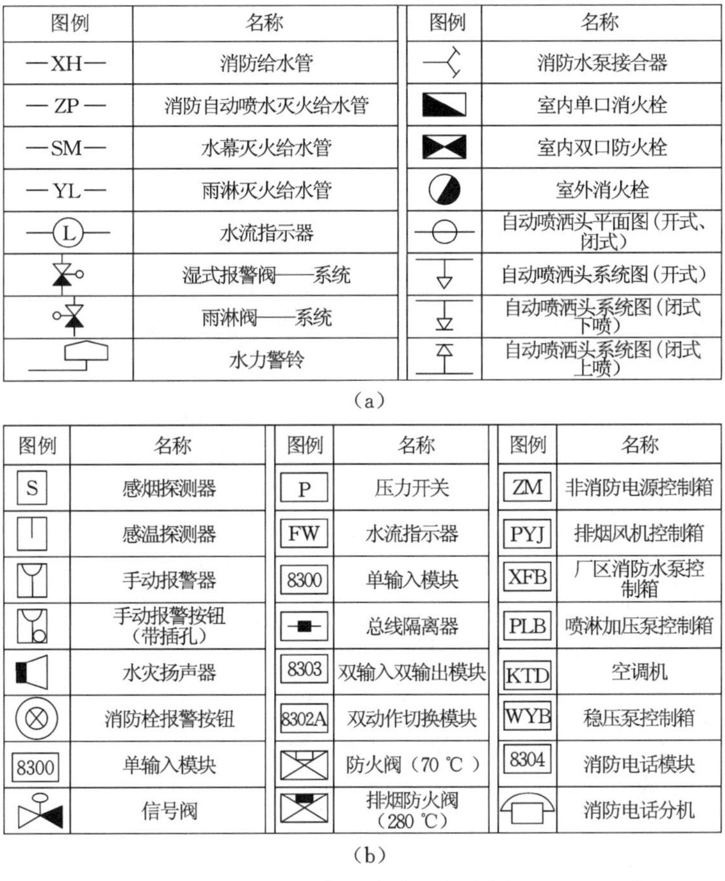

图 3-22　常用消防工程图例

（1）识读消防工程图的方法，可归纳为以下几点：

① 阅读设计说明，了解设计者的意图，通风管及设备的选型情况及有关施工要求。

② 阅读消防工程平面图，如消防控制室位置平面图、各层报警系统设置平面图、消防给水总平面图、消防水池和消防水泵房平面图。

③ 阅读消防工程系统图，如火灾自动报警系统图、水喷淋平面系统图、消火栓平面系统图、防排烟平面系统图，了解管道、部件及喷头等的布置情况。

（2）我们以实际图纸（见图 3-23 至图 3-25）为例，详细讲解消防工程平面图及系统图。

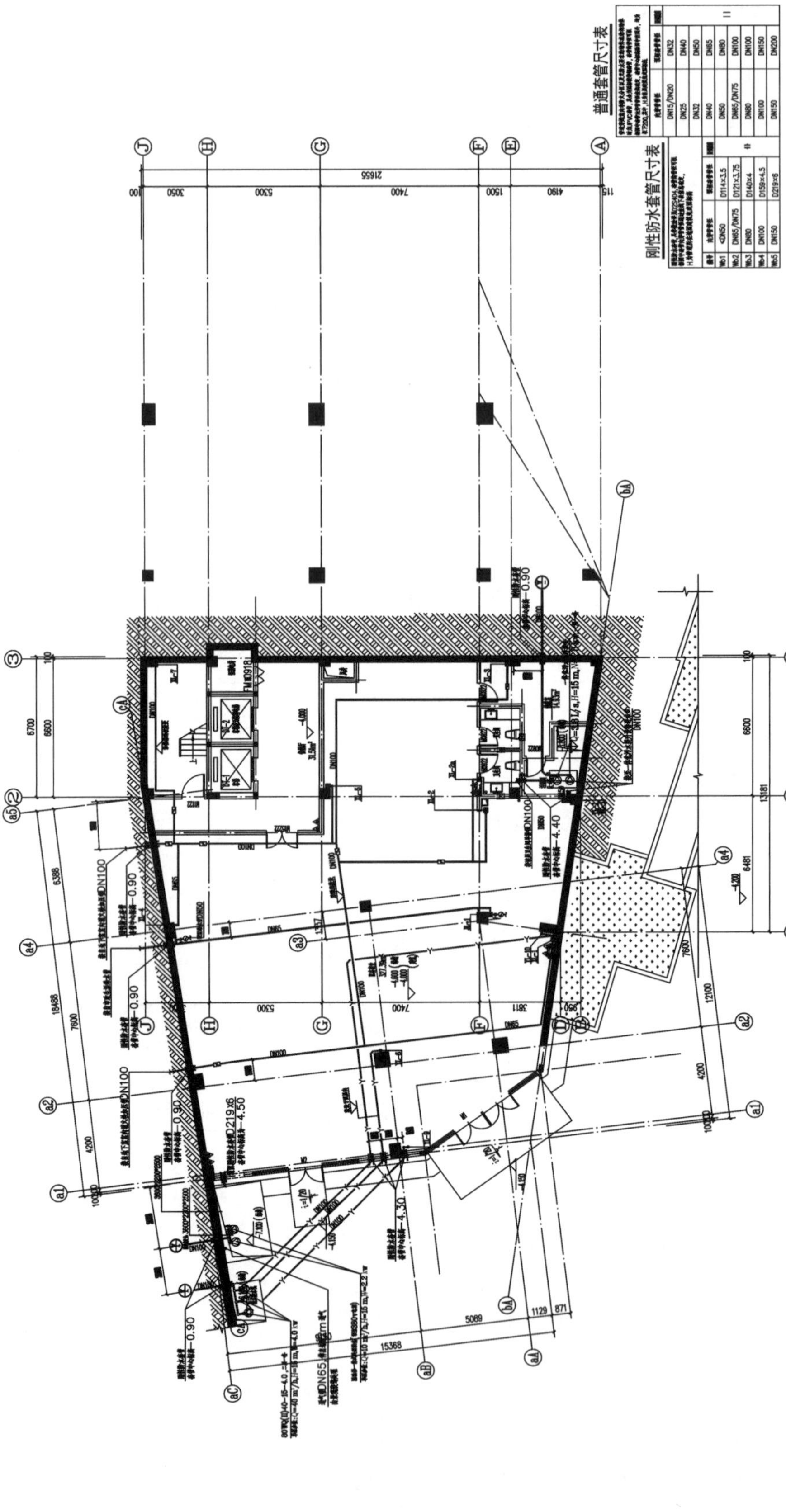

图3-23 某项目地下一层的消防工程平面图

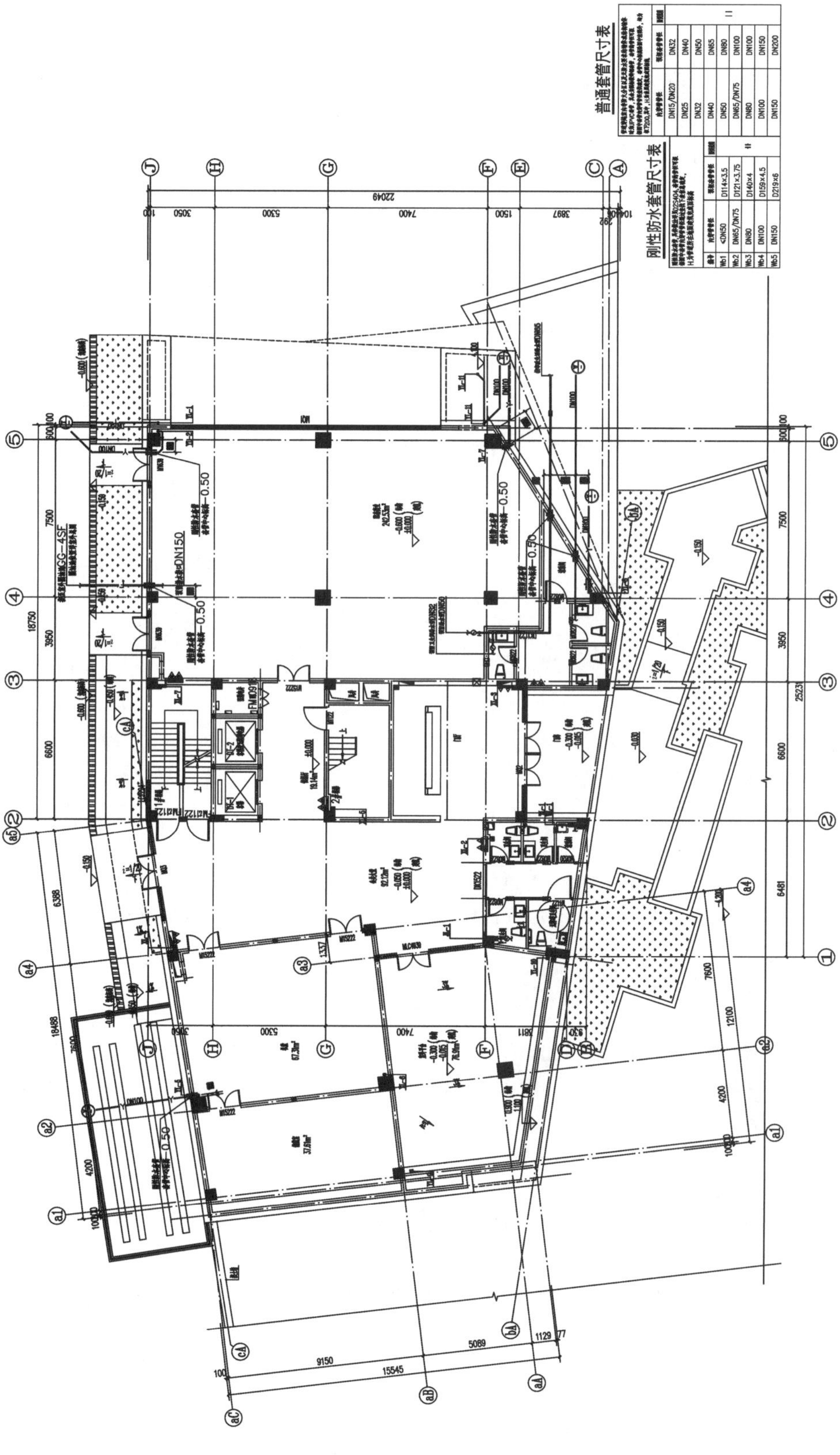

图3-24　某项目一层的消防工程平面图

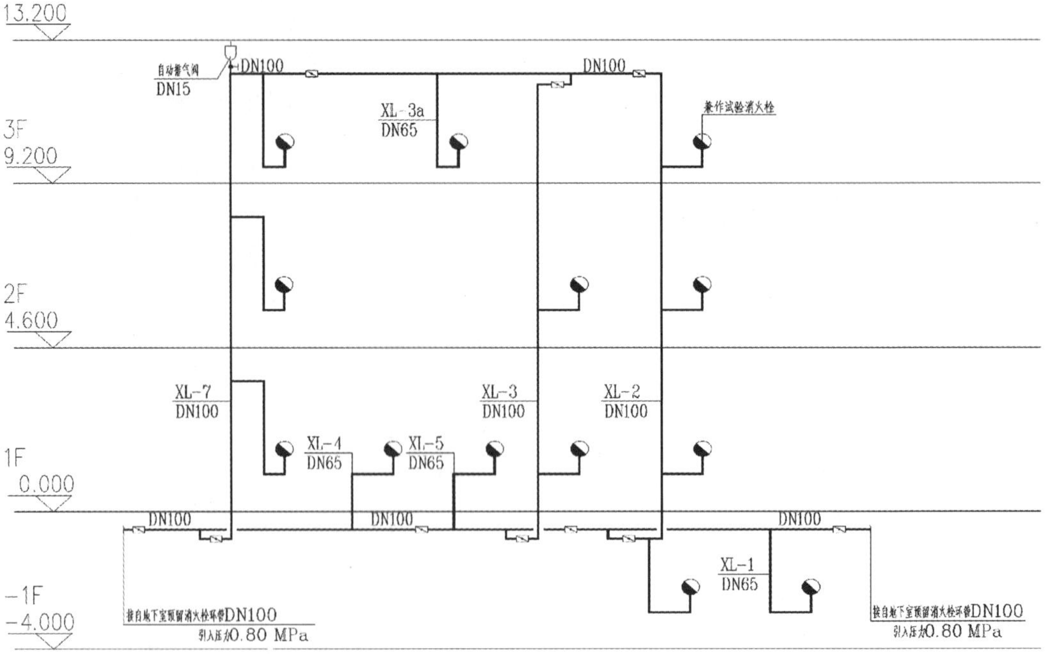

图 3-25　某项目的消防工程系统图

图 3-23 识图指导：

我们可以从地下一层消防工程平面图中读出以下信息。

(1) 消防立管的编号分别为 XL-1、XL-2、XL-3、XL-3a、XL-4、XL-5、XL-7。

(2) 地下室消火栓箱设置在 XL-1 和 XL-2 处，XL-1 处的消火栓箱明装，XL-2 处的消火栓箱暗埋，消火栓为单口。

(3) 消火栓管道直径有 DN100、DN50，管道中间有阀门连接。

(4) 消防管出墙与室内消火栓 DN100 加压管相连，管道出地下室外墙处需随结构预埋刚性防水套管，预埋套管管径见尺寸表。

(5) 消防给水管道为环状布置。

图 3-24 识图指导：

我们可以从一层消防工程平面图中读出以下信息：消防立管 XL-2、XL-3、XL-4、XL-5、XL-7 从地下室负一层延伸到了首层，立管附近都有室内消火栓，除 XL-4 对应的消火栓是明装的，其余均为暗埋，消火栓为单口。

图 3-25 识图指导：

我们可以从消防工程系统图中读出以下信息。

(1) 消火栓为减压稳压型，阀后压力为 0.35 MPa。

(2) 消火栓栓口标高为建筑完成面标高＋1.10 m，接入管标高为建筑完成面标高＋0.85 m。

(3) 接入管管径为 65 mm，水平横管及立管的管径为 100 mm。

(4) 该栋建筑地上 3 层，地下 1 层。首层、二层层高 4.6 m，地下室及三层层高 4.0 m。

(5) 地下一层室内消火栓为 2 个，首层室内消火栓为 5 个，与我们之前识读的平面图吻合。二层室内消火栓为 3 个，对应的消防立管编号为 XL-7、XL-3、XL-2；三层室内消火栓为 3 个，对应的消防立管编号为 XL-7、XL-3a、XL-2。

(6) 地下室消防横管与室内消火栓 DN100 加压管相连，引入压力为 0.8 MPa。

思政小课堂

2022年2月17日17时51分，南京市119接到报警：位于本市高淳区双高路15号雅居乐花园小区一居民家卧室发生火灾。南京消防指挥中心调集宝塔路消防站赶赴现场处置。

18时05分，消防救援力量到场后，发现雅居乐花园小区27栋23层一居民家中发生火灾，起火部位为卧室内的床上被褥。消防救援人员立即使用该高层住宅楼的室内消火栓出水处置，发现室内消火栓无水，随即利用该居民家中水源进行控制，紧急联系小区物业人员恢复该建筑内部的消防设施供水，同时通知其他消防救援人员从该高层住宅楼首层沿疏散楼梯向23层铺设消防水带。其间，消防救援人员将受灾居民疏散至安全区域，并持续利用家中水源控制火势。18时48分许，该高层住宅楼室内消火栓恢复供水，消防救援人员优先使用室内消火栓出水排烟降温，火旋即被扑灭。

此次火灾未造成人员伤亡，现场主要烧损该卧室内的床、衣橱等部分物品，过火面积为5 m^2，未蔓延至其他房间。经现场初步调查，火灾原因为该居民家儿童用塑料吸管持续触碰使用中的小太阳取暖器，塑料吸管被引燃后，儿童将未熄灭的塑料吸管丢弃至床边的垃圾桶。

目前，辖区消防救援大队已对火灾初期该高层住宅楼消火栓无水和物业管理情况依法开展调查。

结论：

① 学校和家长要加强对儿童的消防安全教育，强化识别各类风险的能力，避免将儿童独自留在家中；

② 住宅小区物业单位要依法认真履行消防安全管理责任，时刻保持建筑消防设施完好、有效；

③ 掌握必要的消防知识势在必行，通过系统学习掌握消火栓系统原理，正确使用消防器材，遇到紧急状况时迅速逃生。

技能考核

姓名＿＿＿＿＿＿　班级＿＿＿＿＿＿　学号＿＿＿＿＿＿　成绩＿＿＿＿＿＿

一、单选题

1.低层建筑室内消火栓给水系统的任务是供扑灭建筑物内的(　　)火灾;高层建筑灭火必须立足于自救。

A.初期　B.中期　C.后期　D.随时

2.屋顶消火栓的功能是(　　)。

A.检查消火栓给排水系统是否能正常运行

B.保护本建筑物免受邻近建筑火灾的波及

C.检查消火栓给水系统是否能正常运行,以及保护本建筑物免受邻近建筑火灾的波及

D.检查消火栓排水系统是否能正常运行,以及保护本建筑物免受邻近建筑火灾的波及

3.室内消防给水管道往往应至少有(　　)进水管,将室内管道连成环状或将进水管与室外管道连成(　　)。

A.两条;线状　B.一条;环状　C.两条;环状　D.一条;线状

4.室内消火栓栓口距地板面的高度为(　　)米。

A.0.8　B.1.0　C.1.1　D.1.2

5.高层建筑内消防给水管道立管直径应不小于(　　)。

A.DN50　B.DN80　C.DN100　D.DN150

6.消防管道不能采用的管材是(　　)。

A.无缝钢管　B.镀锌钢管　C.焊接钢管　D.塑料管

二、多选题

1.室内消火栓给水系统由(　　)等组成。

A.水枪、水带　B.消火栓、消防水喉

C.消防管道、消防井　D.消防水池、增压设备

2.水泵接合器一端由(　　),室外另一端可供(　　)供水。

A.室内消火栓给水管网最高层引至室外

B.室内消火栓给水管网最底层引至室外

C.消防车或移动水泵站加压向室内管网

D.消防车或移动水泵站加压向室外管网

三、简答题

1.室内消防给水系统的布置原则和要求有哪些?

2.室内消火栓系统的主要组成设备有哪些?

3.何为水泵接合器?其作用是什么?

四、识图题

识读消火栓系统图(见图 3-26)，说明消防立管数量及编号，高位水箱进水管、出水管的管径。

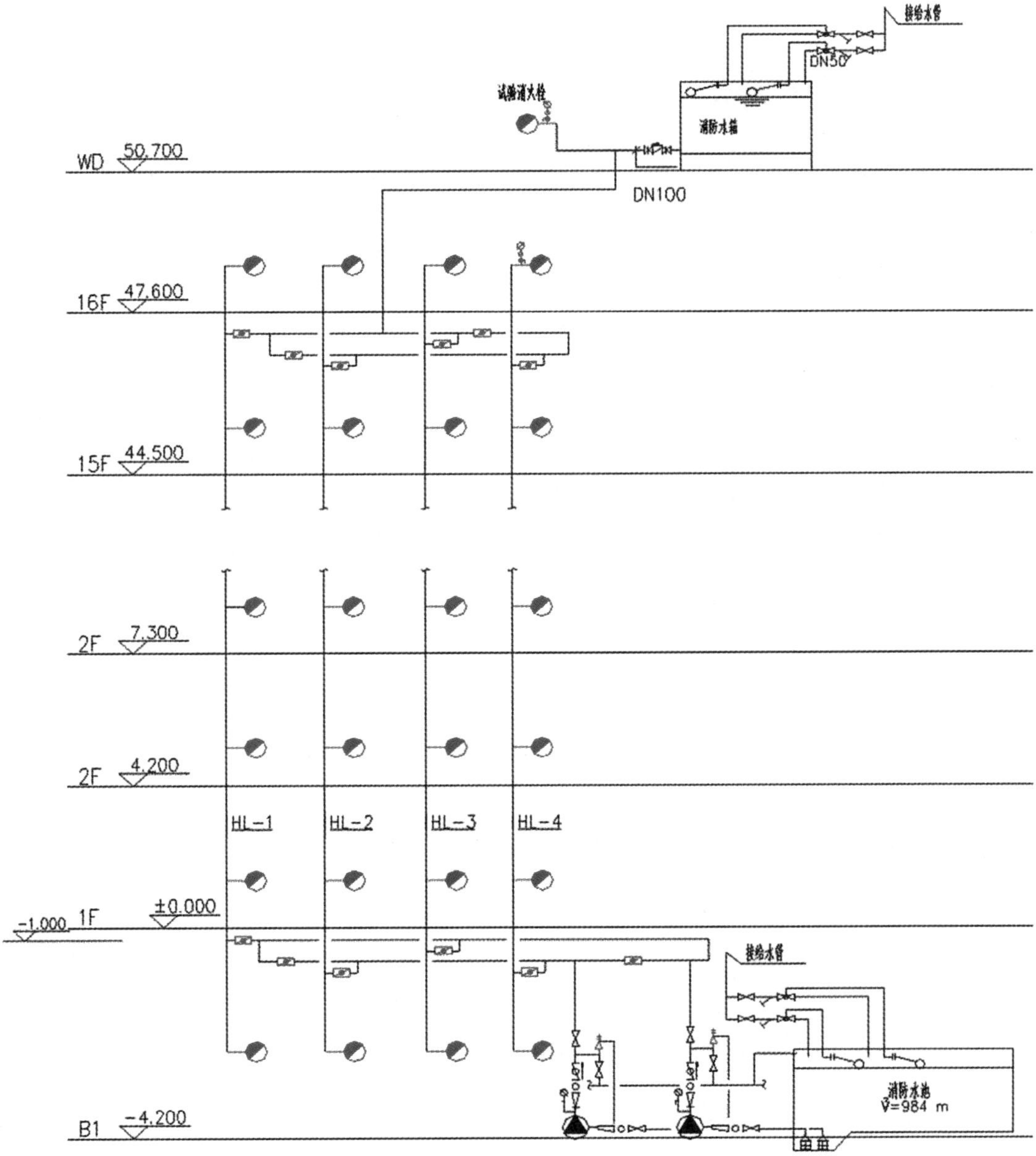

图 3-26　消火栓系统图

3.2 自动喷水灭火系统及识图

任务描述

(1)熟悉自动喷水灭火系统施工图制图的一般规定及涉及的问题。

(2)进一步理解自动喷水灭火系统的工作过程,掌握自动喷水灭火系统的设备的安装位置及要求,确定自动喷水灭火系统给水方式及消防供水量的供应措施。

(3)使学生的识图能力进一步提高,熟练掌握自动喷水灭火系统识图技能,为今后工程算量以及工作打下坚实的基础。

任务目标

结合学生情况,以课程标准和岗位能力需求为依据,确定任务目标。

(1)熟悉自动喷水灭火系统的定义、特征。

(2)掌握自动喷水灭火系统的分类及组成。

(3)熟悉自动喷水灭火系统的特点及适用范围。

(4)熟悉自动喷水灭火系统的控制组件。

(5)掌握自动喷水灭火系统图纸识读。

相关技能点

3.2.1 自动喷水灭火系统的定义及特征

自动喷水灭火系统由洒水喷头、报警阀组、水流报警装置(水流指示器或压力开关)等组件,以及管道、供水设施组成,是能在发生火灾时喷水的自动灭火系统,是一种能在发生火灾时自动打开喷头喷水灭火并发出火警信号的消防灭火设施。

自动喷水灭火系统能在火灾发生后通过各种方式自动启动,并能通过加压设备将水送入管网维持喷头洒水灭火一定时间(1 小时)。自动喷水灭火系统是当今世界上公认的最有效的自救灭火设施,是应用最广泛、用量最大的自动灭火系统,具有安全可靠、经济实用、灭火成功率高等优点。自动喷水灭火系统扑灭初期火灾的成功率在 97%以上。

3.2.2 自动喷水灭火系统的分类及组成

1. 自动喷水灭火系统的分类

自动喷水灭火系统按喷头的开启形式分为闭式自动喷水灭火系统和开式自动喷水灭火

系统。

闭式自动喷水灭火系统分为湿式自动喷水灭火系统、干式自动喷水灭火系统、预作用自动喷水灭火系统、重复启闭预作用灭火系统、自动喷水-泡沫联用灭火系统。

开式自动喷水灭火系统分为雨淋系统、水幕系统、水喷雾系统、自动喷水-泡沫联用灭火系统。

2. 各类系统的特点、原理及适用范围

1）湿式自动喷水灭火系统

特点：采用闭式喷头的灭火系统；准工作状态下管网中充满用于启动系统的有压水；当喷头保护范围内发生火灾，喷头热敏元件受热达到或超过公称动作温度时，热敏元件动作（熔化、破碎），喷头开启，出水灭火，同时系统自动启动，如图 3-27 所示。

优点：结构简单、施工和管理维护方便、使用可靠、灭火速度快、控火效率高、应用范围广等。

缺点：由于管网中充有有压水，渗漏时会损毁建筑装饰和影响建筑的使用。

应用范围：适用于环境温度为 4～70 ℃的场所，适用任何形式的闭式喷头，是目前用途最广泛的喷水灭火系统，但不能用于扑救遇水爆炸、加速燃烧、剧烈化学反应的物品，以及对保护对象造成严重破坏的火灾。

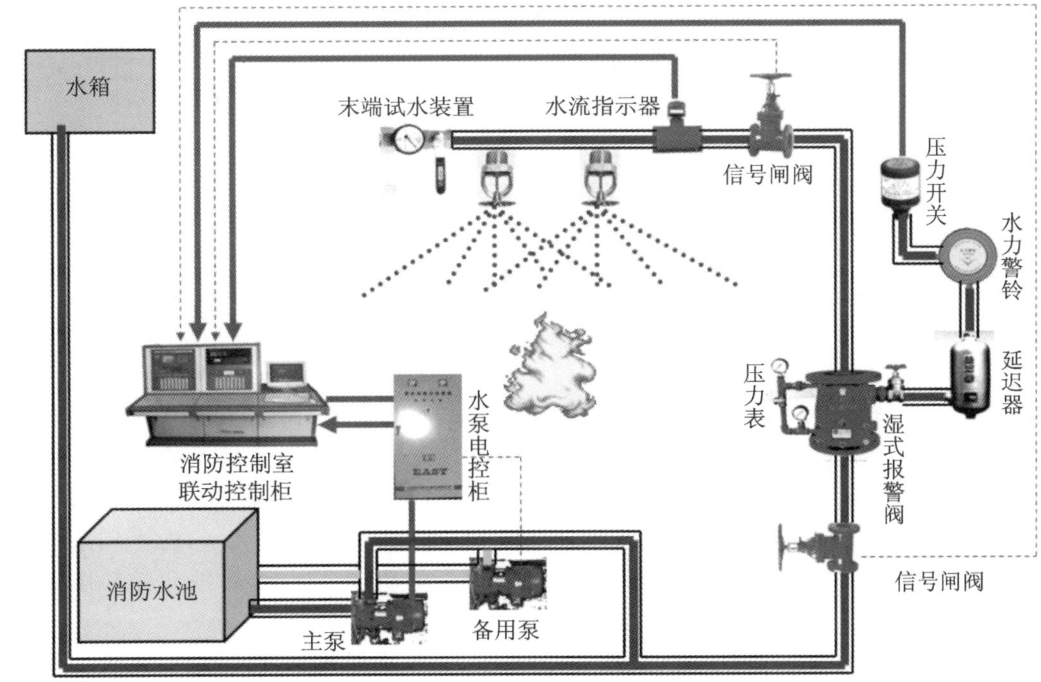

图 3-27　湿式自动喷水灭火系统演示示意图

2）干式自动喷水灭火系统

特点：喷头常闭的灭火系统，管网中平时不充水，充有有压空气（或氮气），不怕冻结，不怕环境温度高；当建筑物发生火灾，火点温度达到开启闭式喷头时，喷头开启，排气、充水灭火，如图 3-28 所示。

优点：管网中平时不充水，对建筑物装饰无影响，对环境温度也无要求，适用于采暖期长而建筑内无采暖的场所。

缺点：与湿式自动喷水灭火系统相比，因增加一套充气设备且要求管网内的气压保持在一定范围内，管理比较复杂，投资较大；该系统灭火时需先排气，故喷头出水灭火不如湿式系统及时，灭火效率低；管网、喷头安装要求严格。

应用范围：适用于环境温度小于 4 ℃或大于 70 ℃的场所，如环境温度低于 4 ℃的冷冻库、寒冷地区不采暖的房间等火灾危险性不高的场所，以及环境温度超过 70 ℃的生产车间。

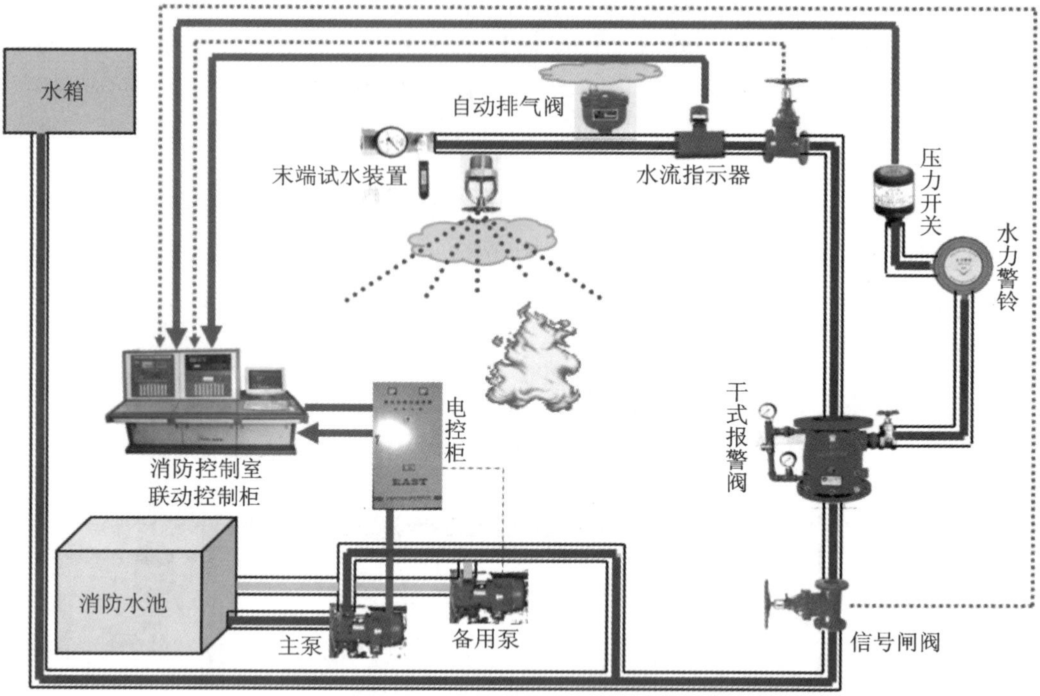

图 3-28　干式自动喷水灭火系统演示示意图

3）预作用自动喷水灭火系统

特点：喷头常闭的灭火系统，和火灾自动报警系统配套使用，报警阀后的管网平时不充水，准工作状态时，管网中通常充有压缩空气（用来监测管网泄漏情况）。当发生火灾时，火灾探测器报警后，报警联动控制器自动联动控制系统，电磁阀门排气、充水，由干式系统变为湿式系统。当闭式喷头的热敏元件受热达到或超过额定动作温度时，热敏元件动作（熔化、破碎），闭式喷头开启，喷水灭火，如图 3-29 所示。

优点：同时具备干式自动喷水灭火系统和湿式自动喷水灭火系统的特点；克服了干式自动喷水灭火系统控火灭火率低、湿式自动喷水灭火系统容易产生水渍的缺陷，可以代替干式自动喷水灭火系统，提高灭火速度。

缺点：管道、喷头安装要求高，投资大。因为系统受火灾自动报警系统控制，所以比干式自动喷水灭火系统复杂，同时对使用、维护人员的要求较高。

应用范围：用于严禁管道漏水、严禁系统误喷、替代干式自动喷水灭火系统的场所。

4）雨淋系统

特点：喷头常开的灭火系统，当建筑物发生火灾时，自动控制装置打开集中控制闸门，使

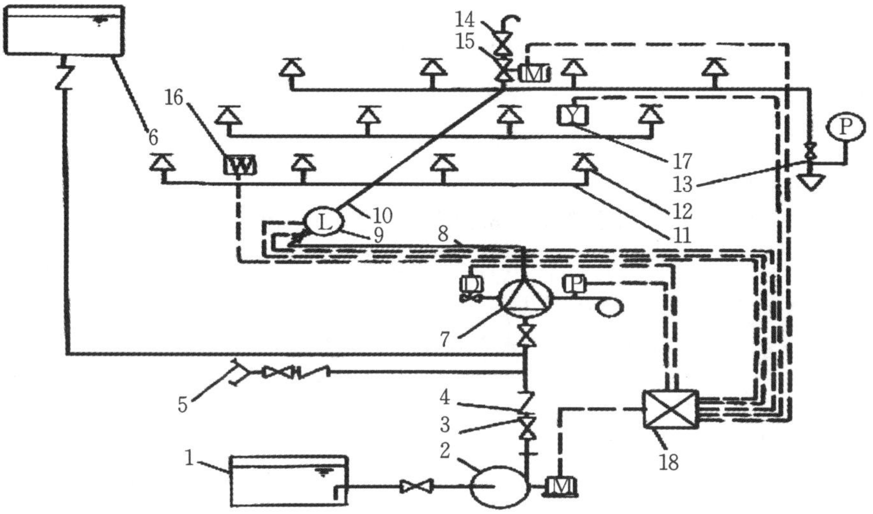

图 3-29 预作用自动喷水灭火系统示意图

1—水池；2—水泵；3—闸阀；4—止回阀；5—水泵接合器；6—消防水箱；7—预作用报警阀组；8—配水干管；9—水流指示器；10—配水管；11—配水支管；12—闭式喷头；13—末端试水装置；14—快速排气阀；15—电动阀；16—感温探测器；17—感烟探测器；18—报警控制器

整个保护区域所有喷头同时喷水灭火，似倾盆大雨，故称为雨淋系统，如图 3-30 所示。

优点：出水量大，灭火及时。

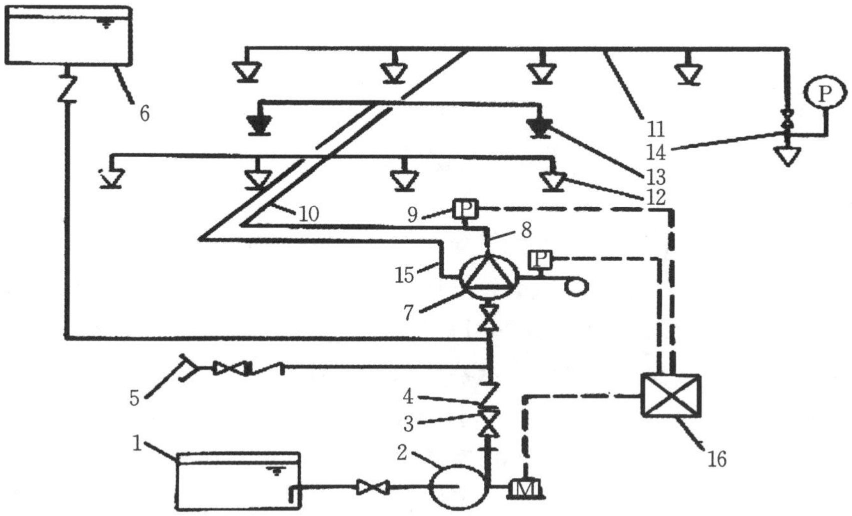

图 3-30 充液(水)传动管启动雨淋系统示意图

1—水池；2—水泵；3—闸阀；4—止回阀；5—水泵接合器；6—消防水箱；7—雨淋报警阀组；8—配水干管；9—压力开关；10—配水管；11—配水支管；12—开式洒水喷头；13—闭式喷头；14—末端试水装置；15—传动管；16—报警控制器

应用范围：火灾的水平蔓延速度快、闭式喷头不能及时使喷水有效覆盖着火区域的场所或部位；内部容纳物品的顶部与顶板或吊顶的净距大，发生火灾时，能驱动火灾自动报警系统，而不易迅速驱动喷头开放的场所或部位；严重Ⅱ级场所。

5）水幕系统

特点：和雨淋系统基本类似，区别在于该系统喷头（开式或水幕）为线状布置，喷水时形成一道水幕，发生火灾时主要起阻火、冷却、隔离作用。

适用场所：需防火隔离的开口部位，如舞台与观众之间的隔离水帘、消防防火卷帘的冷却等。

6）水喷雾系统

特点：开式雨淋系统的一种类型，组成和工作原理与雨淋系统基本一致。区别主要在于喷头的结构和性能不同：雨淋系统采用标准开式喷头，水喷雾系统采用中速（0.15～0.5 MPa）或高速（0.25～0.8 MPa）喷雾喷头。

灭火原理：该系统采用喷雾喷头把水粉碎成细小的水雾滴之后喷射到正在燃烧的物质表面，通过冷却、窒息、乳化、稀释的同时作用灭火。水雾具有电绝缘性能，可安全地用于电气火灾的扑救。

应用范围：固体火灾、闪点高于 60 ℃的液体的火灾和油浸电气设备火灾。

7）自动喷水-泡沫联用灭火系统

自动喷水-泡沫联用灭火系统是用喷头喷洒泡沫的固定灭火系统，也称为泡沫喷淋系统，适用于甲、乙、丙类液体可能泄漏和机动消防设施不足的场所，由供水设施、泡沫比例混合装置、闸阀、过滤装置、泡沫混合液管道、吸气型（或非吸气型）泡沫喷头、火灾自动报警装置和联动控制设备组成。

特点：利用泡沫灭火剂强化灭火效果，前期喷水控火，后期喷泡沫强化灭火效果；前期喷泡沫灭火，后期喷水冷却防止复燃。因系统加了泡沫灭火剂，灭火效果更好，可节省灭火用水。

应用范围：可用于 A、B、C 类火灾，比喷水灭火系统更有效，还可用于大型汽车库、柴油发电机房、锅炉房、仓库，可在需要时替代自动喷水灭火系统。

泡沫灭火系统的工作原理：应用泡沫灭火剂，使其与水混合后产生一种可漂浮、黏附在可燃、易燃液体、固体表面，或者充满某着火物质的空间的物质，达到隔绝、冷却燃烧物质灭火的目的。

灭火剂类型：化学泡沫灭火剂、蛋白质泡沫灭火剂、合成型泡沫灭火剂。

自动喷水-泡沫联用系统的工作原理：当闭式喷头的玻璃球因火灾破碎后，系统侧管阀内的水向破碎的喷头流动（湿式报警阀同时被打开，从报警口流出的水经延迟器延时后驱动水力警铃报警），安装于支管上的水流指示器将水流信号传输到灭火控制器，延迟器计时，延时期满后，控制器向电磁阀发出开启指令，打开电磁阀，释放泡沫储罐内处于受压状态的泡沫灭火剂，泡沫灭火剂经管道流向比例混合器，并在比例混合器内与压力水按一定的比例（3%～6%）混合形成混合泡沫液流向喷头，通过已破碎的喷头（或开式喷头）实施灭火。

3.2.3 喷头及控制组件

1. 喷头

喷头根据用途分为洒水喷头、水幕喷头、喷雾喷头。

洒水喷头根据结构分为闭式喷头和开式喷头。

(1) 闭式喷头:喷口用由热敏元件(玻璃球或易熔合金)组成的释放机构封闭,达到一定温度时能自动开启,如玻璃球爆炸、易熔合金脱离。闭式喷头构造按溅水盘的形式和安装位置分为直立型、下垂型、边墙型、普通型、吊顶型和干式下垂型等。闭式喷头按照安装方式可以分为直立型、下垂型、普通型和边墙型(包括水平边墙型和直立边墙型);按照动作的温度可分为57、68、79、93、100、121、141、163、182、204、227、260和343等温度等级。

常用闭式玻璃球的公称动作温度与色标:57 ℃,橙色;68 ℃,红色;79 ℃,黄色;93 ℃,绿色;100 ℃,灰色。

闭式喷头如图3-31所示。

(2) 开式喷头:喷头出口不封闭的洒水喷头,无热敏元件。系统工作时将水喷洒到保护对象表面。开式喷头按照安装方式分为直立型开式洒水喷头(直立安装)、下垂型开式洒水喷头(下垂安装)、普通型开式洒水喷头(可以直立和下垂安装)。开式喷头根据用途分为雨淋式、水幕式、喷雾式。开式喷头如图3-32所示。

图3-31　闭式喷头

图3-32　开式喷头

2. 报警阀

报警阀的作用是自动开启和关闭管网的水流,传递控制信号至控制系统并启动水力警铃报警。报警阀有湿式、干式、雨淋和预作用等类型。

1) 湿式报警阀

湿式报警阀用于湿式自动喷水灭火系统,是只允许水单方向流入系统、在规定流量下报警并启动消防泵的一种单向阀组。湿式报警阀的主要功能包括报警、识别系统压力波动、单向流动、自动连通和截断水源、试验和检验、排水,如图3-33和图3-34所示。

图3-33　湿式报警阀

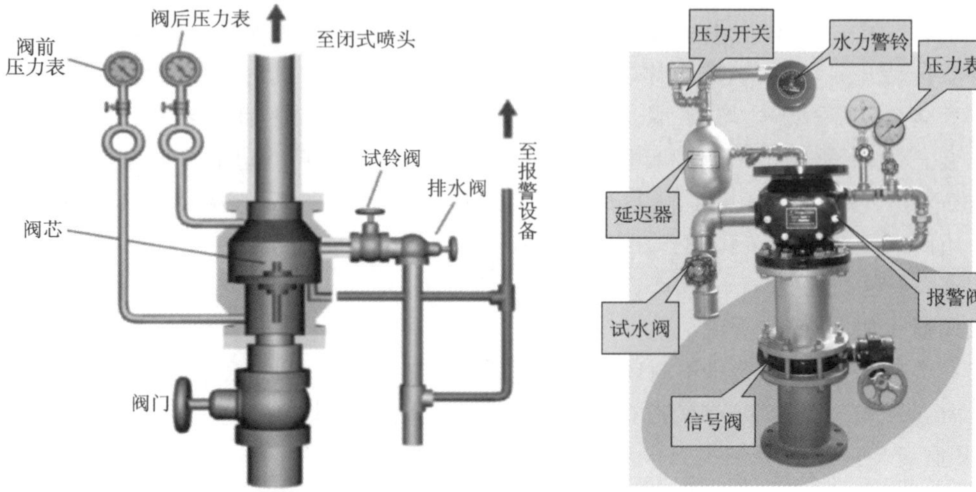

图 3-34 湿式报警阀示意图

2）干式报警阀

干式报警阀用于干式自动喷水灭火系统。

3）雨淋阀

雨淋阀用于雨淋、预作用、水幕、水喷雾自动喷水灭火系统。

4）预作用阀

预作用阀多采用雨淋阀叠加湿式报警阀组成。

3. 水流报警装置

水流报警装置主要有水力警铃、水流指示器和压力开关。

1）水力警铃

水力警铃是一种靠水力驱动的机械警铃，直接装于报警阀组的报警管路上。当报警阀打开消防水源后，具有一定压力的水流冲动叶轮打铃报警。水力警铃不得由电动报警装置取代。安装后的水力警铃启动时，距警铃 3 m 处，警铃声强度应不小于 70 dB。水力警铃如图 3-35 所示。

根据《自动喷水灭火系统设计规范》(GB 50084—2017)的 6.2.8 条，水力警铃的工作压力不应小于 0.05 MPa 并应符合下列规定：

① 应设在有人值班的地点附近；

② 与报警阀连接的管道的管径应为 20 mm，总长不宜大于 20 m。

图 3-35 水力警铃

2）水流指示器

水流指示器是用于自动喷水灭火系统并将水流信号转换成电信号的一种报警装置，有螺纹型、法兰型、马鞍型、焊接型等。当某个喷头开启喷水或管网发生水量泄漏时（大于15 L/min），管道中的水流动，水流指示器中的桨片随水流动作，开关触点吸合发出区域水流电信号，通过报警系统的输入信号模块，经延时（2～90 s，一般为20～40 s）后，送至消防控制室。

《自动喷水灭火系统设计规范》（GB 50084—2017）的6.3.1条：除报警阀控制的洒水喷头只保护不超过防火分区面积的同层场所外，每个防火分区、每个楼层均应设水流指示器。

《自动喷水灭火系统设计规范》（GB 50084—2017）的6.3.2条：仓库内顶板下洒水喷头与货架内置洒水喷头应分别设置水流指示器。

3）压力开关

压力开关是一种压力型水流探测开关，安装在延迟器和水力警铃之间的报警管路上，在水力警铃报警的同时，依靠报警管路内水压的作用接通电触点，给出电信号，启动消防水泵，并向消防控制室传送火警信号。压力开关将压力信号转换成电信号，同时配合远程启动消防水泵。压力开关如图3-36所示。

《自动喷水灭火系统设计规范》（GB 50084—2017）的6.4.1条：雨淋系统和防火分隔水幕，其水流报警装置应采用压力开关。

图3-36　压力开关

4. 其他控制装置

1）延迟器

延迟器是一个罐式容器，安装于报警阀与水力警铃（或压力开关）之间，防止水压波动引起报警阀短时开启导致的误报。报警阀开启后，水流需经30 s左右充满延迟器。延迟器后方可冲打水力警铃，底部配有节流孔，可串接使用，最大限度地减少水压波动造成的误报警（将水力警铃和压力开关的报警延迟30～90 s），同时对下游管件起到缓冲稳压的作用。延迟器如图3-37所示。

图3-37　延迟器

2）末端试水装置

末端试水装置是安装在系统末端，用来测试系统组件是否正常的装置。

末端试水装置的用途是检验系统的可靠性，测试系统能否在开放一只喷头的最不利条件下可靠报警并正常启动。测试内容包括水流指示器、报警阀、压力开关、水力警铃的动作是否正常，配水管道是否畅通，以及最不利点处的喷头压力是否正常。末端试水装置还可以测试干式和预作用系统的充水时间（干式系统开启后 1 min 内应出水，预作用系统的探测器报警后 2 min 内应出水）。

《自动喷水灭火系统设计规范》(GB 50084—2017)的 6.5.1 条：每个报警阀组控制的最不利点洒水喷头处应设末端试水装置，其他防火分区、楼层均应设直径为 25 mm 的试水阀。

《自动喷水灭火系统设计规范》(GB 50084—2017)的 6.5.2 条：末端试水装置应由试水阀、压力表以及试水接头组成。试水接头出水口的流量系数，应等同于同楼层或防火分区内的最小流量系数洒水喷头。末端试水装置的出水，应采取孔口出流的方式排入排水管道。

末端试水装置示意图如图 3-38 所示。

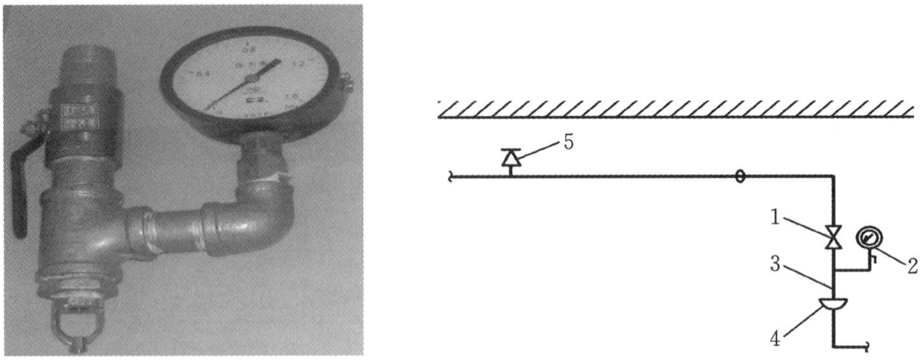

图 3-38 末端试水装置示意图

1—试水阀；2—压力表；3—试水接头；4—排水漏斗；5—最不利点喷头

3）排气阀

排气阀用来排空管道内的空气，垂直安装于配水干管的顶端或与管道等高的部位，防止管路中存在空气造成水压波动引起报警阀开启导致的误报。

《自动喷水灭火系统设计规范》(GB 50084—2017)的 4.3.2 条第 3 款：应设有泄水阀(或泄水口)、排气阀(或排气口)和排污口。4.3.2 条第 4 款：干式系统和预作用系统的配水管道应设快速排气阀。有压充气管道的快速排气阀入口前应设电动阀。

4）电磁阀

电磁阀用在干式系统和有压预作用系统中，连接快速排气阀，排空管道内的空气，安装于快速排气阀入口前；用在电控雨淋系统中，用来开启雨淋阀组；用在自动喷水-泡沫联用灭火系统中，控制泡沫液加压管路开启、关闭。

《自动喷水灭火系统设计规范》(GB 50084—2017)的 4.3.2 条第 4 款：干式系统和预作用系统的配水管道应设快速排气阀。有压充气管道的快速排气阀入口前应设电动阀。

5）信号阀

信号阀是用在报警阀的进出口处和水流指示器前，具有明显开闭标志，在关闭时能输出关闭电信号的阀门。

《自动喷水灭火系统设计规范》(GB 50084—2017)的 4.3.2 条第 4 款：干式系统和预作用系统的配水管道应设快速排气阀。有压充气管道的快速排气阀入口前应设电动阀。

3.2.4 自动喷水灭火系统施工图识读

1. 施工图识读内容

(1) 确定建筑物内部自动喷水灭火系统设备的类型、数量、安装位置、定位尺寸、标高等。

（2）查明建筑内部自动喷水灭火系统供水方式、管路的组成、平面位置、标高、走向、敷设等。

（3）查明自动喷水管道、阀门及附件的管径、规格、型号、数量及安装要求。

（4）查明消防给水系统水泵、水箱、水池的设置位置，确定各设备的安装位置及系统工作过程。

（5）确定消防系统水池和水箱的安装位置及其与给水系统水泵、水池的关系；确定系统消防水不被动用的措施。

（6）确定自动喷水灭火系统水泵接合器的设置位置和数量。

2. 识读步骤

（1）熟悉自动喷水灭火系统施工图的一般规定：平面图和轴测图中管道标高标注方法；管径的标注方法；立管编号的表示法；消防系统施工图常用图例；自动喷水灭火系统施工图图例；识图时应先看设计说明，掌握工程概况和设计者的意图，以及给排水系统综合说明。

（2）了解建筑自动喷水灭火系统施工图识读。

（3）了解建筑自动喷水给水系统设备用房管道及设备；自动喷水给水系统屋顶水箱的设置位置及工作方式；自喷系统屋顶试验消火栓的设置位置。

（4）根据给排水消防总说明，参照自动喷水给水系统平面图和系统图，了解建筑自动喷水灭火系统平面图与系统图对照识读方法；了解该建筑物自动喷水给水系统使用的材料和设备、管道安装连接方式和系统安装要求。

（5）按图纸类别分系统识图，每类图要反复对照，多看几遍。

（6）找出图纸存在的问题及解决问题的方法；注意专业知识与工程实际的结合；结合标准图集和有关规范进行识读；总结各类施工图的识读方法。

（7）了解建筑自动喷水给水系统加压设备、储水设备及各附件的工作过程及安装要求。

3. 识读实例

我们从某产业园厂房整体情况开始分析，掌握整个建筑的特点，然后熟读设计说明中的相关叙述，做好自动喷水灭火系统的识图准备。

1）建筑整体情况分析

本楼属于某城市光电产业园厂房，共 3 层，楼高 17.850 m。厂房为典型的框架结构，室内空间功能分区简单，厂房内自动喷水喷头布置得比较规则。

2）自动喷水灭火系统设计

本建筑设有湿式自动喷水灭火系统，按中危险Ⅱ级设计。

设计喷水强度为 11.25 L/(min · m^2)，作用面积为 160 m^2，喷淋水量为 30 L/s，火灾持续时间为 1 小时，一次灭火用水量为 108 m^3，用水取自小区地下消防水池。本系统室外设 SQS100-A 型地上式消防水泵接合器两组。

自动喷水灭火系统初期消防水量由办公楼屋顶消防水箱提供。

自动喷水灭火系统应采用内外壁热镀锌钢管。

3）自动喷水灭火系统图的内容识图

除自动喷水系统泵、湿式报警阀及配套管道的内容外，识别自动喷水灭火系统图（见图 3-39）可以清晰地看出以下内容。

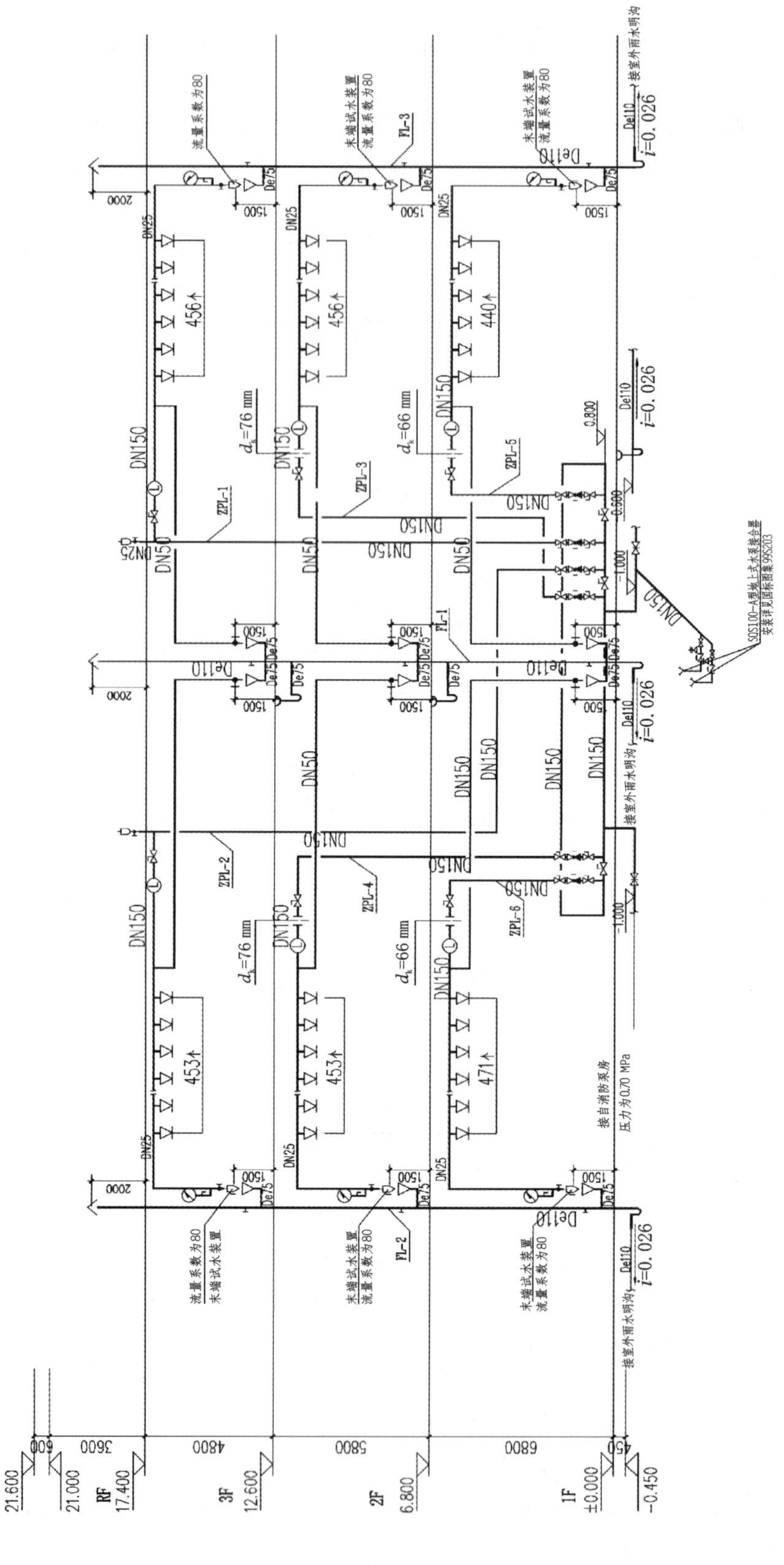

图3-39 自动喷水灭火系统图

自动喷水灭火系统在楼层部分设置有 ZPL-1、ZPL-2、ZPL-3、ZPL-4、ZPL-5、ZPL-6 六根立管。立管管径为 DN150。水流由消防泵房流出后进入稳压装置的水泵吸入口，水泵加压后通过湿式报警阀进入自喷立管，输送到各个楼层的水流指示器。

ZPL-1、ZPL-2 负责第三层的自动喷水灭火系统，ZPL-1 连接 456 个喷头，ZPL-2 连接 453 个喷头。ZPL-3、ZPL-4 负责第二层的自动喷水灭火系统，ZPL-3 连接 456 个喷头，ZPL-4 连接453 个喷头。ZPL-5、ZPL-6 负责首层的自动喷水灭火系统，ZPL-5 连接 440 个喷头，ZPL-6 连接 471 个喷头。

立管在每层连接一系列的自动喷水管道和喷头，在进入每层之处，都安装有信号闸阀和水流指示器。

自动喷水灭火系统的第一层、第二层配水管采用减压孔板减动压，管径为 DN100～DN150 时，孔板厚度 $\delta=6$ mm；孔板应采用不锈钢板制作。d_k 为孔板孔口直径，单位为 mm。

末端试水装置的流量系数 $K=80$，通过排水立管将水排入废水立管，与室外雨水明沟相连，如图 3-40 所示。

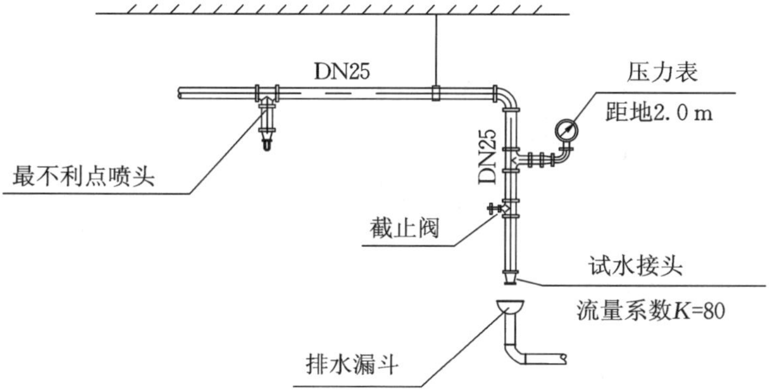

图 3-40 末端试水装置示意图

4）自动喷水灭火系统的平面图识图

（1）平面图中立管接出部分。

如图 3-41 所示，本层自动喷水管道由 1/19 交 A 轴报警阀间的 ZPL-1～ZPL-6 立管接出，连接了信号闸阀和水流指示器以后，分支出自动喷水灭火系统的配水干管。配水干管在需要的地方分支出配水支管。自动喷水喷头安装在配水支管上。

（2）平面图中喷头的尺寸标注。

自动喷水灭火系统平面图，按照国家《建筑工程设计文件编制深度规定》(2021 年版)，是必须清晰标注喷头平面尺寸的。厂房的地上部分属于中危险Ⅱ级，图纸要求喷头布置应按以下要求调整：喷头间距不大于 3.4 m、不小于 2.4 m，喷头距墙不大于 1.7 m，距墙、柱不小于 0.6 m。在自动喷水灭火系统平面图纸上，我们可以看到喷头的平面尺寸均符合上述规定。配水干管在需要的地方分支出配水支管。自动喷水喷头的标注一般是标注喷头中心与墙边的距离，如图 3-42 所示。

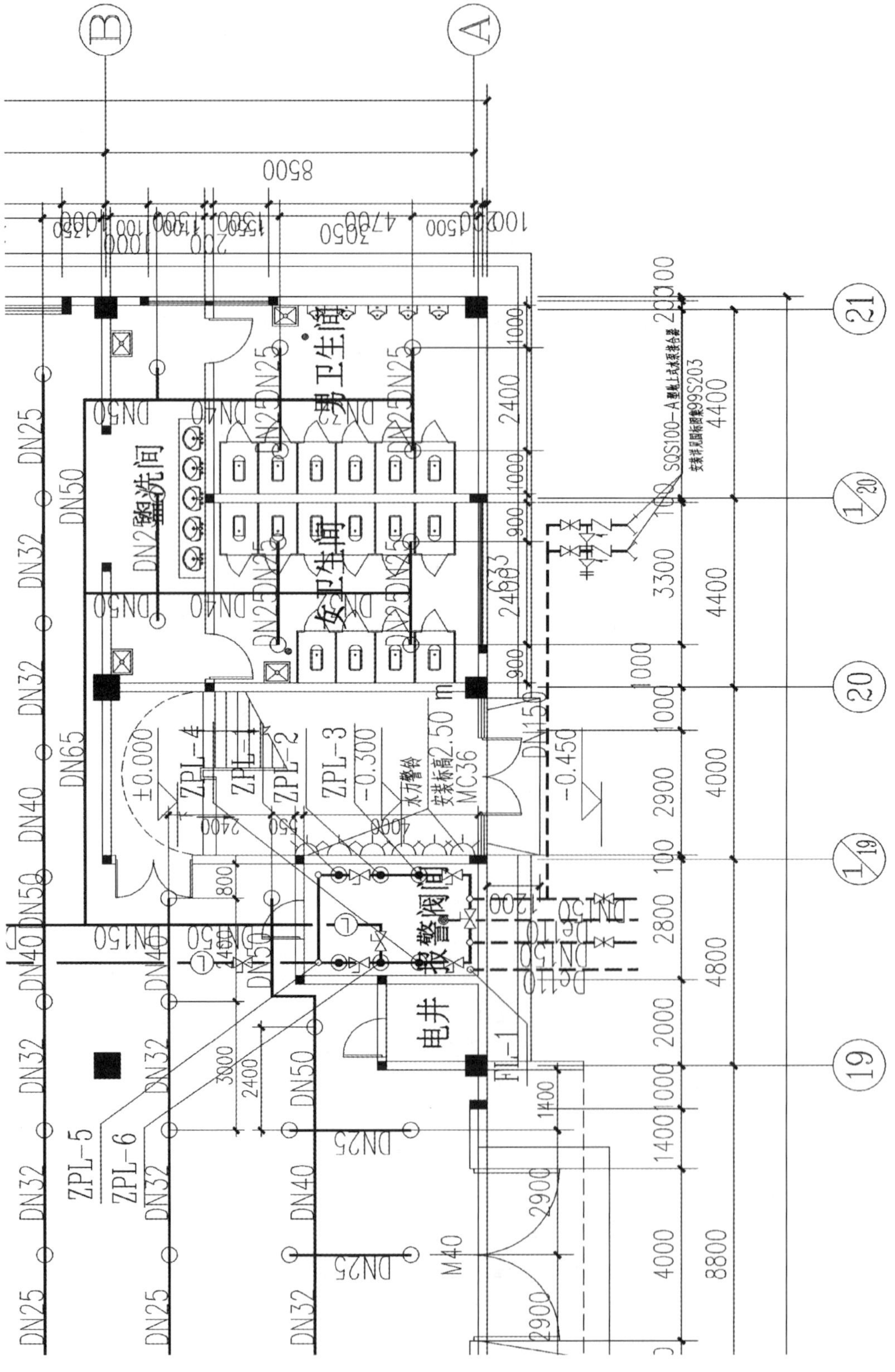

图3-41 一层自动喷水灭火系统平面图局部1

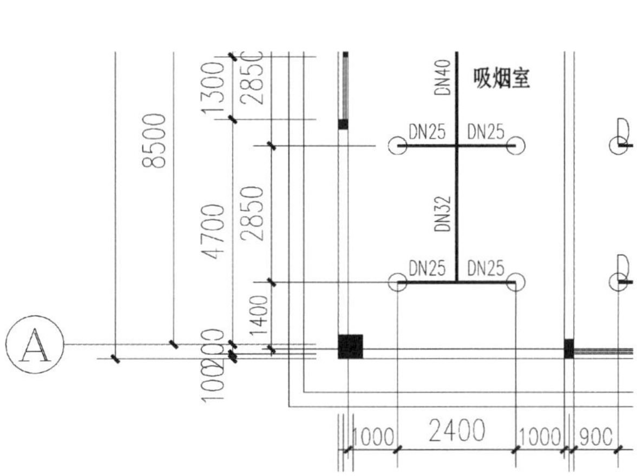

图 3-42　一层自动喷水灭火系统平面图局部 2

(3) 平面图中喷头的管径也应标注，如图 3-43 所示。

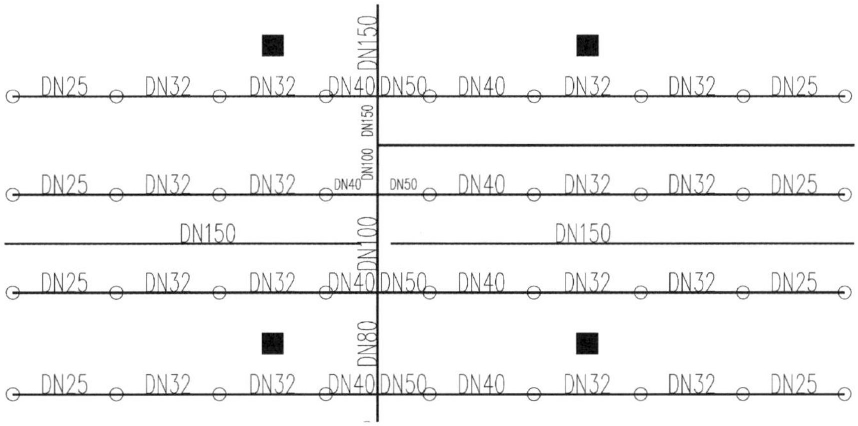

图 3-43　一层自动喷水灭火系统平面图局部 3

如图 3-43 所示，配水干管的管径为 DN150，与之垂直的干管的管径有 DN150、DN100、DN80，配水支管的管径从大到小依次为 DN50、DN40、DN32，最末端的喷淋管径为 DN25。

自动喷水灭火系统按照规范要求，必须在管网末端设置管径不小于 DN25 的泄水管，用于平常检查和故障维修。如图 3-44 所示，我们可以清晰地看见管道的末端设置了一根管径为 DN25 的泄水管，由末端的截止阀控制，接入废水立管。

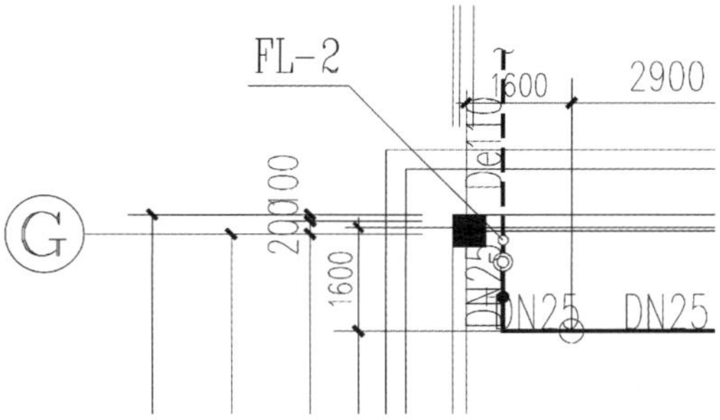

图 3-44　一层自动喷水灭火系统平面图局部 4

思政小课堂

2019 年 3 月 30 日 18 时许，四川省凉山州木里县雅砻江镇立尔村发生森林火灾，着火点在海拔 3800 米左右，地形复杂、坡陡谷深，交通、通信不便。截至 2019 年 4 月 4 日 15 时 15 分，这次森林火灾已确认造成 31 人遇难。4 月 5 日，火灾被确认为雷击火，整个火场得到全面控制，已无蔓延危险，火场总过火面积约 0.2 km^2。4 月 7 日，四川省凉山州木里县火场出现复燃现象，越西县、冕宁县发生森林火灾。

2019 年 4 月 1 日，为哀悼遇难的扑火人员，应急管理部官网首次变灰。4 月 3 日，西昌市人民政府决定，2019 年 4 月 4 日为哀悼日，全市范围停止一切公共娱乐活动；4 月 4 日，西昌市和木里县降半旗致哀，30 位救火英雄中的 27 名消防员被追记一等功，11 人被追认为共产党员；3 名干部被评定为烈士。牺牲的消防员大多是 90 后，最小的是王佛军，年仅 19 岁。

2020 年 5 月 17 日，四川木里森林扑火勇士入选“感动中国 2019 年度人物”。

我们的生活是和平的，是安宁的，但环视我国周围，多个国家出现自然、人为的灾难。其实，哪有什么岁月静好，只因有人负重前行。当代大学生也是青春年纪，我们不能一直让别人替我们负重前行，我们也应该承担起自己的责任，学好专业知识，提升自己的消防安全意识和救助技能，积极宣传消防常识。

技能考核

姓名__________ 班级__________ 学号__________ 成绩__________

一、单选题

1.仅用于防止火灾蔓延的消防系统是(　　)。

A.消火栓灭火系统　　B.闭式自动喷水灭火系统

C.开式自动喷水灭火系统　　D.水幕系统

2.湿式自动喷水灭火系统用于室内常年温度不低于(　　)℃的建筑物内。

A.0　　B.4　　C.10　　D.－5

3.下列场所中,(　　)可以不设置自动喷水灭火系统。

A.占地面积大于1500 m^2 的木器厂房

B.建筑面积为4000 m^2 的商场

C.低于七层的单元式住宅

D.能停20辆车的地下车库

4.消防水箱与生活水箱合用,水箱应储存(　　)分钟消防用水量。

A.7　　B.8　　C.9　　D.10

5.室内消防系统设置(　　)的作用是使消防车能将室外消火栓的水接入室内。

A.消防水箱　　B.消防水泵　　C.水泵接合器　　D.消火栓箱

6.适用于需防火隔断的开口部位的灭火系统是(　　)。

A.雨淋系统　　B.水幕系统

C.水喷雾系统　　D.二氧化碳灭火系统

7.闭式喷头的公称动作温度应比环境温度高(　　)左右。

A.30 ℃　　B.20 ℃　　C.40 ℃　　D.10 ℃

8.在装饰吊顶的办公室内,闭式喷头的安装形式为(　　)。

A.直立型　　B.下垂型　　C.边墙型　　D.檐口型

9.水流指示器的作用是(　　)。

A.指示火灾发生的位置

B.指示火灾发生的位置并启动水力警铃

C.指示火灾发生的位置并启动电动报警器

D.启动水力警铃并启动水泵

二、简答题

1.自动喷水灭火系统有几种类型,各自适用于什么场所?

2.自动喷水灭火系统的喷头及控制组件有哪些？

三、识图题

观察图 3-45，确定喷头的数量和支管的管径，计算 21 交 G 轴末端喷头到柱边的距离。

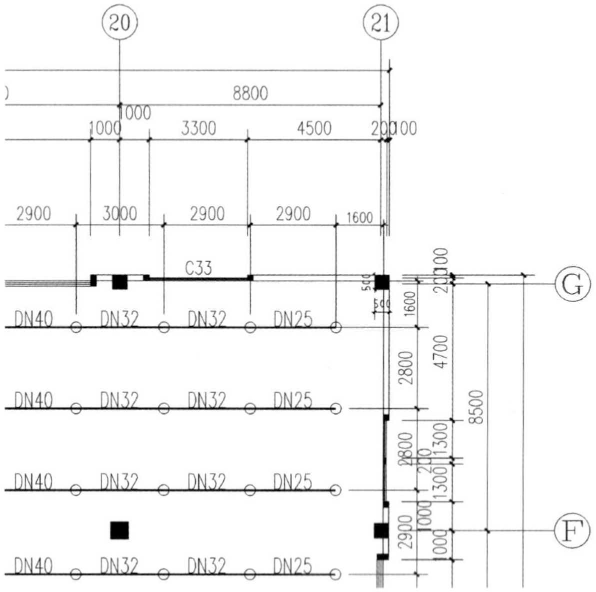

图 3-45　自动喷水灭火系统喷头设置

3.3 高层建筑消防系统与识图

任务描述

随着城市建设的快速发展，高层建筑越来越多地出现在现代城市之中。高层建筑具有火灾蔓延快、人员疏散难、扑救难度大等特点，给消防工作带来了一定的难度。本节对高层建筑消防系统技术要求和技术措施做进一步描述。

任务目标

结合学生情况，以课程标准和岗位能力需求为依据，确定任务目标。

(1) 掌握高层建筑消防给水系统分类。

(2) 掌握高层建筑消防给水系统设置。

相关技能点

3.3.1 技术要求

目前，我国登高消防车的工作高度为 30～48 m，普通消防车通过水泵接合器向室内消防系统输水的供水高度约为 50 m，因此发生火灾时，建筑的高层部分无法依靠室外消防设施协助救火。高层建筑消防给水设计应立足于用室内消防设施来扑救火灾。这是高层建筑消防与低层、多层建筑消防的主要区别，也是高层建筑消防的核心。但是，高层建筑发生火灾时，为尽快灭火、减少损失，仍应充分利用和发挥室外消防设施的救火能力，“外救”“自救”协同工作，提高灭火效率。一般高度为 24 m 以下的裙房在“外救”的能力范围内，应以“外救”为主；高度为 24～50 m 的部位，室外消防设施仍可通过水泵接合器升压送水，应立足“自救”，并借助“外救”，两者同时发挥作用；50 m 以上的部位，已超过了室外消防设施的供水能力，则应完全依靠“自救”灭火。

高层建筑一旦着火，会造成重大的人员伤亡和财产损失，后果是十分严重的。在进行高层建筑消防给水设计时，必须切实贯彻“以防为主，防消结合”的消防工作方针，采取有效的技术措施，确保消防安全，满足消防“自救”的要求。

3.3.2 技术措施

1. 消防给水系统的分类和选择

高层建筑必须设置独立的消防给水系统，其分类如下。

(1) 按消防给水压力的不同,消防给水系统可分为高压和临时高压消防给水系统。

高压消防给水系统指管网内保持灭火所需水量、水压,不需启动升压设备,可直接使用灭火设备救火的系统。该系统简单,供水安全,有条件时应优先采用。

临时高压消防给水系统有两种情况:一种情况是管网内最不利点周围平时的水压和水量不满足灭火要求,火灾时需启动消防水泵,使管网压力、流量达到灭火要求;另一种情况是管网内保持足够的压力,压力由稳压泵或气压给水设备等增压设施来保证,在泵房内设消防水泵,火灾时需启动消防水泵使管网压力满足消防水压的要求。临时高压给水系统为目前高层建筑中广泛采用的消防给水系统,需有可靠的电源,才能确保安全供水。

(2) 按消防给水系统供水范围的大小,消防给水系统可分为区域集中高压(或临时高压)消防给水系统和独立高压(或临时高压)消防给水系统。

区域集中高压消防给水系统是指数栋建筑共用一套消防供水设施集中供水。该系统便于管理、节省投资,适用于集中建设的高层建筑。

独立高压消防给水系统是指每栋建筑单独设置消防给水系统。该系统更安全,但管理分散、投资高,适用于地震区或区域内分散建设的高层建筑。

(3) 按消防给水系统灭火方式的不同,消防给水系统可分为自动喷水灭火系统和消火栓给水系统。

自动喷水灭火系统因能自动喷水、报警,灭火、控火的成功率高,是当今世界上广泛采用的固定灭火系统。但其造价高,目前在我国 100 m 以下的高层建筑中主要用于消防要求高、火灾危险性大的场所。100 m 以上的高层建筑由于火灾隐患多,火势蔓延快,人员疏散、火灾扑救难度增大,所以除面积小于 5 m^2 的卫生间、厕所和不宜用水扑救的部位外,均应设置自动喷水灭火系统。

消火栓给水系统的控火、灭火效果不如自动喷水灭火系统,但系统简单,造价低。基于我国目前的经济条件,当前 100 m 以下的高层建筑,以水为灭火剂的消防系统仍以消火栓给水系统为主。各类高层建筑均需设置消火栓给水系统。

根据设计要求,高层建筑中需同时设置消火栓给水系统和自动喷水灭火系统时,应优先选用两类系统独立设置方式,若有困难,可合用消防水泵,在自动喷水灭火系统报警阀进水口前将两类系统的管网分开设置。这是因为消火栓给水系统和自动喷水灭火系统设计作用时间不同,前者为 2～3 小时,后者为 1 小时。一般火灾延续 1 小时后,自动喷水灭火系统可能随建筑的损坏而局部损坏或因火场燃烧面积扩大、开启喷头数过多导致水量、水压均不再满足要求,灭火效率明显降低,因此通常要关闭总报警阀,继续使用消火栓给水系统。若将消火栓给水管网连在报警阀出口管段,由于阀门关闭,消火栓给水系统也不能发挥作用,将直接影响灭火效果。同时,消火栓给水管网漏水,还会产生误报警现象。

2. 消防给水方式

消防给水系统有分区、不分区两种给水方式。后者为一栋建筑采用同一消防给水系统供水。当建筑高度超过 50 m 或消火栓口处静水压力超过 0.8 MPa,自动喷水灭火系统中管网压力超过 1.2 MPa 时,需分区供水,适用于外网仅能满足建筑物低区建筑消火栓给水的水量、水压要求,不满足高区灭火的水量、水压要求。高区火灾初起时,由水箱向高区消火栓给水系统供水,水泵启动后,由水泵向高区消火栓给水系统供水;低区灭火时,水量、水压由外网保证。分区供水的室内消火栓给水系统如图 3-46 所示。

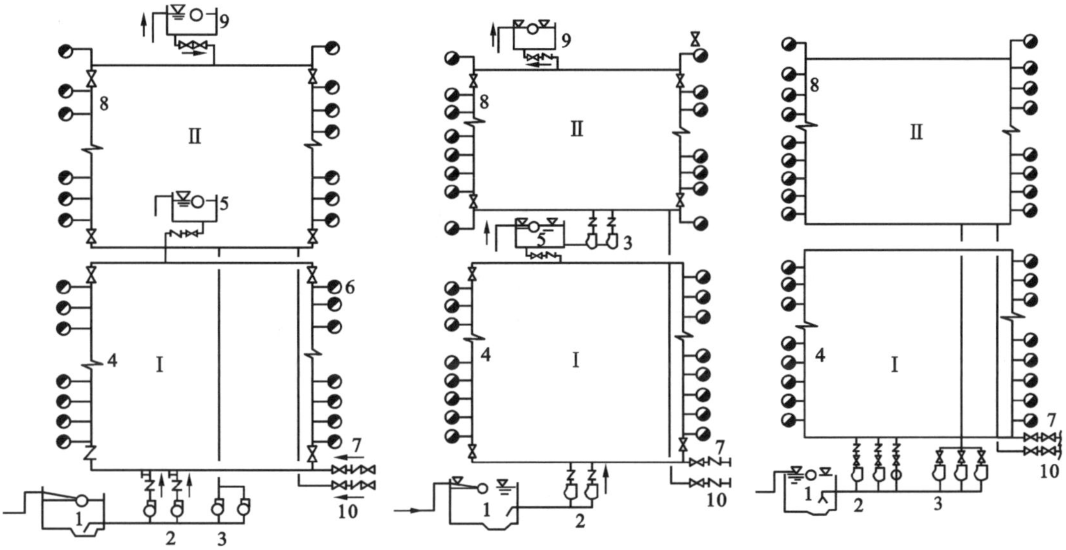

(a) 并联分区供水方式　　(b) 串联分区供水方式　　(c) 无水箱供水

图 3-46 分区供水的室内消火栓给水系统

1—贮水池；2—消防水泵；3—生产、生活水泵；4—Ⅰ区消防立管；5—Ⅰ区水箱；6—室内消火栓及远程启动消防水泵按钮；7—Ⅰ区水泵接合器；8—Ⅱ区消防立管；9—Ⅱ区水箱；10—Ⅱ区水泵接合器

灭火时，如果水枪、喷头出水量过大，高位水箱中的消防贮水会很快用完，不利于扑救初期火灾；消防管道易漏水；消防设备、附件易损坏。一般自动喷水灭火系统中报警阀的工作压力为 1.2 MPa，若管网中的压力过高，将造成报警阀损坏，影响系统的正常工作，而室内使用的水龙带的工作压力一般不超过 1 MPa，当室内最低处消火栓口静压为 0.8 MPa 时，为满足最不利消火栓所需压力，消防管道的工作压力已接近 1 MPa，若最低处消火栓口压力大于 0.8 MPa，消防水泵启动时可能造成水龙带损坏，使系统失去救火能力。同时，管网压力过高，水枪水压过大，救火人员也不易把握，不利于救火操作。

对于高压消防给水系统，不论是分区或不分区的消防给水系统，均不需设置水箱，由室外高压管网直接供水。若为临时高压消防给水系统，为确保消防初期灭火用水，均需设高位水箱。高度超过 100 m 的超高层建筑的贮水量可适当增加。水箱的设置高度应满足最不利喷头处工作压力不低于 0.05 MPa 和建筑高度不超过 100 m、最不利点消火栓静水压不低于 0.07 MPa或建筑高度超过 100 m、最不利点消火栓静水压不低于 0.15 MPa 的要求。否则，设计人员应在系统中设增压设备，以保证火灾初期消防水泵开启前，消防系统的水压要求。增压设备可采用稳压泵，如图 3-47 所示，也可采用气压给水设备。

消火栓给水系统和自动喷水灭火系统中增压泵、稳压泵的出水量可分别以一个消火栓的出水量 5 L/s 和 1 个喷头的出水量不小于 1 L/s 计，气压给水设备在系统中既可升压又可起到控制消防泵启动的作用。救火放水时，气压罐压力下降，压力传感器动作控制水泵启动，所以气压罐只需保证消防水泵启动前所需水量，一般火灾初期以 2 支水枪、5 个喷头工作考虑，消防泵启动时间以 30 秒计，故气压罐体积合计为 450 L。如果以上两个消防给水系统

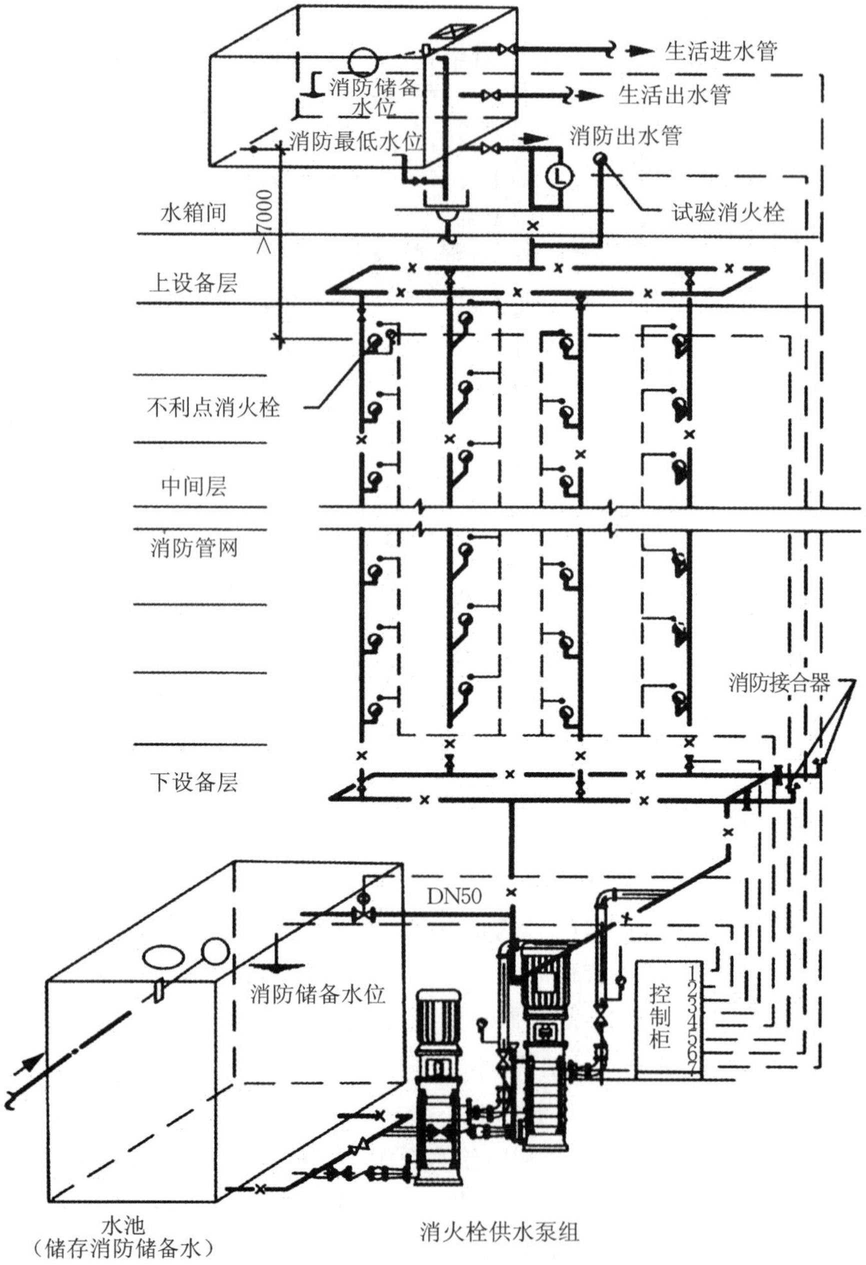

图 3-47 设稳压泵的分区消防给水方式

1—系统低压信号；2—水池水位信号；3—验泵开阀信号；4—按钮开泵信号；5—系统高压信号；6—水流开泵信号；7—高水箱消防水位信号

分别设置气压罐，其体积应按以上原则分别确定。

3. 消防给水系统的设置

高层建筑消防给水系统的设置包括消火栓、喷头和管道的布置等，除满足低层建筑消防给水的基本要求外，还应采取以下技术措施。

(1) 当天然水源作为消防唯一水源不能满足消防用水量的要求、市政给水管道的进水管不能满足消防用水量的要求、市政给水管道为枝状或只有一条进水管(二类建筑的住宅除外)时，应设消防贮水池。当水池总体积超过 500 m^3 时，应分成 2 个，一个检修时，另一个仍能正常工作。高层建筑群共用消防水池的体积应按消防用水量最大的一栋高层建筑计算。供消防车取水的消防水池，应设取水口或取水井，其水深应保证消防车的消防水泵吸水高度不超过 6 m，取水口或取水井与被保护建筑的外墙的距离不宜小于 5 m，不宜大于 100 m。

(2) 在高级旅馆、重要办公楼、一类建筑的商业楼、展览馆、综合楼和消防高度超过 100 m的其他高层建筑内，均应增设消防卷盘，即自救式小口径消火栓设备，其栓口直径为 25 mm 或 32 mm，配小口径水枪。喷嘴口径为 6 mm、8 mm 或 9 mm，橡胶水龙带的内径为 19 mm，长度为 20～40 mm。胶带卷绕在可旋转的转盘上，与普通消火栓一起设在组合式消防箱内，也可单独设置。

(3) 为便于消防人员灭火，高层建筑消火栓给水系统中的消火栓、水龙带、水枪的选用应与消防队通用的 65 mm 口径水龙带和大口径水枪配套，故应选用口径为 65 mm 的消火栓和喷嘴直径不小于 19 mm 的水枪。水龙带长不超过 25 m。

(4) 分区供水的消防给水系统中，因各区消防管道自成系统，在消防车供水压力范围内的各区，应分别设水泵接合器。采用串联给水方式时，可在下区设水泵接合器，供全楼使用。因消防立管要连接水泵接合器补充室内的消防用水，其管径不应小于 100 mm。

(5) 当消火栓口处的动水压力大于 0.5 MPa 时，应在消火栓处设减压装置，一般采用减压阀或减压孔板，用来减小消火栓前的剩余水压，使消防水量合理分配，系统均衡供水，利于节水和消防人员把握水枪安全操作，也可避免高位水箱中的消防贮水在短时间里用完。

(6) 防止超压。高层建筑消防给水系统中，造成超压的原因是多方面的：消防水泵试验、检查时，水泵出水量小，管网压力升高；火灾初起，消防系统启动，消火栓或喷头的实际开启放水出流量远小于按规范要求计算选定的水泵出流量，水泵扬程升高；消防给水系统分区范围偏大，启动消防泵时，为满足高层最不利消火栓或喷头所需压力，低层消火栓或喷头处压力过大等。

3.3.3　高层建筑图纸识图

1. 项目概况

项目位于某市，建筑类别为高层住宅＋商业网点，一层为住宅、商业、社区办公、消防控制室，二层至二十六层为住宅。住宅主楼规划建筑高度为 77.85 m(室外地面－0.300 m 至屋顶女儿墙)。

2. 消火栓系统设计概况

该建筑为一类居住建筑，根据《建筑设计防火规范》(GB 50016—2014)(2018 年版)，需要设置室内外消火栓系统。根据《消防给水及消火栓系统技术规范》(GB 50974—2014)，室内消火栓用水量为 20 L/s，室外消火栓用水量为 40 L/s，火灾延续时间为 2 小时。

住宅部分室内消火栓箱选用薄型单栓(型号为 SG20A65-J，详见图集 15S202-12)，箱内配 DN65(或 SNJ65)减压稳压消火栓 1 个，DN65、长 25 m 的衬胶龙带 1 条，DN19 水枪 1 支及消防按键。建筑首层至二十三层设置减压稳压消火栓（阀后压力大于 0.35 MPa、小于 0.45 MPa）。消火栓距离所在楼层楼板 1.1 m（消火栓厚 200 mm）。

3. 消火栓系统控制

火灾时，消防水泵由消防水泵出水干管上设置的压力开关、高位水箱出水管上的流量开关或报警阀压力开关等开关信号控制。消防泵房内的压力开关引入消防水泵控制柜；消火栓箱内的消防按钮仅和消防控制室联动报警。两台消火栓加压泵，一台使用，一台备用，备用泵自动投入。

室内消火栓管网入口处（相对于 0.000 标高）的要求水压为 1.15 MPa，实际提供压力为 1.17 MPa。本实例设置四套室外地上式消防水泵接合器；水泵接合器处应设置永久性标志铭牌，并应标明供水系统、供水范围和额定压力。

4. 消防设施图例

消防设施图例如图 3-48 所示。

图　　例	名　　称
消防设施:	
—— X ——	消火栓给水管
—— H ——	自动喷水灭火给水管
平面　系统	室内单栓消火栓
平面　系统	闭式自动洒水头（下喷）
平面　系统	闭式自动洒水头（上喷）
	信号阀
L	水流指示器
	消防水泵接合器
X－ 平面　XL－ 系统	消火栓立管
H－ 平面　HL－ 系统	自动喷水灭火给水立管
	柔性防水套管

图 3-48　消防设施图例

5. 消防平面图及系统图识读

消防平面图及系统图如图 3-49 至图 3-51 所示。

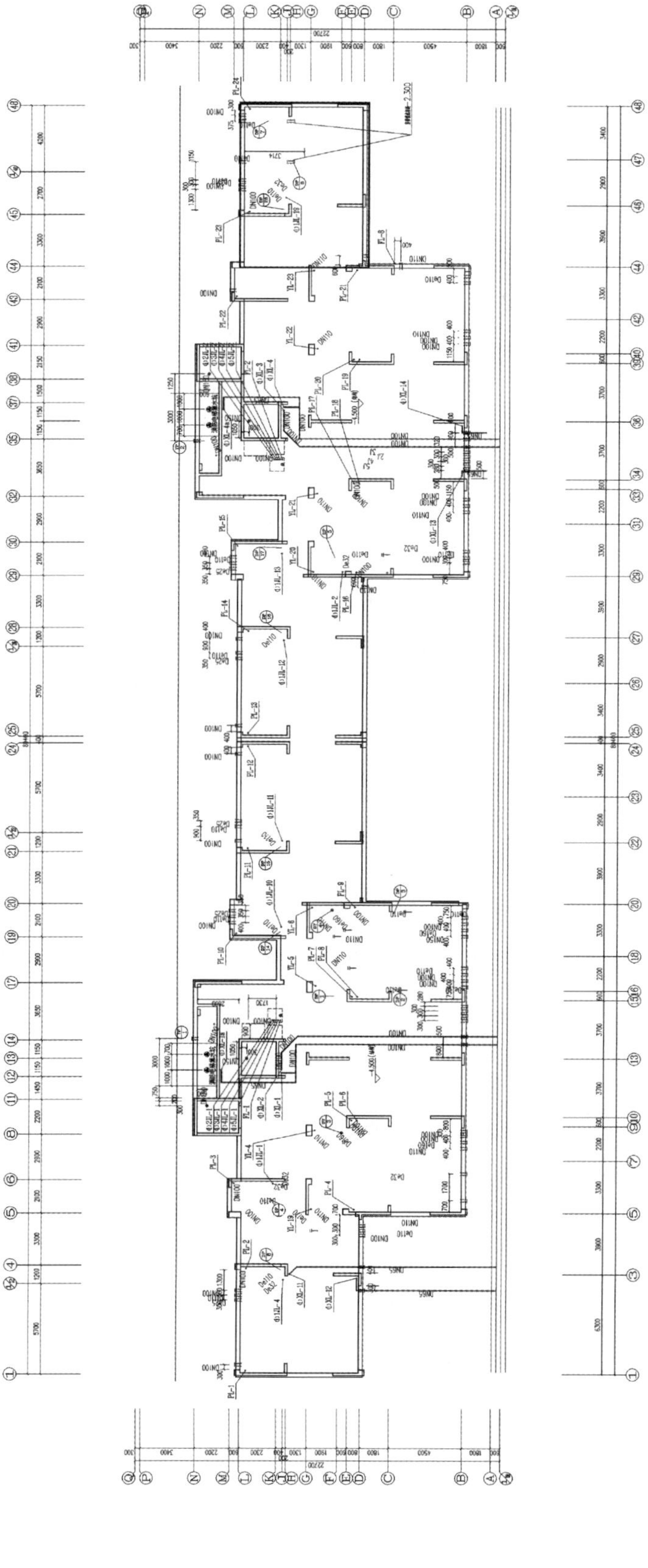

图3-49　地下一层消防平面图

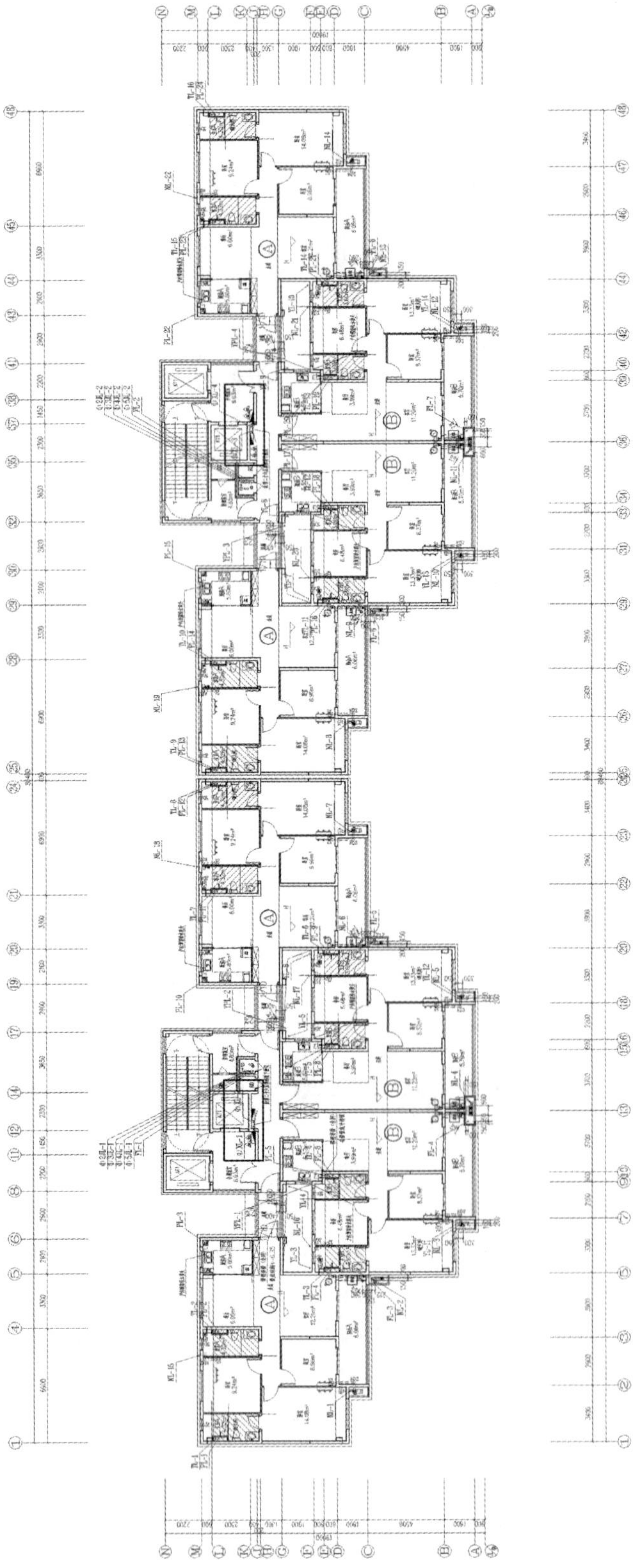

图3-50 三层至二十六层消防平面图

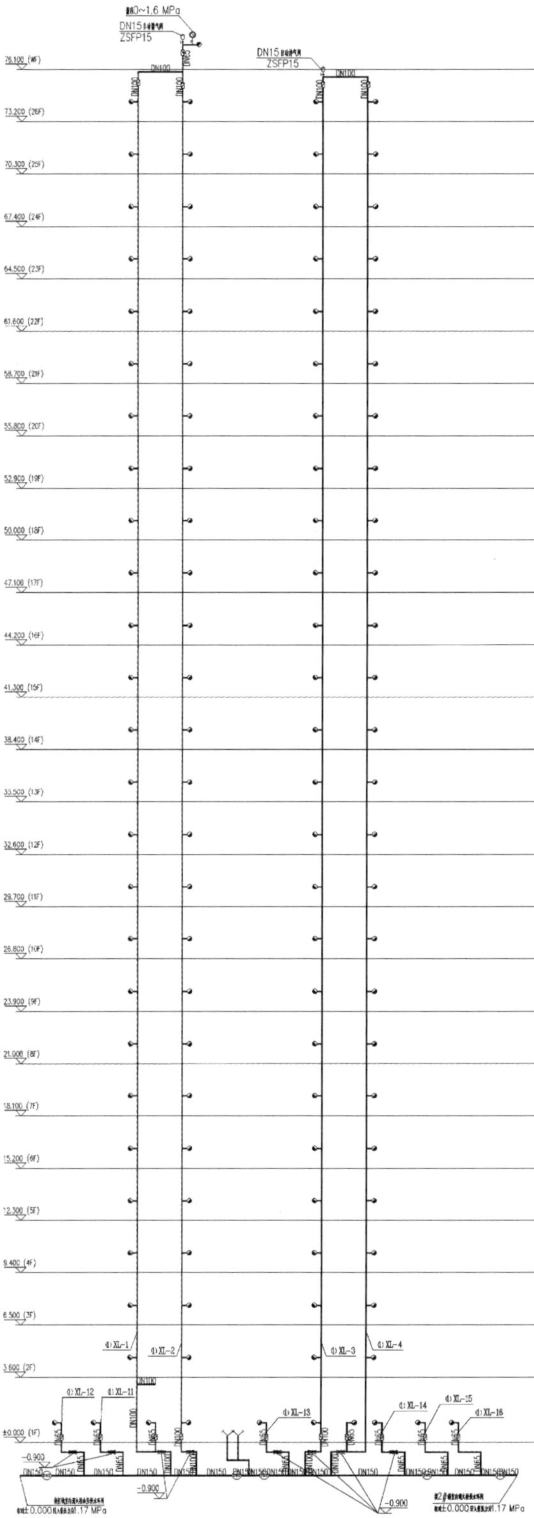
DN15
ZSFP15
DN15
ZSFP15
76.100 (WF)
DN100
DN65
73.200 (26F)
70.300 (25F)
67.400 (24F)
64.500 (23F)
61.600 (22F)
58.700 (21F)
55.800 (20F)
52.900 (19F)
50.000 (18F)
47.100 (17F)
44.200 (16F)
41.300 (15F)
38.400 (14F)
35.500 (13F)
32.600 (12F)
29.700 (11F)
26.800 (10F)
23.900 (9F)
21.000 (8F)
18.100 (7F)
15.200 (6F)
12.300 (5F)
9.400 (4F)
6.500 (3F)
3.600 (2F)
±0.000 (1F)
XL-1
XL-2
XL-3
XL-4
XL-11
XL-12
XL-13
XL-14
XL-15
XL-16
DN150
-0.900

图 3-51　消防系统图

图 3-49 识图指导：

从地下一层消防平面图可以看出，从室外穿墙而入的水平消防干管连接地下室的消防立管，编号从左至右分别为 XL-12、XL-11、XL-1、XL-2、XL-13、XL-3、XL-4、XL-14，其中 XL-12、XL-11、XL-13、XL-14 对应的水平消防管的管径为 DN65，XL-1、XL-2、XL-3、XL-4 对应的水平消防管的管径为 DN100。消防管穿地下室外墙，需提前在结构中预埋柔性防水套管。

图 3-50 识图指导：

从三层至二十六层消防平面图可以看出，标准层在公共区域有四个明装消火栓箱，对应的消防立管编号分别为 XL-1、XL-2、XL-3、XL-4，其中两个消火栓箱安装在合用前室，另外两个消火栓箱安装在 B 户型对应的公共走道。

图 3-51 识图指导：

通过识读消防系统图，我们可以对消防平面布置图有更好的理解，可以看出水平干管和立管的管径，穿墙柔性防水套管的标高，水泵接合器、阀门、屋面压力表、自动排气阀的位置等。

思政小课堂

经典案例：上海静安区高层住宅大火。

时间：2010 年 11 月 15 日 14 时。

起火地点：上海市余姚路胶州路 28 层教师公寓大楼，起火点位于 10～12 层。

起火原因：无证电焊工违章操作。

救灾规模：45 个消防中队，1300 多名消防官兵。

伤亡：58 人遇难，其中男性 22 人，女性 36 人。

一个个高层火灾案例触目惊心，你还觉得它离我们很远吗？即使是一个小小的烟头，也有可能引发一场大火。但是，只要我们在日常生活中注意防范，就不会惹火上身。在日常生活中，我们要养成良好的用火、用电习惯：

预防暗火常警惕，根除隐患无祸殃。易燃杂物日清理，耗电设施标准装。

电源电线无破损，漏电保护做主张。标准使用保险丝，电路安全有保障。

内装线路重极限，时间长久更新装。电容电器莫超标，科学用电有保障。

室内禁存易燃品，汽油燃料包装箱。电炉油炉煤气罐，正常使用免荒唐。

在家里，我们要常备一些消防器材并学会使用。

在火灾来临时，我们这样做：

扑灭小火，惠及他人；镇静辨向，迅速撤离；不入险地，不领财物。

简易防护，蒙鼻匍匐；善用通道，莫入电梯；缓降逃生，滑绳自救。

避难场所，固守待援；缓晃轻抛，寻求援助；火已及身，切勿惊跑。

这些暖暖的技能，大家都 get 到了吗？

技能考核

姓名＿＿＿＿＿＿　班级＿＿＿＿＿＿　学号＿＿＿＿＿＿　成绩＿＿＿＿＿

一、选择题

1.高层建筑室内消火栓的布置间距，应保证(　　)的充实水柱同时到达室内任何部位。

A.2 支水枪　B.1 支水枪　C.3 支水枪　D.所有水枪

2.充实水柱是指消防水枪射出的消防射流中最有效的一段射流长度，它包括(　　)的全部消防射流量。

A.70%～90%　B.75%～85%　C.70%～85%　D.75%～90%

3.室内常用的消防水带的规格有 D50、D65，其长度不宜超过(　　)m。

A.10　B.15　C.20　D.25

4.当消火栓处静水压力超过(　　)时，必须分区供水。

A.0.8 MPa　B.0.7 MPa　C.1.0 MPa　D.0.5 MPa

5.当消火栓栓口处出水压力超过(　　)时，应采取减压措施。

A.0.8 MPa　B.0.7 MPa　C.1.0 MPa　D.0.5 MPa

6.低层建筑室内消防水箱一般应贮存(　　)分钟的消防水量。

A.10　B.20　C.30　D.60

7.自动喷水灭火系统配水支管的管径不得小于(　　)mm。

A.15　B.20　C.25　D.32

8.教学楼内应设置消火栓系统，还应设置(　　)。

A.二氧化碳灭火系统　B.卤代烷系统

C.干粉灭火器　D.泡沫灭火系统

9.目前国内外广泛使用的主要灭火剂是(　　)。

A.水　B.二氧化碳　C.卤代烷　D.干粉

10.室内消火栓系统的用水量是(　　)。

A.保证着火时建筑内部所有消火栓均能出水的水量

B.保证 2 支水枪同时出水的水量

C.保证同时使用水枪数和每支水枪用水量的乘积的水量

D.保证上、下三层消火栓用水的用水量

11.(　　)属于闭式自动喷水灭火系统。

A.雨淋系统　B.水幕系统

C.水喷雾系统　D.湿式自动喷水灭火系统

12.室内消火栓应布置在建筑物内明显的地方，其中(　　)不宜设置。

A.普通教室内　B.楼梯间

C.消防电梯前室　D.大厅

13.室内消火栓、水龙带和水枪之间一般采用(　　)接口连接。

A.螺纹　　B.内扣式　　C.法兰　　D.焊接

二、简答题

1.高层建筑有什么特征？这些特征对高层发生的火灾有什么影响？

2.高层建筑消防给水方式有哪些？

模块 4

建筑电气工程设备与识图

4.1 建筑电气工程基础知识

任务描述

(1)学习建筑电气工程相关内容。
(2)学习建筑电气工程施工图相关知识。

任务目标

结合学生情况,以课程标准和岗位能力需求为依据,确定任务目标。
(1)理解建筑电气工程的概念和接线形式。
(2)了解建筑电气工程施工图的特点、通用表示方法和阅读方法。
(3)掌握建筑电气工程施工图的种类和图形符号。

相关技能点

4.1.1 建筑电气工程概述

建筑电气工程是指建筑的供电、用电工程,通常包括外线工程、变配电工程、室内配线工程、动力与照明工程、防雷接地工程以及弱电工程。

建筑电气工程的主要功能是输送和分配电能、应用电能和传递信息,为人们提供舒适、便利、安全的建筑环境。我们主要介绍交流电的基本知识、建筑电气工程施工图的基本知识和识读。

大小和方向随时间周期性变化的电压或电流统称为交流电。三相交流电在生产、输送和应用等方面有很多优点,因此交流电力系统都采用三相三线制配电、三相四线制配电或三相五线制(增加一条接地保护线)配电。

三相四线制就是三条相线(火线)、一条零线的供电体系。三条相线具有频率相同、幅值相等、相位互差 120°的正弦交流电压,称为三相对称电压。单相交流电就是三相交流电路中的一相,因此三相交流电路可视为 3 个特殊的单相电路的组合。

4.1.2 供配电系统的接线形式

供配电系统的接线形式主要有 TN 系统、TT 系统和 IT 系统三种。

1. TN 系统

电力系统中性点直接接地，受电设备的外露可导电部分通过保护线与接地点连接。按照中性线与保护线组合情况，TN 系统又可分为 3 种形式。

1）TN-S 系统（又称五线制系统）

整个系统的中性线（N）与保护线（PE）是分开的，如图 4-1 所示。TN-S 系统可安装漏电保护开关，有良好的漏电保护性能，所以在高层建筑或公共建筑中得到广泛使用。

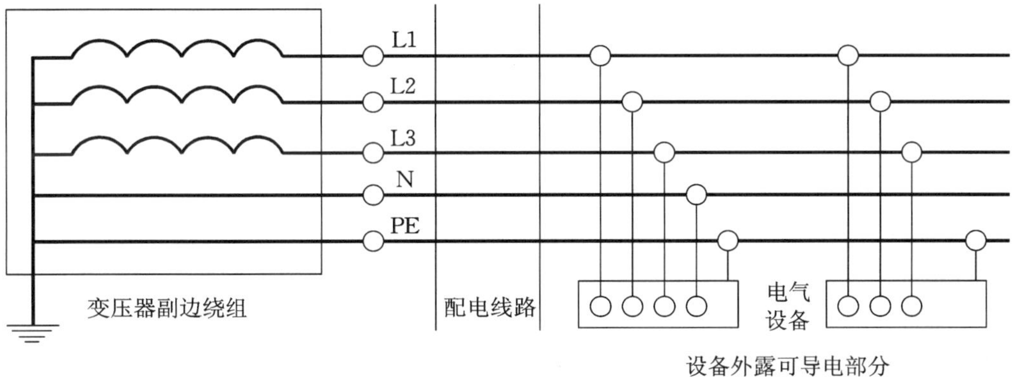

图 4-1　TN-S 系统

2）TN-C 系统（又称四线制系统）

整个系统的中性线（N）与保护线（PE）是合一的，如图 4-2 所示。TN-C 系统主要应用在三相动力设备比较多的场所，如工厂、车间等。因为少配 1 根线，TN-C 系统比较经济。

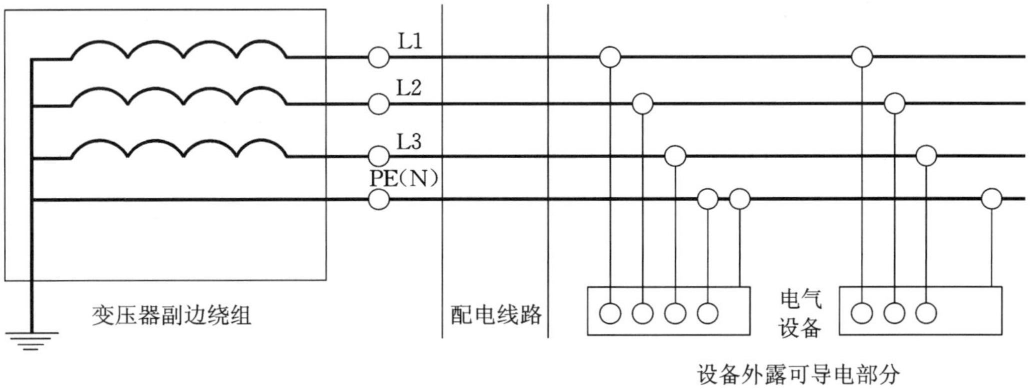

图 4-2　TN-C 系统

3）TN-C-S 系统（又称四线半系统）

系统中前一部分线路的中性线（N）与保护线（PE）是合一的，如图 4-3 所示。TN-C-S 系统主要应用在配电线路为架空配线、用电负荷较分散、距离较远的场所。线路在进入建筑物时，将中性线进行重复接地，同时分出一根保护线。

2. TT 系统

电力系统中性点直接接地，受电设备的外露可导电部分通过保护线接至与电力系统接地点无直接关联的接地极。在 TT 系统中，保护线可以分开设置。由于分开设置的保护线互不相关，电磁环境适应性较好，但保护人身安全性较差。目前，TT 系统仅在路灯等线路长、负荷小的系统中应用。

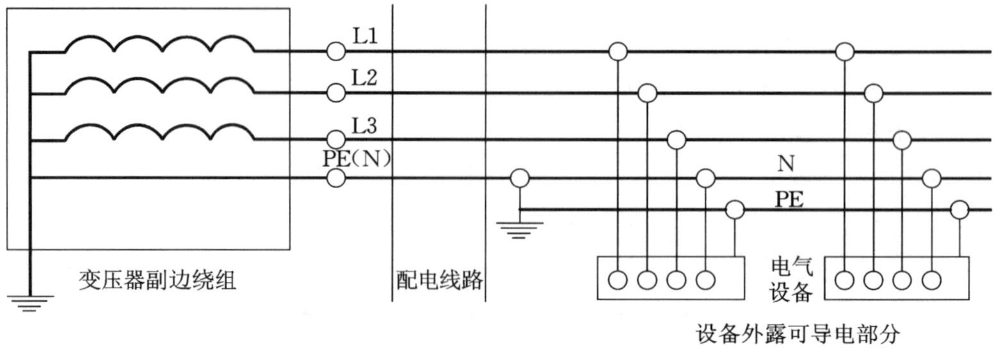

图 4-3 TN-C-S 系统

3. IT 系统

电力系统的带电部分与大地无直接连接(或有一点经足够大的阻抗接地),受电设备的外露可导电部分通过保护线接至接地极,如图 4-4 所示。IT 系统的电磁环境适应性比较好,当任何一相故障接地时,大地即作为相线工作,可以减少停电的概率,多用于煤矿、医院手术室等希望尽量少停电的系统。

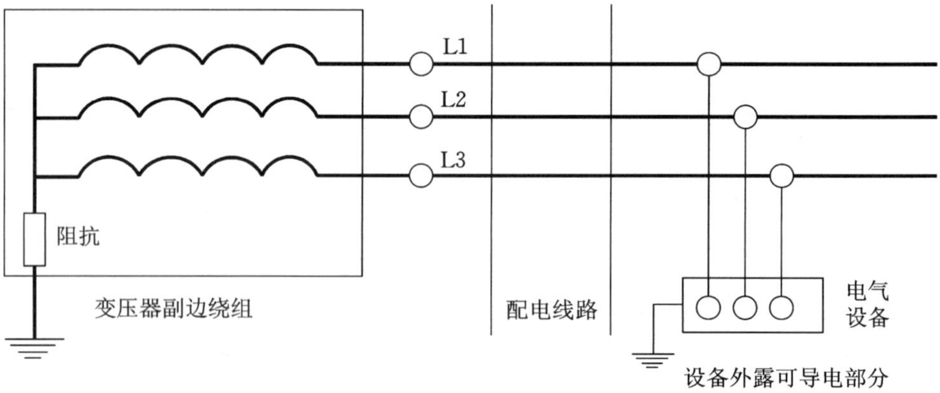

图 4-4 IT 系统

4.1.3 电气工程施工图的特点

(1) 大多数建筑电气工程施工图采用统一的图形符号和文字符号绘制,属于简图。

(2) 任何电路都必须构成闭合回路。只有构成闭合回路,电流才能够流通,电气设备才能正常工作,这也是我们判断电路图是否正确的首要条件。电路包括 4 个基本要素:电源、用电设备、导线和开关控制设备,如图 4-5 所示。

(3) 电路中的电气设备、元件等都是通过导线连接而构成一个整体的。

(4) 建筑电气工程施工是与主体工程(土建工程)及安装工程施工相互配合进行的,建筑电气工程施工图与建筑结构图及其他安装工程图不能发生冲突。

(5) 建筑电气工程的位置简图(施工平面布置图)是用投影和图形符号来代表电气设备

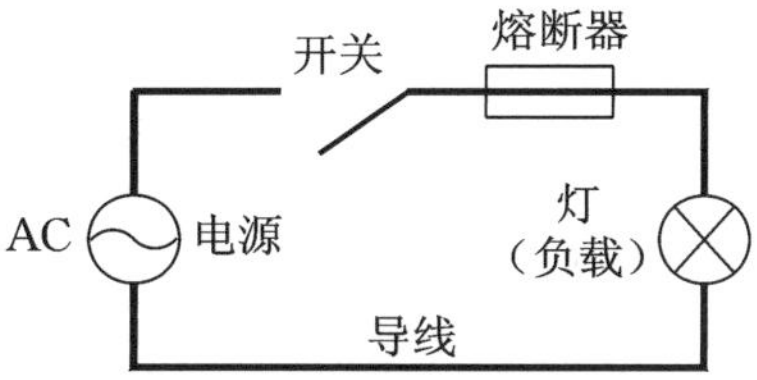

图 4-5　电路的基本组成

或装置绘制的，图形符号无法反映设备的尺寸，图形符号所绘制的位置不一定是按比例给定的。

4.1.4　建筑电气工程施工图的种类

建筑电气工程施工图可以表明建筑电气工程的构成规模和功能。根据建筑的规模和要求不同，建筑电气工程施工图的种类和图纸数量也有所不同。

1. 说明性文件

（1）图纸目录。

（2）设计说明（施工说明），主要阐述电气工程的依据、工程的要求和施工原则、建筑特点、安装标准、安装方法、工程等级、工艺要求及有关设计的补充说明等。

（3）图例。

（4）设备材料明细表。

2. 概略图（系统图）

概略图是用符号或带注释的框，概略表示系统或分系统的基本组成、相互关系及其主要特征的一种简图，是表现电气工程的供电方式、电力输送、分配、控制和设备运行情况的图纸，习惯上称为系统图、主接线图等。

概略图的规模有大有小，变配电所的概略图的规模一般都比较大，住宅的概略图的规模一般比较小。

如图 4-6 所示，A 栋 2 单元 3 层的电度表箱（照明配电箱）共有 2 个，功率为 8 kW、电流为 36 A。

电度表箱的进线为三相五线，其中的 L1 相与电度表连接，电度表的型号为 DD862-4K、10(40)A（额定电流为 10 A，最大电流为 40 A），经过 1 个 40 A 的 C45NL 型号的漏电保护断路器（自动开关），再通过 3 根（火线、零线和接地保护线）10 mm^2 的 BV 型号导线进入户内。户内也有一个配电箱，又分成 6 个回路，经自动开关向用户的电气设备配电，而 L1、L2、L3 继续向 4 层以上配线，零线 N 和接地保护线 PE 是共用的。

3. 电路图

电路图是用图形符号表示并按工作顺序排列，详细表示电路、设备或成套装置的基本组成和连接关系，而不考虑其实际位置的一种简图。其用途是详细解释电路、设备或成套装置及其组成部分的作用原理；为测试和寻找故障提供信息；为编制接线图提供依据。

4. 电气平面图

电气平面图是表示电气设备、装置与线路平面布置的图纸，内容包括电气设备、装置的

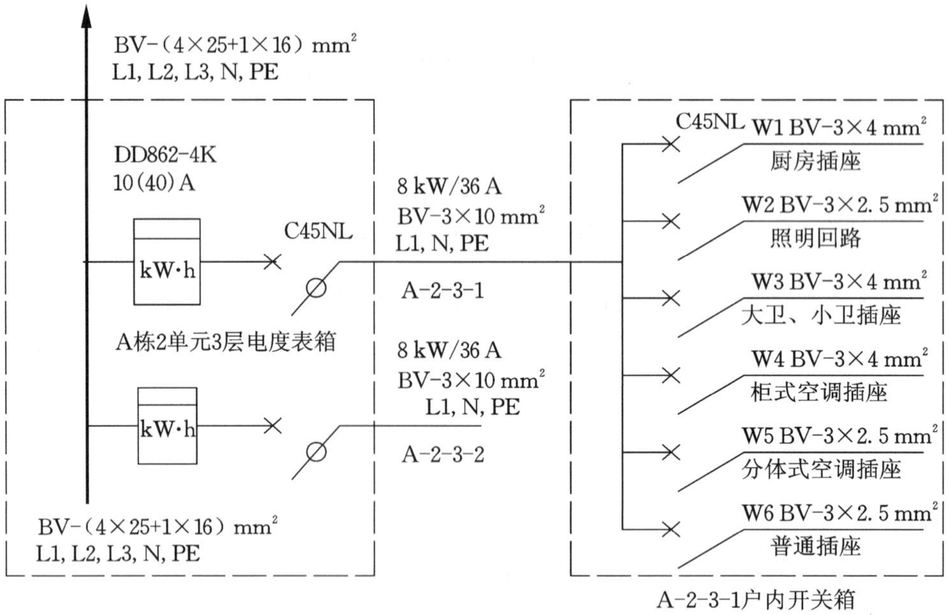

图 4-6　某用户照明配电系统图

安装位置及线路敷设方法等，如图 4-7 所示。常用的电气平面图有变配电所平面图、动力平面图、照明平面图、接地平面图、弱电平面图等。

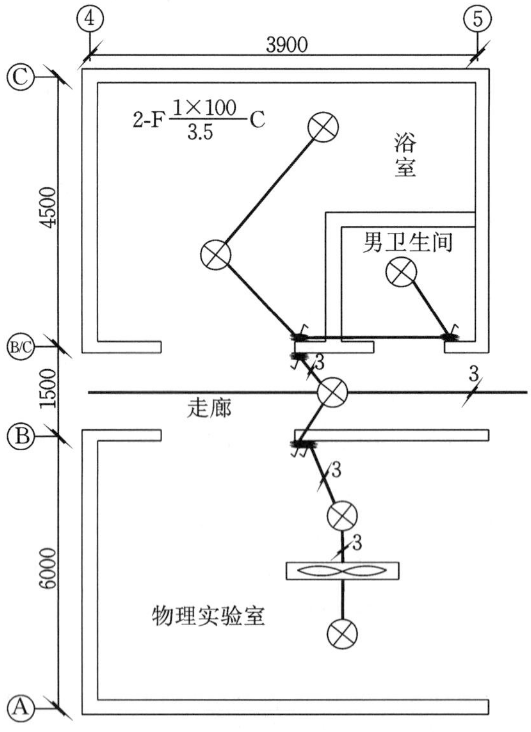

图 4-7　某建筑局部房间照明平面图

5. 接线图

接线图常被称为安装配线图，主要用来表示电气设备、电器元件和线路的安装位置、配线方式、接线方式、配线场所特征，一般与概略图、电路图和电气平面图等配套使用。

6. 安装大样图(详图)

安装大样图是详细表示电气设备安装方法的图纸，内容包括安装部件的具体图形和详细尺寸，是进行安装施工和编制工程材料计划的重要参考。

4.1.5　建筑电气图的图形符号和文字符号

电气图形符号是组成电气图的基本元素。要熟练地识读电气图或绘制电气图，就必须正确地、熟练地理解、识别各种电气图形符号，尤其是在一般民用电气图中出现得比较频繁的电气图形符号。

电气图形符号包括一般符号、限定符号和方框符号。

1. 一般符号

一般符号是用来表示某些产品或这些产品的基本特征的通用的简单符号，如图 4-8 所示。

(a) 电阻器　　(b) 电容器

图 4-8　电气图一般符号举例

2. 限定符号

限定符号是用来提供附加信息的一种加在其他符号上的符号，通常不能单独使用，如图 4-9 所示。限定符号的使用，可以大大扩展图形符号的多样性。

3. 方框符号

方框符号是用来表示元件、设备等的组合及其功能，既不给出元件、设备的细节，也不考虑所有连接的一种简单的图形符号，一般用在系统图中。

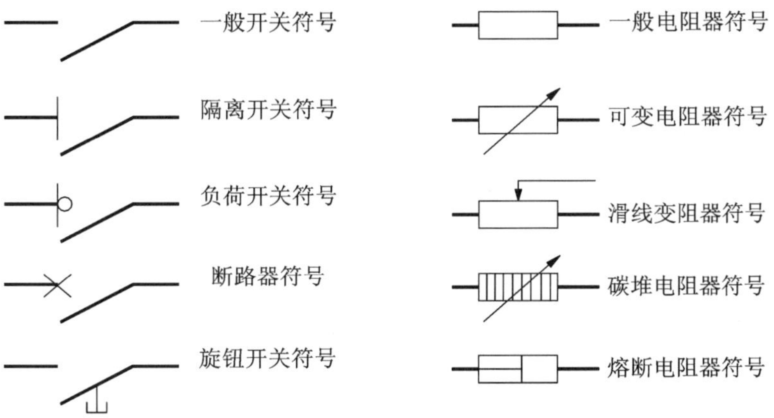

(a) 附加不同限定符号的开关符号　　(b) 附加不同限定符号的电阻器符号

图 4-9　电气图限定符号举例

4.1.6 电气图的通用表示方法

1. 用于电路的表示方法

用于电路的表示方法有多线表示方法和单线表示方法，如图 4-10 所示。

（1）多线表示方法：实际电路中出现的每一根连接线或导线在途中均有表示。

（2）单线表示方法：用一条图线表示两根或两根以上的连接线或导线，且在图线上注明实际导线或连接线的根数。

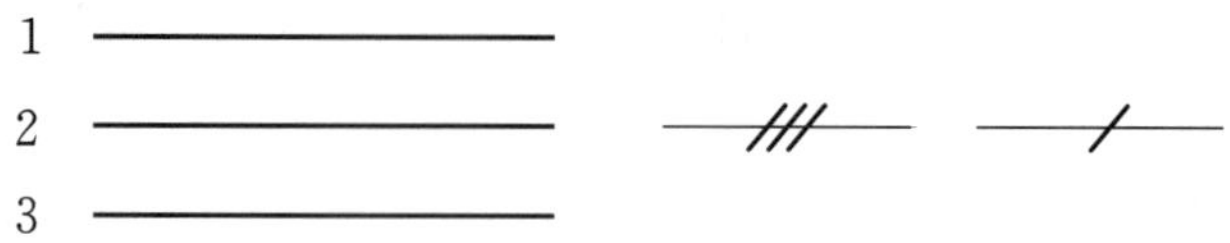

图 4-10 单线与多线表示方法

2. 用于元件的表示方法

用于元件的表示方法有集中表示法、半集中表示法、分开表示法，如图 4-11 和图 4-12 所示。

（1）集中表示法：把一个元件各组成部分的图形符号在简图上绘制在一起，元件各组成部分以实线连接。

（2）半集中表示法：把一个元件的某些组成部分的图形符号在简图上分开布置，彼此之间的关系用虚线表示。

（3）分开表示法：把一个元件各组成部分的图形符号在简图上分开布置，它们之间的关系用项目代号表示。

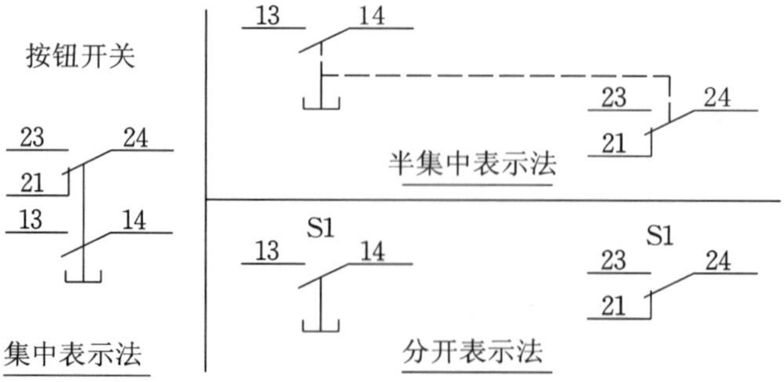

图 4-11 按钮开关表示法

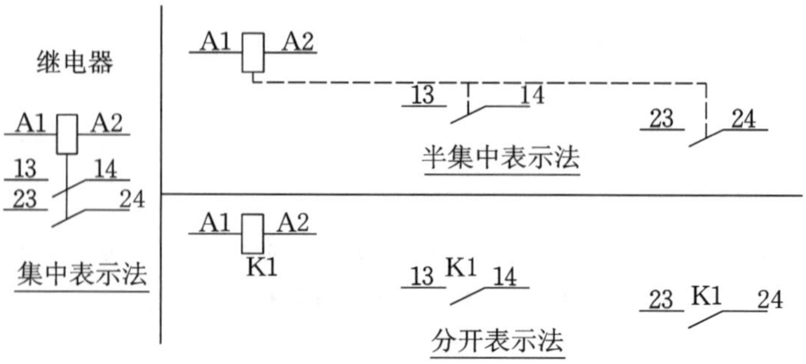

图 4-12 继电器表示法

3. 项目代号

为了便于查找、区分各种图形符号所表示的元件、器件、装置和设备等，设计人员在电气图和其他技术文件上采用一种名为“项目代号”的特定代码，并将其标注在各种图形符号旁边以便在图形符号和实物之间建立起明确的对应关系。

完整的项目代号包括 4 个具有相关信息的代号段，每个代号段都用特定的前缀符号加以区分，每个代号段的字符都由拉丁字母和数字共同组成，如表 4-1 所示。

表 4-1　项目代号

代号段	名称	定义	前缀符号	示例
第 1 段	高层代号	系统或设备中较高层项目的代号	等号“＝”	＝T2 ＝F＝B4
第 2 段	位置代号	项目在组件、设备、系统或建筑物中的实际位置代号	加号“＋”	＋D12 ＋B＋23
第 3 段	种类代号	主要用来识别项目种类的代号	减号“－”	－QS1
第 4 段	端子代号	用来同外电路进行电气连接的电器导电件的代号	冒号“:”	:13 :B

4.1.7　建筑电气工程施工图的阅读方法

阅读建筑电气工程施工图必须熟悉电气图的基本知识(表达形式、通用画法、图形符号、文字符号)和建筑电气工程施工图的特点。

建筑电气工程施工图通常可按下面的方法及顺序进行阅读。

① 标题栏和图纸目录，了解工程名称、项目内容、设计日期及图纸数量和内容。

② 总说明，了解工程总体概况及设计依据。

③ 系统图，了解系统的基本组成(电气设备、元件等的连接关系及它们的规格、型号、参数等)，掌握系统的组成概况。

④ 平面图，了解设备安装位置、线路敷设部位、敷设方法，以及所用导线的型号、规格、数量，电线管的管径等 。阅读平面图的一般顺序为进线—总配电箱—干线—支干线—分配电箱—支线—用电设备。

⑤ 安装接线图，了解设备或电器的布置与接线，与电路图对应阅读。

⑥ 安装大样图。

⑦ 设备材料表。

技能考核

姓名__________ 班级__________ 学号__________ 成绩__________

一、选择题

1.建筑供配电系统由(　　)、供配电线路、配电控制设备和用电设备组成。

A.直流电源　　B.交流电源　　C.变频电源　　D.三相电源

2.(　　)电力系统有一点直接接地,装置的外露可导电部分用保护线与该点连接。

A.TT　　B.TN　　C.IT　　D.TC

二、判断题

1.电气系统由电源、导线、控制或保护设备、用电设备组成。　　(　　)

2.建筑物的用电负荷指的是供电线路的电流和功率。　　(　　)

三、简答题

1.电气图形符号包括哪些?

2.电气图中用于电路的表示方法有哪些,用于元件的表示方法有哪些?

3.建筑电气工程施工图的特点有哪些?

4.2 供配电系统识图

任务描述

(1)认识供配电工程常用设备。
(2)掌握电气主接线与配电系统图。
(3)掌握二次回路电路图。

任务目标

结合学生情况,以课程标准和岗位能力需求为依据,确定任务目标。
(1)熟悉供配电工程中的设备。
(2)认识供配电工程施工图中常用的图例。
(3)能读懂供配电工程专业施工图图纸。

相关技能点

4.2.1 供配电工程

供配电设备是供配电系统的枢纽。变配电所为建筑物内的用电设备提供和分配电能,是建筑供配电系统的重要组成部分。

1）电力变压器

电力变压器(TM)是一种静止的电气设备,它利用电磁感应原理把某数值的交流电压转换成频率相同的另一种或几种数值不同的交流电压,如图 4-13 所示。

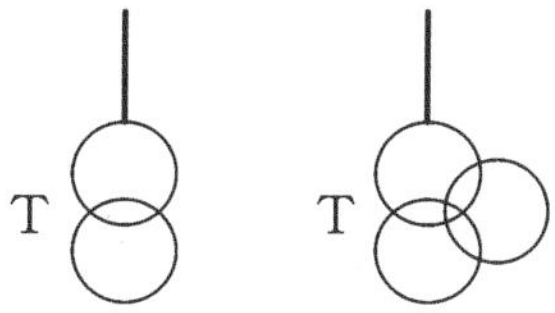

图 4-13　电力变压器(TM)

2）断路器

断路器（QF）是一种开关，不仅能接通和断开正常负荷的电流，还能在保护装置的作用下自动跳闸，切断故障（如短路故障）电流。因为电路短路时电流很大，断开电路瞬间会产生非常大的电弧，所以断路器应具有很强的灭弧能力。断路器的主触头是设置在灭弧装置内的，无法观察通或断的状态，即断开时无可见的断点。因此，考虑使用安全，一般断路器不能单独使用，为了保证电气设备的安全检修，通常要在断路器前端或前后两端加装高压隔离开关。断路器（QF）如图 4-14 所示。

图 4-14　断路器（QF）

3）隔离开关

隔离开关（QS）主要用于隔离高压电源，以保证对被隔离的其他设备及线路进行安全检修。高压隔离开关将高压装置中需要检修的设备与其他带电部分可靠地断开，并有明显可见的断开间歇。隔离开关没有专门的灭弧装置，所以不能带电负荷操作，否则可能会发生严重的事故。隔离开关（QS）如图 4-15 所示。

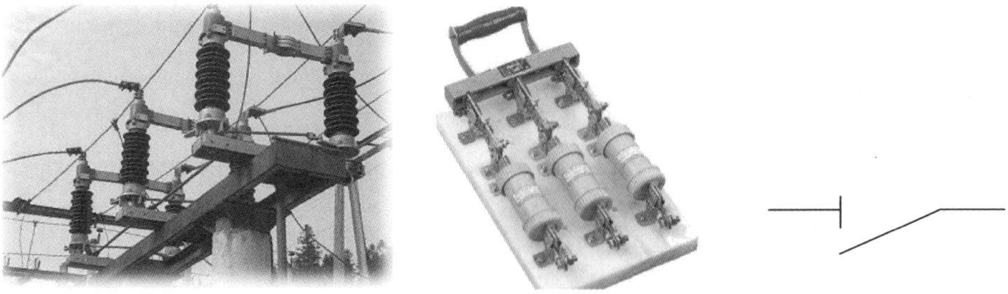

图 4-15　隔离开关（QS）

4）负荷开关

负荷开关（QL）具有简单的灭弧装置，主要用在高压侧，用于接通和断开正常工作的负荷电流，灭弧能力不高，不能切断短路电流，必须和熔断器串联使用，靠熔断器切断短路电流，如图 4-16 所示。

5）熔断器

当所在电路的电流超过规定值并经过一定时间后，熔断器（FU）能使熔体熔化而切断电路，如果发生短路故障，熔体会快速熔断而切断电路。熔断器的主要功能是对电路进行短路保护，也具有过负荷保护的功能，如图 4-17 所示。

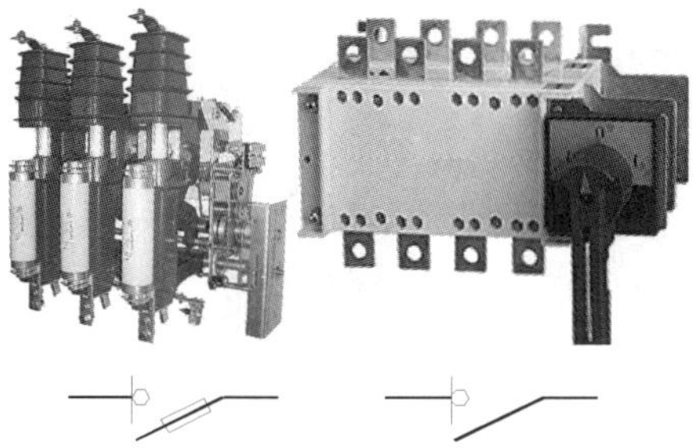

图 4-16　负荷开关(QL)

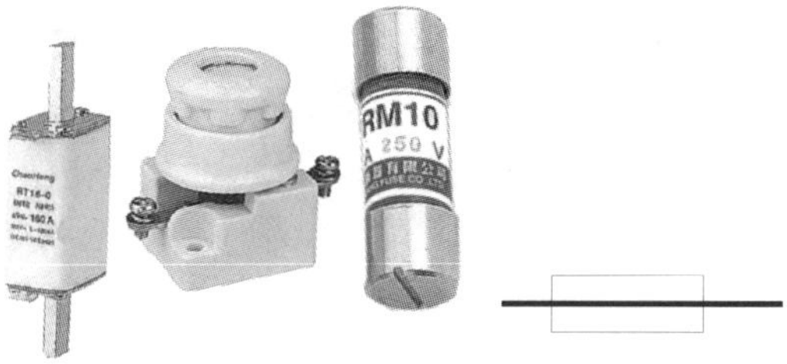

图 4-17　熔断器(FU)

6）开关柜

开关柜是按照一定的接线方案将有关的一、二次设备(如开关设备、监察测量仪表、保护电器及操作辅助设备等)组装而成的一种高压成套配电装置，如图 4-18 所示。

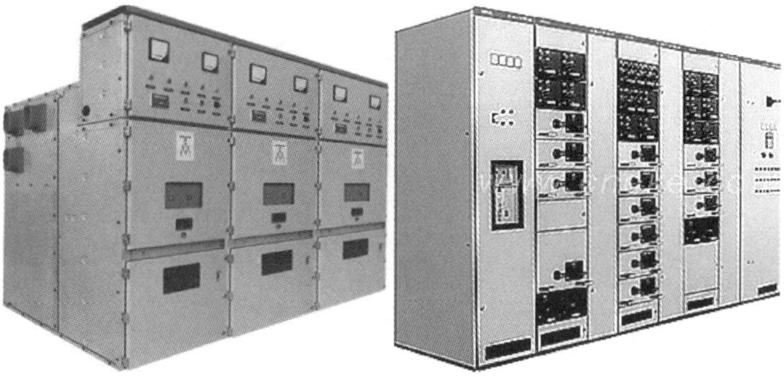

图 4-18　开关柜

7）电压互感器

电压互感器(TV)是一种电压变换设备，隔离高电压，将高电压变成低电压，以取得测量和保护用的低电压信号，如图 4-19 所示。副边绕组额定电压是固定的，为 100 V。

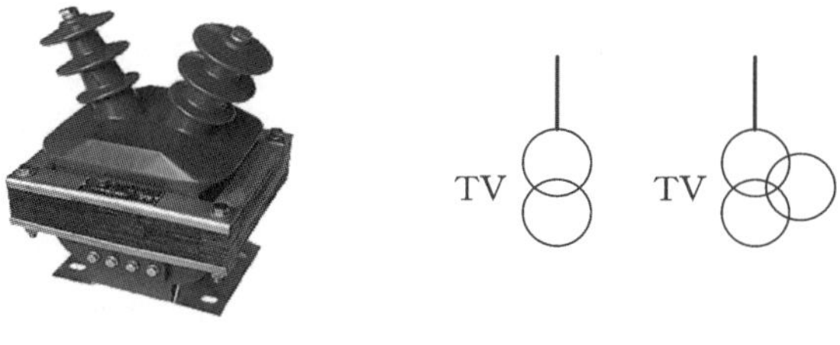

图 4-19　电压互感器(TV)

8）电流互感器

电流互感器(TA)是一种电流变换设备，隔离高电压和大电流，将大电流变成小电流，以取得测量和保护用的小电流信号，如图 4-20 所示。副边绕组额定电流是固定的，为 5 A。

9）避雷器

避雷器(F)用来保护变压器或其他配电设备免受雷电产生的过电压波沿线路侵入，击穿绝缘的危害，如图 4-21 所示。

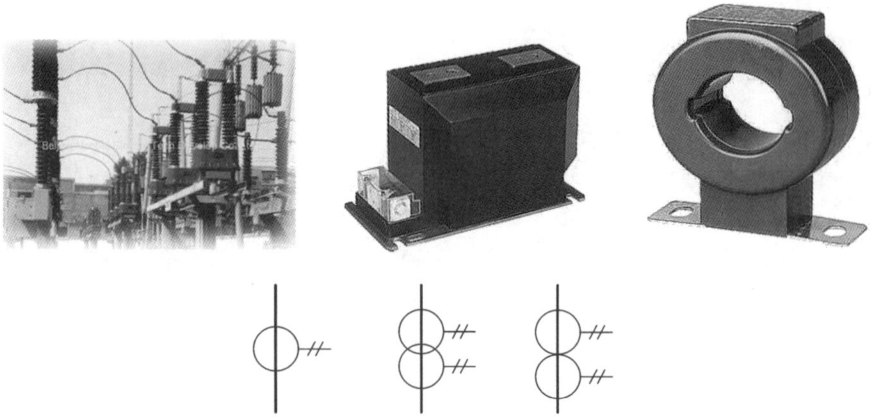

图 4-20　电流互感器(TA)

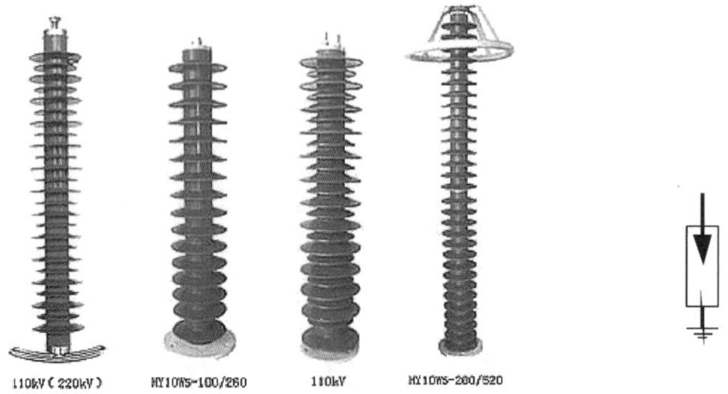

图 4-21　避雷器(F)

4.2.2　供配电系统工程施工图识读

1. 主接线图

主接线是由开关、电力变压器、母线、电力电缆或导线、移相电容器、避雷器等电气设备按照一定规律连接的接受和分配电能的电路。主接线图只表达上述电气设备之间的连接关系，与其具体安装地点无关。主接线的实施场所是变电站或配电站。

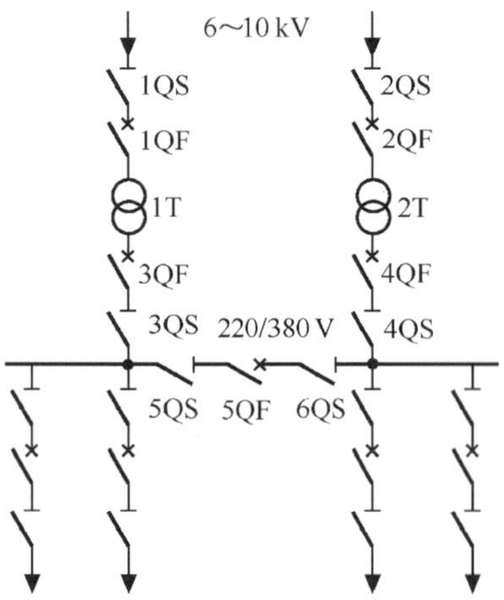

图 4-22　供配电系统主接线图

主接线图是一种概略图，以单线表示方法绘图，用单线表示三相，电气元件用国家标准规定的图形符号和文字符号表示。

一、二级负荷或用电量较大的低压用户，应采用两个独立回路作为电源进线，如图 4-22 所示。这种电气主接线供电可靠性较高，当任一主变压器或任一电源进线停电检修或发生故障时，该变电站可通过闭合低压母线分段开关，迅速恢复对整个变电站的供电。

2. 系统图

系统图如图 4-23 至图 4-25 所示。

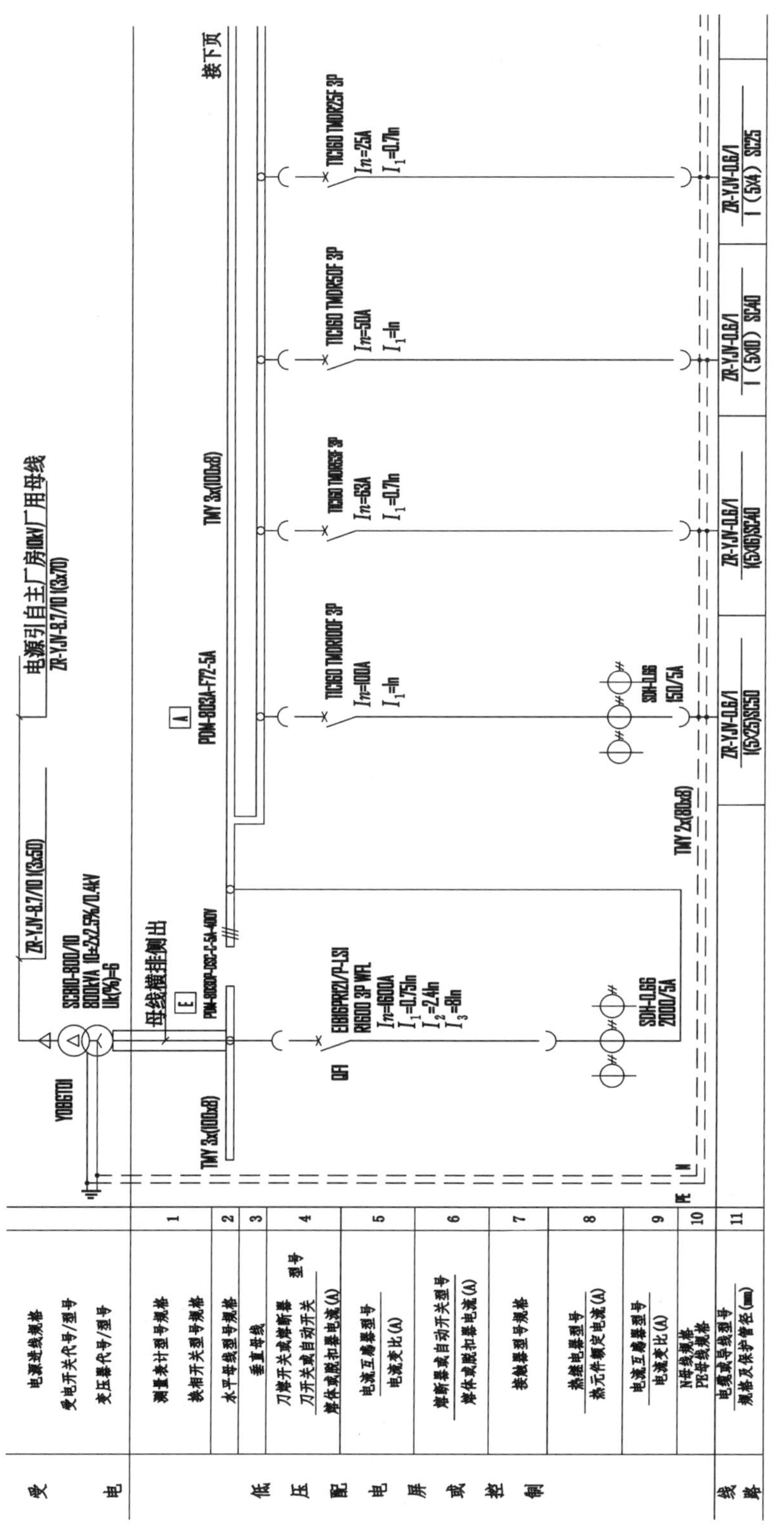
电源引自主厂房10kV厂用母线
ZR-YJV-8.7/10 1(3x70)
ZR-YJV-8.7/10 1(3x50)
SCB10-800/10
800kVA 10±2x2.5%/0.4kV
Uk(%)=6
母线横排侧出
TMY 3x(100x8)
TMY 2x(80x8)
接下页
受电
电源进线规格
受电开关代号/型号
变压器代号/型号
测量表计型号规格
换相开关型号规格
水平母线型号规格
垂直母线
刀熔开关或熔断器
刀开关或自动开关　型号
熔体或脱扣器电流(A)
电流互感器型号
电流变比(A)
熔断器或自动开关型号
熔体或脱扣器电流(A)
接触器型号规格
热继电器型号
热元件额定电流(A)
电流互感器型号
电流变比(A)
N母线规格
PE母线规格
电缆或导线型号
规格及保护管径(mm)
低压配电屏或控制
线路
1
2
3
4
5
6
7
8
9
10
11

图4-23　配电系统图

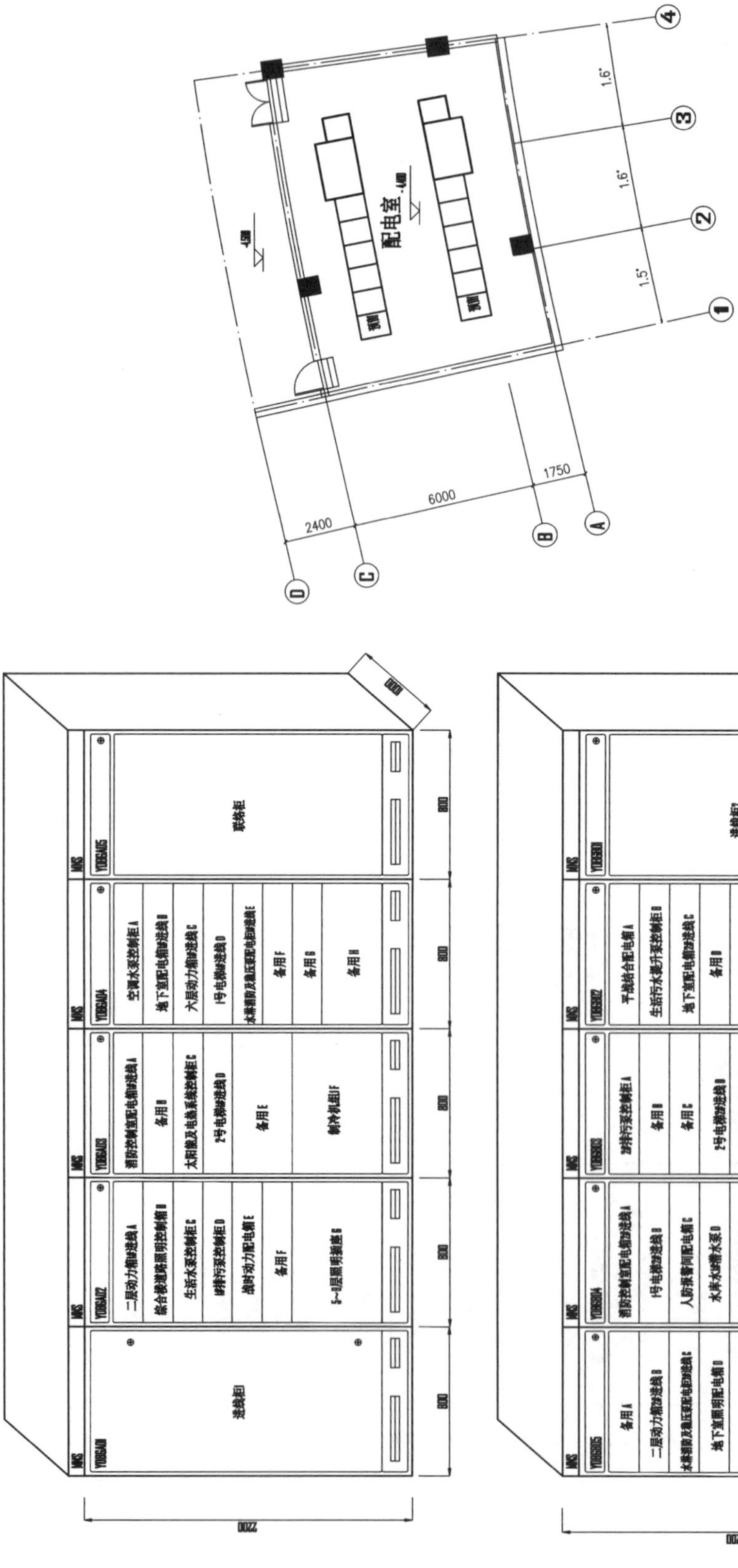

图 4-23　低压柜正面布置图

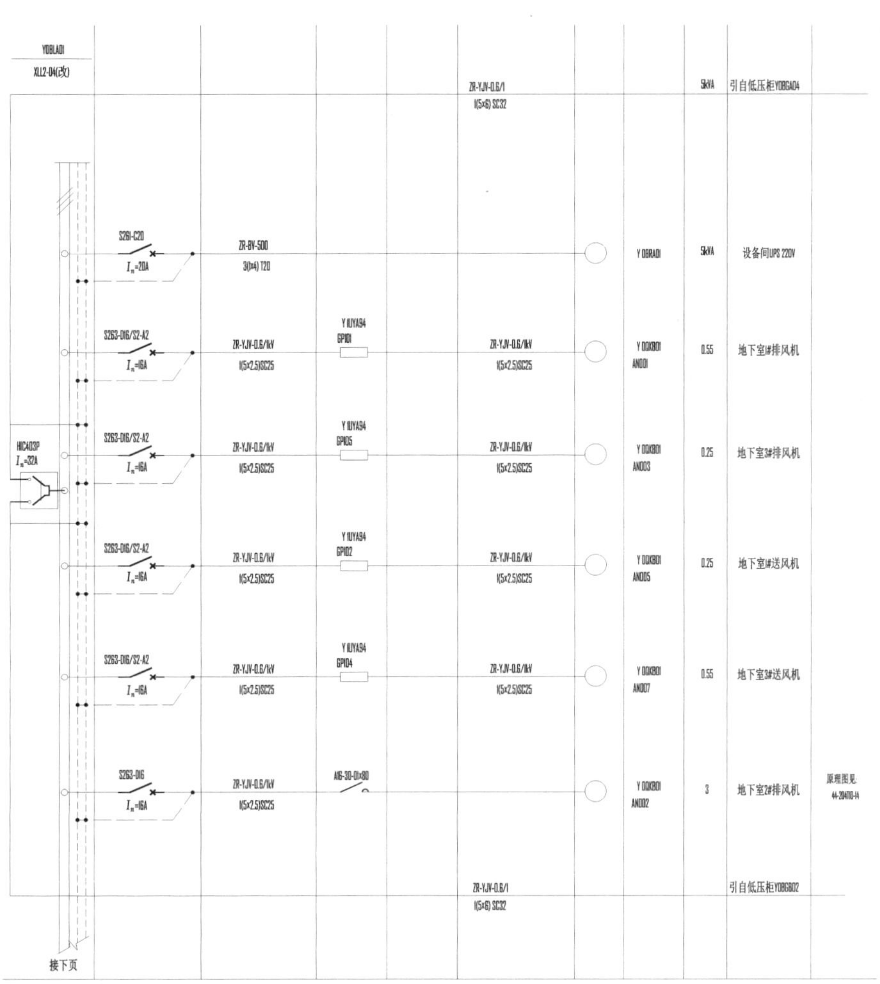

图 4-25　动力箱配电系统图

图 4-23 识图指导：

配电系统图是主接线图的细化图。引自主厂房 10 kV 厂用母线的电源给此低压配电系统提供电源。变压器将高压 10 kV 降至三相五线制 380/220 V，再经过低压进线主断路器 QF1，将低压 380/220 V 送至各低压配电柜。电流经过低压配电柜内各回路断路器、接触器、热继电器等元器件，将电能分配到各用电负荷。配电系统图会标明系统内所有电缆、母排、变压器、断路器、电流互感器、计量表、电流表等设备的型号和重要参数。

图 4-24 识图指导：

低压柜正面布置图是低压配电系统图的配套图纸，包括配电系统图上各柜的平面位置和柜内回路的直观图，一般标注了柜子的型号、尺寸、编号，各回路的名称、位置等。

图 4-25 识图指导：

与变压器相邻的低压配电柜一般给重要设备或者大负荷设备直接供电。其他大设备的供电，是从低压配电柜内引出一个或两个回路至负荷较为集中的位置，设置动力箱，再将电能分配到各用电设备。

动力箱配电系统图与低压配电系统图类似。动力箱从两个不同的低压配电柜回路引入两条线路，经双电源切换装置，给柜内母线供电，以保证供电的可靠，再经各开关将母线上的电送至用电设备。图中标明了所有电缆、开关的型号与参数，以及各回路用电设备的名称、容量和编号。

3. 二次回路电路图及主要设备

为了保证供配电系统一次设备安全可靠地运行，需要许多辅助电气设备对其工作状态进行监测、测量、控制和保护，这些设备称为二次设备。用来表示这些二次设备相互连接关系及作用原理的简图称为二次回路电路图。

主要设备：互感器（电流互感器和电压互感器）、继电器（电流继电器 KA、电压继电器 KV、时间继电器 KT、中间继电器 KM）、测量仪表（电流表 A、电压表 V、功率表 P、电能表 PJ）、信号设备。

每个配电回路的设备配置根据回路所带负载的不同而不同。一般来说，配电回路仅需一个断路器进行保护。电机控制回路则由断路器、接触器、热继电器等多种一次设备组成，由二次控制回路进行启动、停止、显示、与控制系统连接等，如图 4-26 所示。

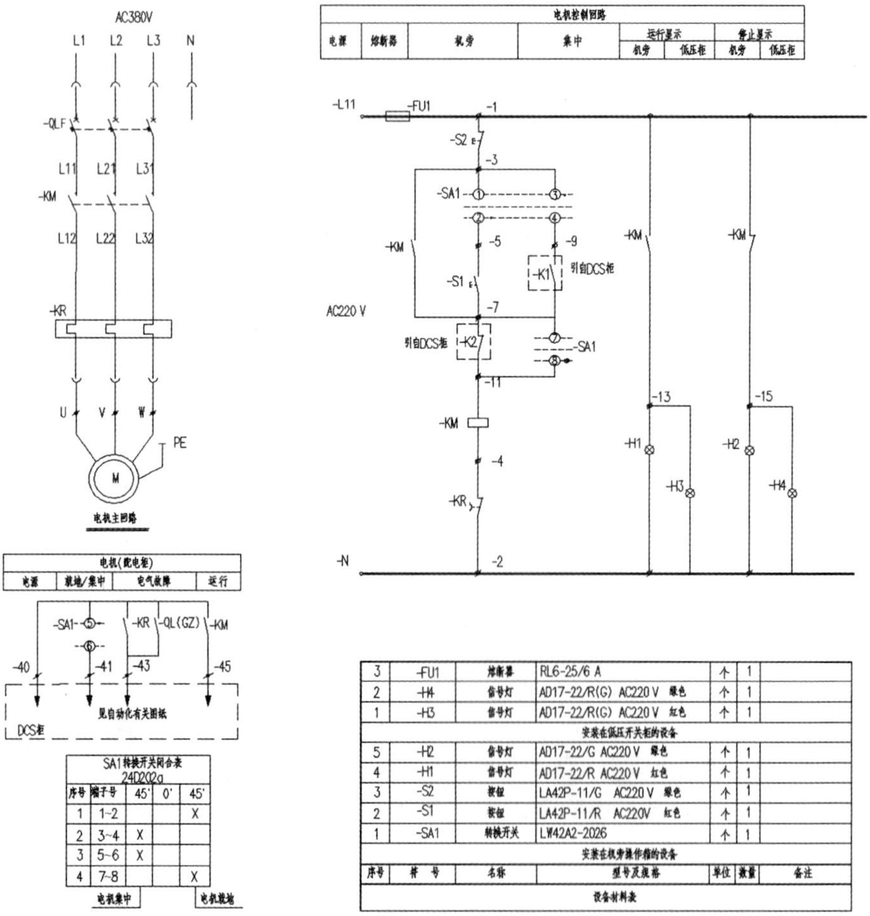

SA1转换开关闭合表 24D202a				
序号	端子号	45°	0°	45°
1	1~2			X
2	3~4	X		
3	5~6	X		
4	7~8			X

序号	符号	名称	型号及规格	单位	数量	备注
3	-FU1	熔断器	RL6-25/6 A	个	1	
2	-H4	信号灯	AD17-22/R(G) AC220 V 绿色	个	1	
1	-H3	信号灯	AD17-22/R(G) AC220 V 红色	个	1	
安装在低压开关柜的设备						
5	-H2	信号灯	AD17-22/G AC220 V 绿色	个	1	
4	-H1	信号灯	AD17-22/R AC220 V 红色	个	1	
3	-S2	按钮	LA42P-11/G AC220 V 绿色	个	1	
2	-S1	按钮	LA42P-11/R AC220V 红色	个	1	
1	-SA1	转换开关	LW42A2-2026	个	1	
安装在机旁操作箱的设备						
设备材料表						

图 4-26 典型电机控制原理图

图 4-26 识图指导：

典型电机控制原理图，由电机主回路、电机控制回路和设备材料表组成。电机主回路中的断路器 QF 和热继电器 KR 起故障发现和保护作用，中间继电器 KM 控制设备的启动与停止。经转换开关的切换，电机控制回路既能由启动按钮 S1 和停止按钮 S2 控制中间继电器 KM 的开闭，又能由远程控制系统 DCS 来控制中间继电器 KM 的开闭。H1、H3 两个红色信号灯和 H2、H4 两个绿色信号灯，可以在低压开关柜和机旁操作箱两地同时显示中间继电器 KM 的开闭状态。为了了解电机的运行情况，远程控制系统 DCS 接入了转换开关 SA 的位置、断路器 QF 和热继电器 KR 的故障信号、中间继电器 KM 的状态。

思政小课堂

中国国家电网努力让14亿人、960万平方千米的区域都用上电，看起来是一件毫不费力的事儿，可纵观世界，只有中国一个国家能够办到。这个时候，你是否才意识到，原来我们能用上电，也是一种高科技。

缺电的国家很多，不单只有发展中国家，还有发达国家。在美国，冬季恶劣天气常导致200多万用户断电，甚至需要轮流停电才能避免停电时间延长，这是因为，美国的电力系统已经超负荷工作，是20世纪的产物，显然跟不上现在的发展，频频停电，也在预料之中。

在中国，虽然也会有短时间停电，但是原因大多是电力维修，缺电引起的计划性停电很少。电力维修引起的停电也只是短时间的。可以说，中国电网安全运行水平位于世界前列。

中国人口多、面积广，想要家家户户都能用上电，那就要进行远距离运输，何况中国原本是一个能源和电力负荷分布不均衡的国家，全国三分之二的电力负荷集中在京广铁路以东的地区。

电力对于现代社会发展很重要，要是没有电，一个国家就很难稳定地发展，甚至停滞不前。创新之路是必须要走的，于是就有了特高压技术。

特高压技术有四大特点，即远距离运输、大容量、低损耗以及经济性好。我们依靠特高压技术，打造了特高压电网，以1000 kV输电网为骨干网架，以超高压输电网、高压输电网以及特高压直流等构成分层、分区、结构清晰的现代化大电网。

特高压技术具有技术难点，目前世界上99%的国家都没有此项技术。欧、美、日更是投入了大量的资金去研发特高压技术，却进展缓慢。中国早在2013年就已经建立系统的特高压和智能电网技术标准体系。

目前，中国是唯一一个掌握特高压技术并进行商业化运营的国家，可见中国特高压输电技术是世界第一，他国想要发展特高压技术，必须向中国标准看齐。

技能考核

姓名＿＿＿＿＿＿ 班级＿＿＿＿＿＿ 学号＿＿＿＿＿＿ 成绩＿＿＿＿＿＿

一、简答题

1.在供配电系统中，什么是一次设备，什么是二次设备？

2.一次设备主要有哪些，它们有哪些功能？

3.二次设备主要有哪些，它们有哪些功能？

二、识图题

图 4-27 所示为典型阀门正反转电路图，请说明它的主回路由哪些元器件组成、控制原理是什么、各部分各实现什么功能。

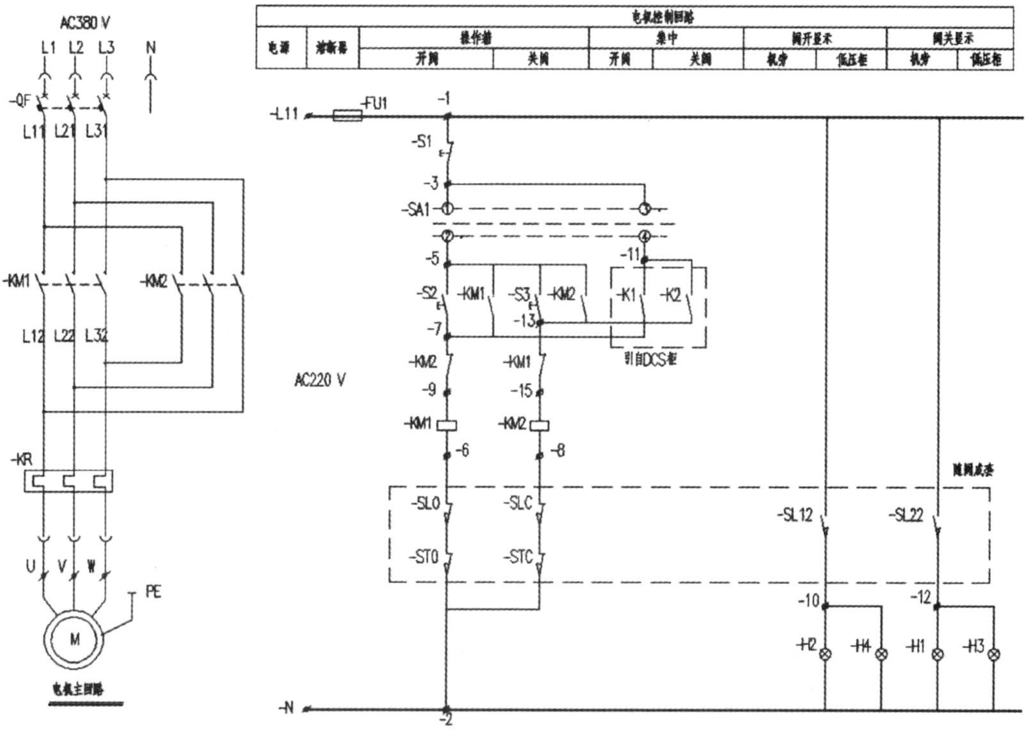

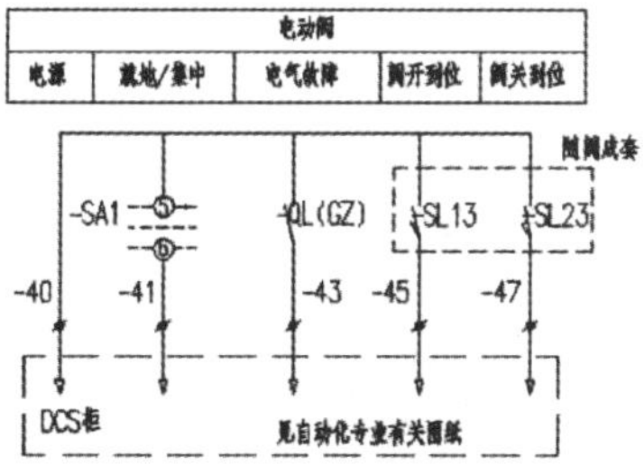

-SA1转换开关闭合表				
序号	端子号	45'	0'	45'
1	1~2			X
2	3~4	X		
3	5~6	X		
4	7~8			X 备用
	电机集中			电机就地

序号	符号	名称	型号及规格	单位	数量	备注
3	-H4	信号灯	AD17-22/R AC220 V 红色	个	1	
2	-H3	信号灯	AD17-22/G AC220 V 绿色	个	1	
1	-FU1	熔断器	RL6-25/6 A	个	1	
	安装在低压开关柜上的设备					
6	-SA1	转换开关	LW42A2-2026	个	1	
5	-H2	信号灯	AD17-22/R AC220 V 红色	个	1	
4	-H1	信号灯	AD17-22/G AC220 V 绿色	个	1	
3	-S3	关阀按钮	LA42P-11/G AC220 V 绿色	个	1	
2	-S2	开阀按钮	LA42P-11/R AC220 V 红色	个	1	
1	-S1	停阀按钮	LA42P-11/W AC220 V 白色	个	1	
安装在机旁操作箱上的设备						
设备材料表						

图 4-27 典型阀门正反转电路图

4.3 动力系统管线识图

任务描述

(1)认识动力系统管线工程常用材料。
(2)掌握管线工程的内容。
(3)熟练结合管线表和管线敷设图识图。

任务目标

结合学生情况,以课程标准和岗位能力需求为依据,确定任务目标。
(1)熟悉管线工程的材料和一般做法。
(2)能读懂动力系统管线工程施工图图纸。

相关技能点

4.3.1 管线安装常用材料

1. 电线、电缆

在建筑电气工程中,室内配电线路常用的导线是绝缘电线和电力电缆。

1)绝缘电线

绝缘电线主要包括塑料绝缘电线和橡皮绝缘电线,如表 4-2 所示。导线型号中第一位字母“B”表示布置用导线,第二位字母表示导线材料,后面几位表示绝缘材料及其他内容。

表 4-2 常用绝缘电线

导线种类	名称		型号	
			铝芯	铜芯
塑料绝缘电线	聚氯乙烯绝缘线	铜(铝)芯聚氯乙烯绝缘导线	BLV	BV
		铜(铝)芯聚氯乙烯绝缘氯乙烯护套导线	BLVV	BVV
橡皮绝缘电线	氯丁橡皮绝缘线	铜(铝)芯氯丁橡皮绝缘导线	BLXF	BXF
	玻璃丝编织橡皮绝缘线	铜(铝)芯橡皮绝缘导线	BLX	BX

绝缘电线用于短距离线路连接,必须穿管或在线槽内敷设,不能直接敷设在电缆沟、电缆桥架等电缆通道中,多用于房间内的照明工程。

2）电力电缆

电力电缆一般由导电线芯(输送电流)、绝缘层(将导电线芯与相邻导体、保护层隔离,用来抵抗电力、电流、电压、电场对外界的作用)和保护层(为使电缆适用于各种使用环境而在绝缘层外面加的保护覆盖层)3 个主要部分组成,如图 4-28 所示。

图 4-28　电力电缆

电力电缆的种类:油浸纸绝缘电力电缆;塑料绝缘电力电缆(聚氯乙烯绝缘电力电缆、交联聚氯乙烯绝缘电力电缆等);橡皮绝缘电力电缆(天然丁苯橡皮绝缘电力电缆、丁基橡皮绝缘电力电缆等)。在建筑电气工程中使用最为广泛的是塑料绝缘电力电缆。

电力电缆常用的型号:聚氯乙烯绝缘聚氯乙烯护套电力电缆(铜芯为 VV,铝芯为 VLV)和聚氯乙烯绝缘聚乙烯护套电力电缆(铜芯为 VY,铝芯为 VLY)。

2. 配线用管材

1）金属管

配线工程中常使用的金属管有厚壁钢管、薄壁钢管、金属波纹钢管和普利卡套管等,如图 4-29 所示。厚壁钢管又称为焊接钢管和低压流体输送钢管(水煤气管),有镀锌和不镀锌之分。薄壁钢管又称为电线管。

图 4-29　金属管

2）塑料管

建筑电气工程中常用的塑料管有硬质塑料管、半硬质塑料管和软塑料管,如图 4-30 所示。配线常用的电线保护管为 PVC 塑料管(PVC 是聚氯乙烯的代号)。

图 4-30　塑料管

3）电缆支架

电缆在电缆沟中敷设时，要安装在电缆支架上，如图 4-31 所示。

图 4-31　电缆支架

4）电缆桥架

电缆桥架是通过工业锻造、冷镀锌技术制造出来的支撑线缆、保护线缆和管理线缆的产品，具有外形美观、耐腐蚀性强、通用性强、安装灵活方便、品种齐全等特点，应用于石油化工、冶金、电力、通信、高层建筑等领域，以提高电缆的安全保护作用，保障电缆不直接被腐蚀，如图 4-32 所示。

图 4-32　电缆桥架

4.3.2　动力系统管线工程施工图识读

1. 管线表

管线表是电气工程管线敷设的核心图纸，包括整个工程高低压动力电缆和控制电缆。在表中，我们可以看到电缆的编号、穿管型号、穿管长度、电缆型号和规格、回路电缆长度、电缆从何处来到何处去等信息，如图 4-33 所示。

2. 管线敷设图

管线敷设图是电气施工平面图的一种，它描述的是配电柜、动力箱、控制柜、用电设备等之间的电缆的走向。一般的电缆从配电柜进入电缆沟，经电缆桥架等电缆通道至用电负荷附近后，由金属管连接至设备电接点旁边。

序号	管线编号	管径/mm	管长/m	电缆或导线			何处来	何处去	备注
				牌号	芯数及截面	全长/m			
	综合楼高压动力电缆								
1	35BBA040010			ZR-YJV-8.7/10	1(3×70)		10 kV厂用I段4#高压柜35BBA04	综合楼1#高压负荷开关Y0BCA01	电缆长度见外网
2	36BBA040010			ZR-YJV-8.7/10	1(3×70)		10 kV厂用II段4#高压柜36BBA04	综合楼2#高压负荷开关Y0BCA02	电缆长度见外网
	综合楼低压动力电缆								
3	Y0BGA021010	DN50	2	ZR-YJV-0.6/1	1(5×25)	20	低压柜Y0BGA02	二层动力箱Y0BLA03 1#进线	
4	Y0BGA021020	DN40	11	ZR-YJV-0.6/1	1(5×16)	70	低压柜Y0BGA02	综合楼道路照明控制箱Y1UYA01 GP001	
5	Y0BGA021030	DN40	3	ZR-YJV-0.6/1	1(5×10)	38	低压柜Y0BGA02	生活水泵控制柜Y0GHS70	
6	Y0BGA021040	DN25	11	ZR-YJV-0.6/1	1(5×4)	39	低压柜Y0BGA02	1#排污泵控制柜Y0GMC10	
7	Y0BGA021050	DN40	32	ZR-YJV-0.6/1	1(5×16)	72	低压柜Y0BGA02	战时动力配电箱Y0BLA06	
8	Y0BGA021070	2DN80	4	ZR-YJV-0.6/1	2(4×95+1×50)	29	低压柜Y0BGA02	5~9层照明母线接线箱Y1UYA14 GP301	
9	Y0BGA031010	DN25	9	ZR-YJV-0.6/1	1(5×4)	70	低压柜Y0BGA03	消防控制室动力箱Y0BLA02 1#进线	
10	Y0BGA031030	DN40	18	ZR-YJV-0.6/1	1(5×10)	135	低压柜Y0BGA03	太阳能及地热系统控制柜Y0GHS80	
11	Y0BGA031040	DN40	15	ZR-YJV-0.6/1	1(5×16)	122	低压柜Y0BGA03	2号电梯机柜Y1UYA32 GP202 1#进线	
12	Y0BGA031060	2DN80	13	ZR-YJV-0.6/1	2(4×95+1×50)	135	低压柜Y0BGA03	1#制冷机组Y0QKC21	
13	Y0BGA041010	DN50	8	ZR-YJV-0.6/1	1(5×25)	138	低压柜Y0BGA04	空调水泵控制箱Y0QKC10 GH001	
14	Y0BGA041020	DN32	10	ZR-YJV-0.6/1	1(5×6)	23	低压柜Y0BGA04	地下室动力箱Y0BLA01 1#进线	

图3-33 管线表

管线敷设图(见图 4-34)结合建筑图纸,标明各电气设备和用电负荷电接点的位置。图中电接点标注的位置与高度需要根据现场设备安装情况进行小幅度调整;管线的路径一般为电缆通道到电接点走水平方向,到了设备附近后,再走垂直方向,具体的管线走向,可以根据现场实际情况调整;图中直线不一定是一根管线,具体管线数量必须对照管线表。

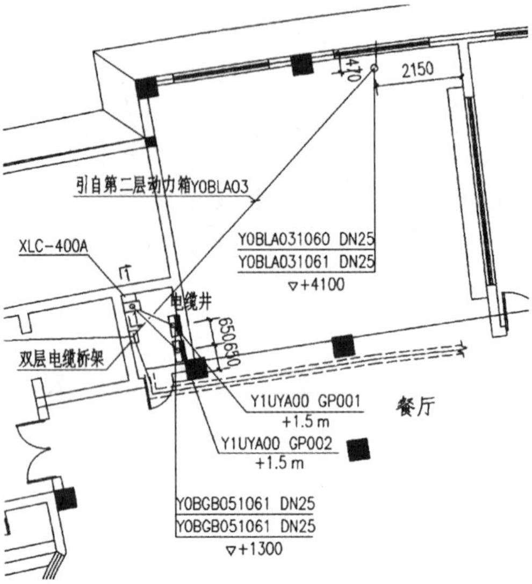

图 4-34 管线敷设图

如图 4-33 所示,电缆井为建筑物内垂直方向电缆通道,电缆经过电缆井进入本层。电缆经电缆井内双层电缆桥架到达本层后,根据用电设备位置,一部分通过水平方向电缆桥架接至远处设备,另一部分通过两条管线接至右上节点。图中,电缆井内两台照明箱电源引至专用照明小母线,有关照明部分的知识将在后续模块介绍。

在管线施工图中,每处电缆通道都配有剖面图,如图 4-35 所示。我们可以清楚地看到三处电缆桥架的安装方式、层数和高度,也可以看出各电缆桥架内放置电缆的类型。管线敷设图中如果存在有特殊的进线与出线的电气设备,我们应用剖面图或者详图加以说明。

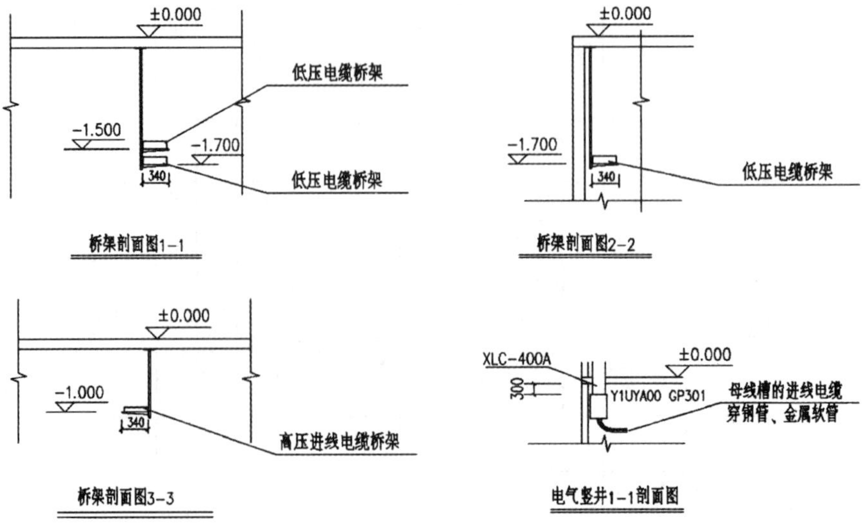

图 4-35 电缆通道剖面图

电缆穿过墙壁、楼板或进入盘、柜处，以及电缆穿过竖井空洞处，应用防火材料封堵；不同厂房或车间的交界处、室外进入室内处、配电室母线分段处、不同机组及主变压器连接处、电缆沟内每隔 100 m 处及分支处应设置阻火墙；阻火墙两侧不小于 1 m 区段内的所有电缆应涂防火涂料。图 4-36 所示为电缆防火图。

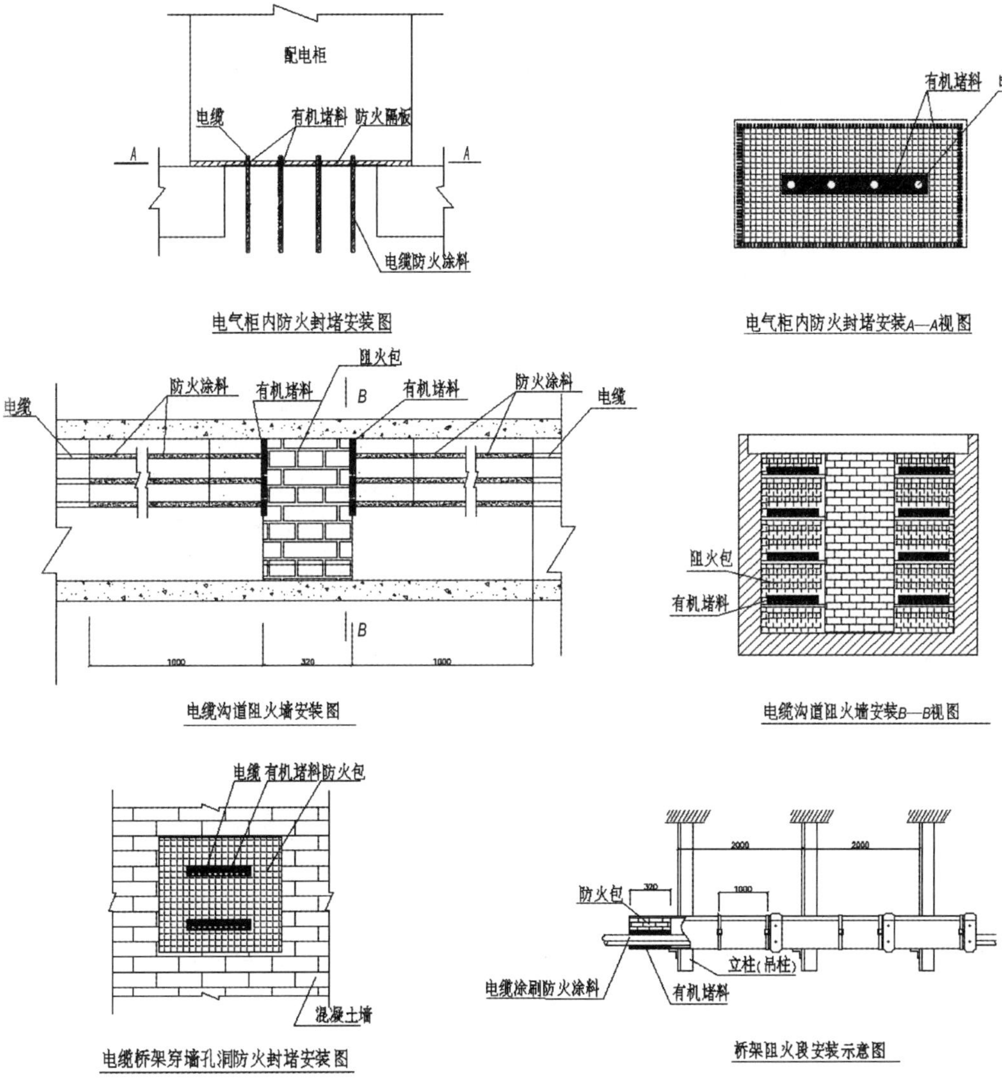

图 4-36　电缆防火

思政小课堂

随着电网投资的加大，我们发现越来越多架空线路逐步被电力电缆线路取代，一些经济较发达城市的 10 kV、35 kV，甚至 110 kV 和 220 kV 架空线路已经全部或部分改为电缆线路。

可以说，架空线路被电缆线路取代是必然趋势，其主要原因是电缆线路敷设于地下，安全性远远高于架空线路。同时，从美观的角度来看，架空线路必然被淘汰。众所周知，架空线路一般位于街道一侧，会限制绿化带树木的生长高度。架空线路横跨街道和其他线路在电力杆上的私拉乱扯，严重影响城市美观。因此从美观的角度讲，电力电缆的发展潜力是无穷大的。

尽管电缆线路的投资费用比架空线路高许多，但国家考虑到电缆线路在城市生态环境方面的巨大优势，还将大力挖掘和推行它。况且，从安全及功能等各方面来看，电缆线路同样存在很大的优势。

第一，电缆线路的敷设节约了地面上的空间；第二，同一地下电缆通道，可以容纳多回线路，输送容量的适应性强；第三，电缆线路受自然条件和周围环境的影响较小，供电可靠性高；第四，电缆隐蔽在地下，对人比较安全；第五，电缆线路的运行维护费用比较小，施工难度较小；第六，配合环网柜、分接箱等设备，可进行多线路联络，形成供电网络，运行方式极为灵活，可大大缩减停电次数和停电范围，容易实现配网自动化。

当然，应该注意的是，电缆线路的建设费用较高，其敷设方式直接影响工程建设的土建费用，所以合理规划、正确选择电缆敷设方式，是电缆入地工作的首要环节。电缆敷设方式应视工程条件，环境特点，电缆类型、数量等因素，且按满足运行可靠、便于维护的要求和技术经济合理的原则来选择，主要有直埋敷设、穿管敷设、电缆沟敷设、隧道敷设等。其中，隧道敷设方式较为先进，但花费较高。此外，隧道敷设对敷设技术和电缆产品都有较高的要求，主要原因是隧道敷设的作业面相对较大，且工期一般较长，在城市，尤其是市区施工时，将对城市的交通带来一定影响。

随着城市内架空线路逐步改造成为安全、美观的电缆线路，我们能感受到身边的变化，感受到生活变得越来越美好。

技能考核

姓名＿＿＿＿＿＿　班级＿＿＿＿＿＿　学号＿＿＿＿＿＿　成绩＿＿＿＿＿

简答题

1.电缆工程中，常用的电缆、管材有哪些？

2.管线表包括哪些内容？

3.管线敷设图一般包括哪些内容？

4.电缆工程中，一般哪些地方需要做防火处理，怎样处理？

4.4 建筑照明系统识图

任务描述

(1)掌握照明基本知识。
(2)掌握照明施工图的识图。

任务目标

结合学生情况,以课程标准和岗位能力需求为依据,确定任务目标。
(1)熟悉照明常用接线。
(2)掌握照明常用标注的组成。
(3)识读建筑照明系统相关图纸。

相关技能点

4.4.1 灯的控制与图示

灯和电风扇均为单相用电设备。火线要经过开关后再接到用电设备。在电气平面布置图上,2 根导线是不需要标注的,3 根以上才要标注,因为在照明灯等电器设备电路中,组成一个完整的回路最少需要 2 根导线。

1. 一个开关控制一盏灯

如图 4-37 所示,最简单的照明布置图是一个开关控制一盏灯,采用线管配线。图(a)为平面图。到灯座的导线和灯座与开关之间的导线都是两根,但其意义不同。图(c)为透视接线图,到灯座的两根导线,一根为中性线(N),一根为相线(L);开关与灯座之间的两根导线,一根为相线(L),一根为控制线(G);图(b)为系统图,简单明了。图(d)为原理图,分析原理用。

2. 两个开关控制一盏灯

两个开关控制一盏灯通常用于对楼梯灯、楼上楼下灯进行控制和对走廊灯进行控制,如图 4-38 所示。无论扳动哪个开关,灯都会亮。

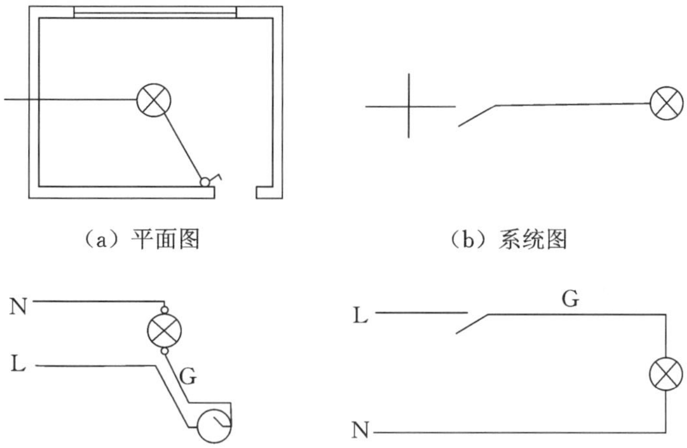

（a）平面图 （b）系统图

（c）透视接线图 （d）原理图

图 4-37 一个开关控制一盏灯

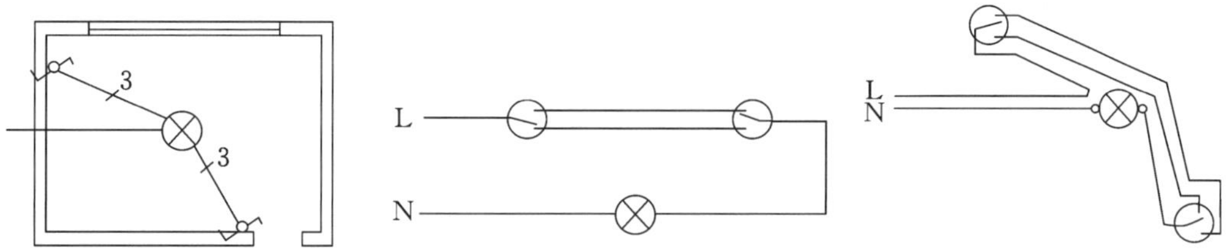

（a）平面图 （b）原理图 （c）透视接线图

图 4-38 两个开关控制一盏灯

4.4.2 照明平面图

照明平面图是用于理论分析的，而实际的配线要根据楼板结构情况而定。楼板有预制的和现浇的，还可以分为有吊顶的和无吊顶的。有吊顶时配线方式为在吊顶内穿管明配，与楼板结构无关，配线可以与平面布置图基本相同，是一种较为常见的配线方式。

照明平面图清楚地表现了灯具、开关、插座的具体位置、安装方式。灯具和插座并联接于电源进线的两端，相线必须经过开关后再进入灯座，零线直接进入灯座，保护接地线与灯具的金属外壳连接。

在一个建筑物内，有许多灯具和插座，一般有两种连接方法：一种是直接接线法，是开关、灯具、插座直接从电源干线上引接，导线中间允许有接头的安装接线法，如瓷夹配线、瓷柱配线等。目前，工程中广泛使用的是线管配线、塑料护套线管配线。线管内不允许有接头，导线的分路接头只能在开关盒、灯头盒、接线盒中，这种接线法称为共头接线法。

照明平面图主要表示动力以及照明线路的敷设位置、敷设方式、导线规格型号、导线数量、穿管管径等。

基本标注格式为 $a\text{-}b(c\times d)e\text{-}f$。

a:线路编号或线路用途的符号。

b:导线型号,如 BLV 表示铝芯聚氯乙烯绝缘导线,BLX 表示铝芯橡皮绝缘导线。

c:导线数量。

d:导线截面面积。

e:线路敷设方式或保护管管径。

f:线路敷设部位。

常用动力及照明设备,如动力、照明配电箱、开关、灯具等用图形符号表示。除用图形符号表示外,还应在图形符号旁边加文字标注,说明该设备的性能和特点,主要包括设备型号、规格、数量、安装方式和安装高度等。

用电设备文字标注格式为 a/b。a 为设备编号;b 为额定功率(kW 或 kV·A)。

电力和照明配电箱的文字标注格式为 $a\,\frac{b}{c}$、$a\text{-}b\text{-}c$ 或 $a\,\frac{b\text{-}c}{d(e\times f)\text{-}g}$。

a 为设备编号;b 为设备型号;c 为设备功率;d 为导线型号;e 为导线数量;f 为导线截面面积;g 为导线敷设方式及部位。

照明灯具的文字标注格式为 $a\text{-}b\,\frac{c\times d\times L}{e}f$。

a 为灯具的数量;b 为灯具的型号或代号;c 为每盏照明灯具的灯泡数量;d 为每个灯泡的容量;e 为灯泡安装高度;f 为灯具安装方式;L 为光源的种类(白炽灯为 IN,荧光灯为 FL,钠灯为 Na 等)。

第一层照明平面图如图 4-39 和图 4-40 所示。

图 4-39 至图 4-40 识图指导:

第一层平面的所有标高均以所在平面为基准计算。风机盘管采用 ZR-BV-500、1×2.5 mm^2 的电线,插座采用 ZR-BV-500、1×4 mm^2 的电线。电线先通过槽式桥架敷设至用电设备附近,再穿 KBG 管沿吊顶、墙柱暗敷,或直接沿吊顶、墙柱穿 KBG 管暗敷。配电箱 1AL1 竖井内挂墙安装,配电箱 1AL2 嵌入式暗装,两箱中心标高为+1.500 m,电源引自母线插接箱。

4.4.3 照明工程系统图

照明工程系统图表示建筑物内照明系统供配电基本情况,内容与 4.2 节中配电系统图类似,如图 4-41 所示。

开关及熔断器的文字标注基本格式为

$$a\,\frac{b}{c/i}\text{或}\,a\text{-}b\text{-}c/i\text{。}$$

a 为设备编号;b 为设备型号;c 为额定电流,i 为整定电流。

整定电流:在继电保护判断跳闸时与实际电流相对的标准值,整定值是人为规定的,根据电路、电网承受能力计算出的值,一般略大于负载电流,防止过载。

图4-39　第一层照明平面图1

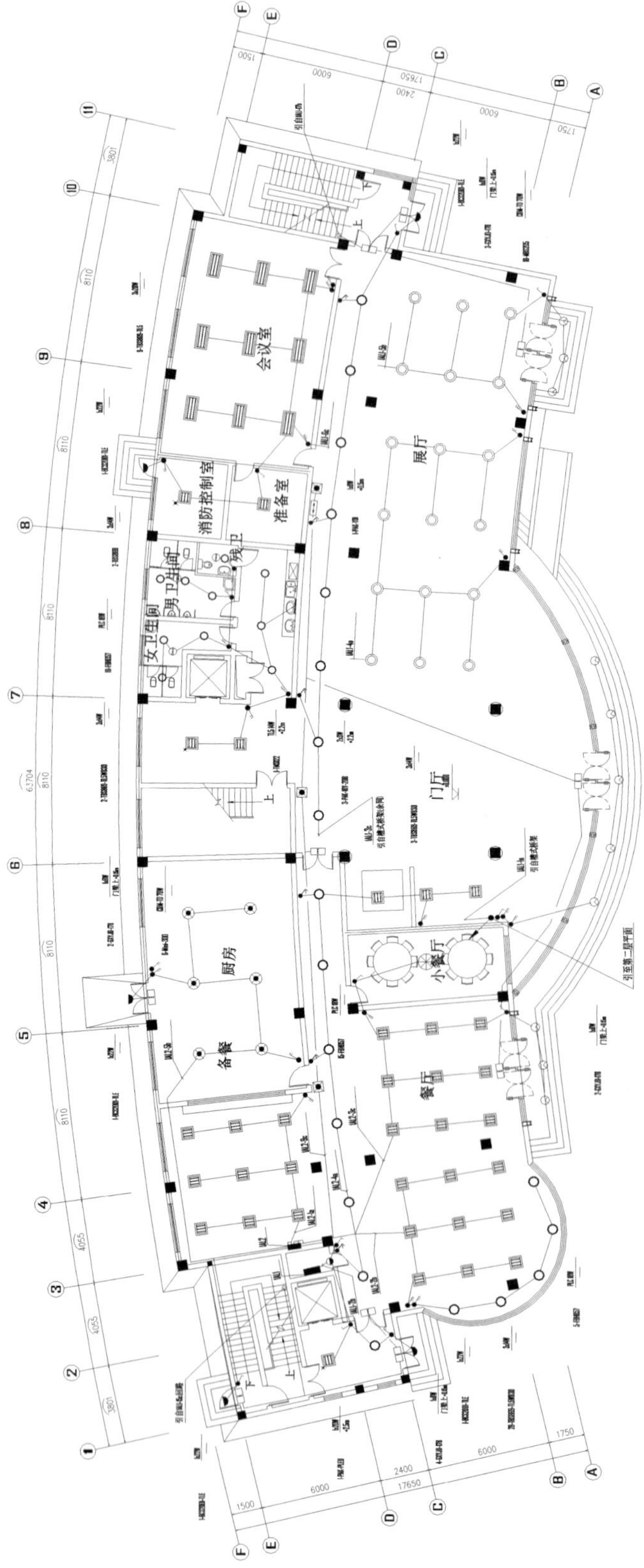

图4-40 第一层照明平面图2

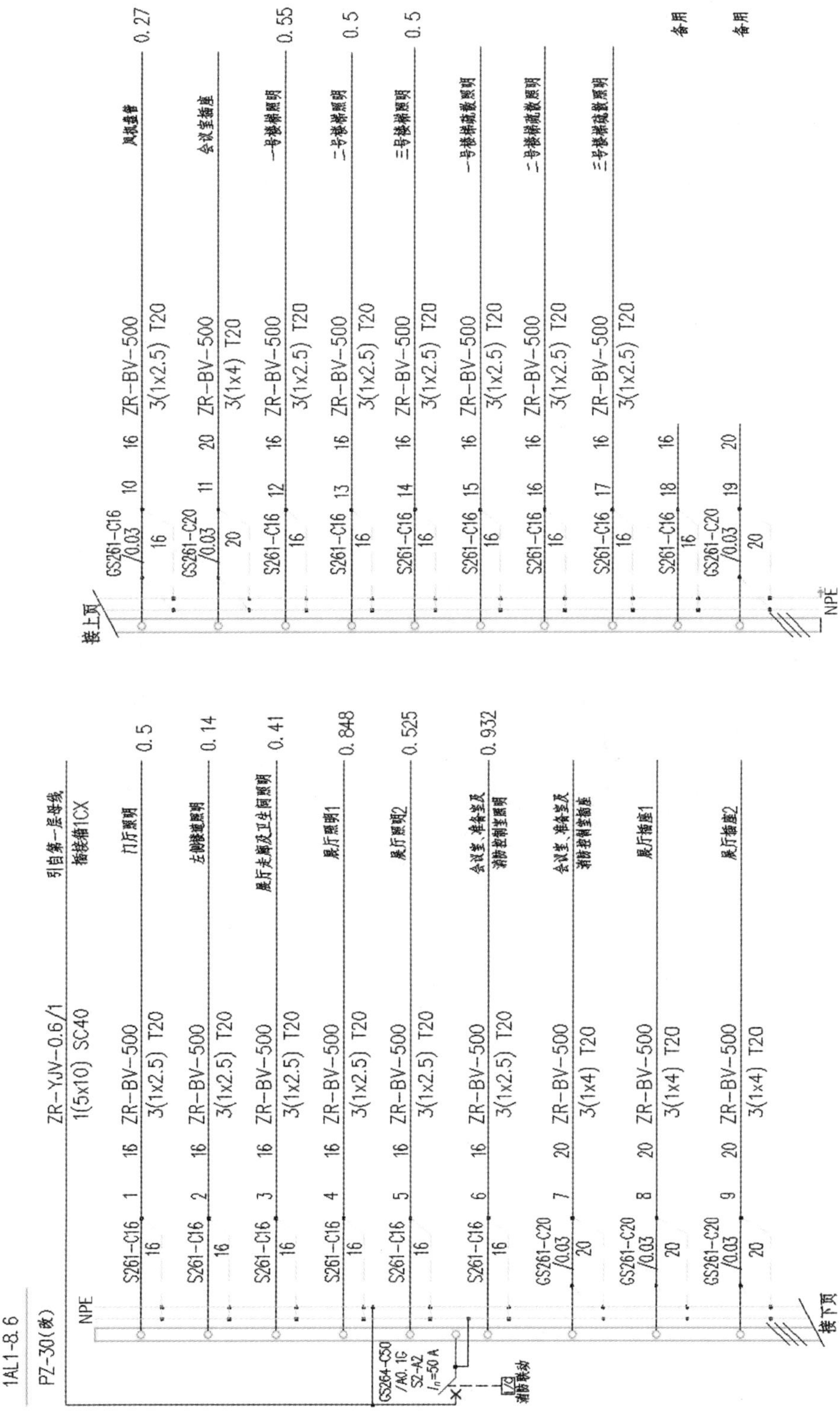

图 4-41　照明工程系统图

思政小课堂

建筑是城市经济发展、社会文化和地域特色的综合体现，特色鲜明。建筑照明工程为人们带来不同风格的夜景灯光，产生更多视觉冲击，使城市更加明亮美观，从而呈现出不同的城市视觉冲击。

现代城市因其独特的地理景观、文化环境和自身的审美理念而呈现出不同的形态。不同风格的建筑在灯光的装饰下展现出自己的宏伟气势，从而增强了城市的独特性。照明工程会展示出不同的色彩，从而展现出一定的环境魅力。

建筑以其独特的造型、结构形式、材料和色彩展现出其丰富的魅力。夜间，建筑照明工程基于建筑的造型、特点和文化特征，利用灯光描绘建筑的夜景图像，在避免眩光和光污染的同时，展现建筑的美感和艺术性，如图 4-42 所示。

虽然城市的夜景很美，建筑照明工程让城市的夜景变美了，但是我们也要注意光污染。如今的户外照明工程在环保要求方面也需要不断技术创新。

图 4-42　利用灯光描绘建筑的夜景图像

建筑照明工程通过照明表达建筑的造型和空间内涵，并表现出建筑本身的风格和审美倾向，考虑与周围环境的和谐、建筑的功能和文化背景，最终统一建筑所表达的意义。

技能考核

姓名__________ 班级__________ 学号__________ 成绩__________

一、简答题

1.照明平面图中，灯具的基本标注格式是什么？

2.什么是照明系统图，包括哪些内容？

二、识图题

如图4-43所示，图形符号代表的电气设备是什么？各用电设备与开关的控制关系是什么？

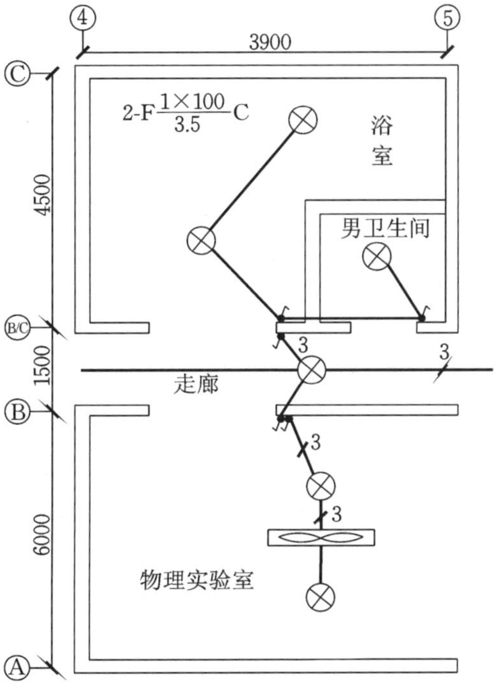

图 4-43　某建筑局部房间照明平面图

4.5 防雷接地工程与识图

任务描述

(1)掌握防雷接地基本知识。
(2)掌握防雷接地施工图的识图。

任务目标

结合学生情况,以课程标准和岗位能力需求为依据,确定任务目标。
(1)熟悉防雷措施。
(2)掌握防雷装置的组成。
(3)识读防雷接地系统相关图纸。

相关技能点

4.5.1 防雷接地基本知识

雷电是自然界中的一种放电现象。大气中饱和水蒸气由于气温的变化,发生上升和下降的对流。在对流过程中,由于强烈的摩擦和碰撞,大量水滴聚集成带有不同电荷的雷云,大地会感应出与雷云极性相反的电荷。当带电云块对地电场强度达到 25~30 kV/cm 时,周围的空气会被击穿,雷云对大地发生击穿放电,这就是平时我们看到的闪电,放电时间一般为 30~50 μs。因为避雷设备上的避雷针等处于地面上建筑物的最高处,所以比较容易使雷电经避雷针和与之连接的引下线泻到大地中,从而使被保护的建筑物等免受直接雷击。

1. 民用建筑物的防雷等级

民用建筑物的防雷等级分为三级。一类防雷建筑物的防雷要求最高,二类防雷建筑物的防雷要求较高,三类防雷建筑物的防雷要求最低。需说明的是,不属于这三类的建筑物可以不设置专用的防雷措施。

(1) 一类防雷建筑物:具有特别重要用途的建筑物;国家级文物保护的建筑物及构筑物;超高层建筑物,如 40 层及以上的住宅建筑、高度超过 100 m 的其他建筑。

(2) 二类防雷建筑物:重要的或人员密集的大型建筑;省级文物保护的建筑物及构筑物;19 层及以上的住宅建筑和高度超过 50 m 的其他建筑;省级及以上的大型计算中心和装有重要电子设备的建筑物。

(3) 三类防雷建筑物:10 层至 18 层的普通住宅;高度不超过 50 m 的教学楼、普通旅馆、办公楼、图书馆等建筑。

2. 建筑物易受雷击部位

建筑物易受雷击部位如图 4-44 所示。

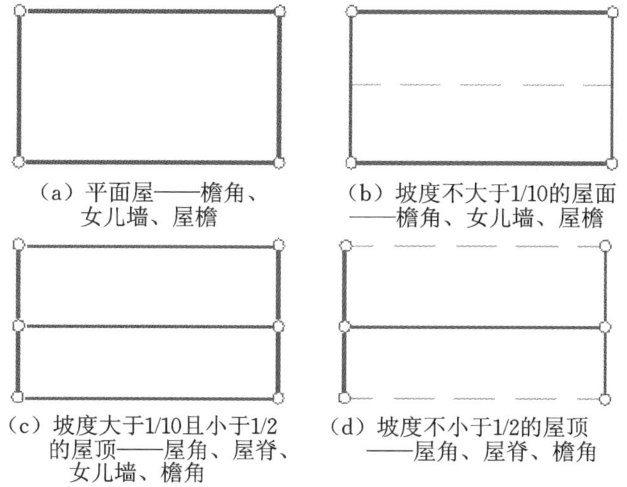

图 4-44　建筑物易受雷击部位

3. 建筑防雷措施

建筑防雷主要针对直击雷、感应雷和雷电波侵入。其中，雷云与大地之间直接通过建筑物、电气设备或树木等放电称为直击雷，直击雷的危害最严重。

1）防直击雷的措施

防直击雷的措施是引导雷云对避雷装置放电，使电流迅速流入大地，从而保护建筑物免受雷击，如图 4-45 所示。建筑物装设独立避雷针、架空避雷网（线）或混合组成的接闪器，使被保护的建筑物及风帽等突出屋面的物体均处于接闪器的保护范围内。

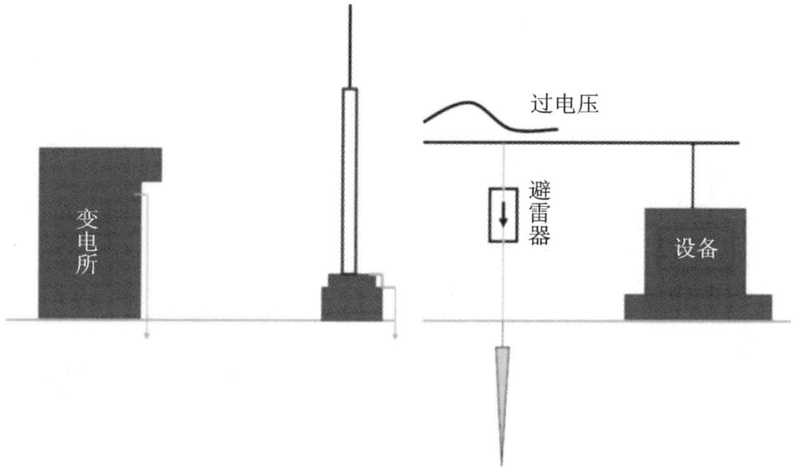

图 4-45　防直击雷的措施

2）防感应雷的措施

防感应雷的措施是在建筑物上设置收集并泄电的装置（如避雷带、网）。

3）防雷电波侵入的措施

防雷电波侵入的措施是安装避雷器将电波引入大地，以免危及电气设备。

4. 防雷装置的组成

建筑物的防雷装置一般由接闪器、引下线和接地装置三部分组成。其作用原理是将雷电引向自身并安全导入地内，从而使被保护的建筑物免遭雷击。

1）接闪器

接闪器是专门用来接受雷击的金属导体，常见的有避雷线、避雷网、避雷针，以及兼作接闪的金属屋面和金属构件等。

避雷线一般用于架空电力线路，以保护电力线路免遭雷电侵害，确保架空电力线路的正常运行，如图 4-46 所示。

图 4-46 避雷线

避雷网用于高层建筑物的防雷，即在建筑物的最高处，沿屋顶边，用直径不小于 8 mm 的镀锌钢筋敷设，钢筋距离建筑物的垂直距离不小于 100 mm，以防建筑物遭受雷击，如图 4-47所示。

图 4-47 避雷网

避雷针一般使用镀锌圆钢或使用镀锌钢管加工制成。圆钢的直径一般不小于 8 mm，钢管的直径一般不小于 25 mm。避雷针通常安装在电杆或构架、烟囱、建筑物上，下端经引下线与接地装置焊接，如图 4-48 所示。

图 4-48　避雷针

2）引下线

引下线是连接接闪器和接地装置的金属导体，一般采用圆钢或扁钢制作。引下线应沿建筑物外墙明敷，并经最短路径接地，如图 4-49 所示。艺术要求较高的建筑可采用暗敷，也可利用建筑物钢筋混凝土中的钢筋作为引下线。

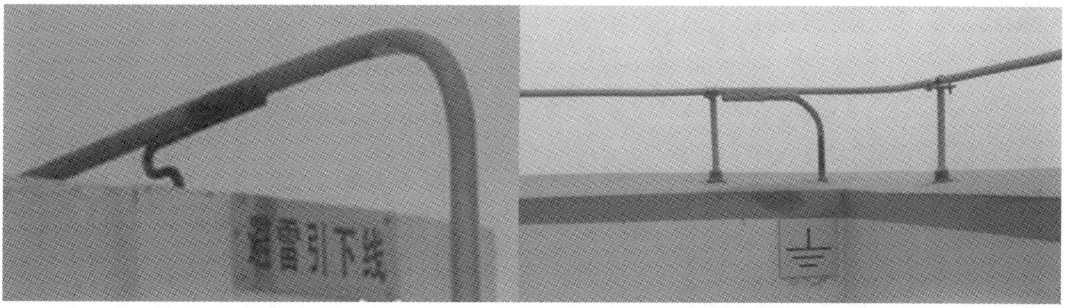

图 4-49　引下线

引下线一般采用圆钢或扁钢，其规格要求为圆钢直径不小于 8 mm，扁钢截面积不小于 48 mm^2。安装在烟囱上的避雷针引下线的规格要求为圆钢直径不小于 12 mm，扁钢厚度为 4 mm、截面积不小于 100 mm^2。引下线应安装在人不易碰到的隐蔽处，以免受到机械损坏或接触电压对人员造成伤害。墙壁较厚的建筑物可将引下线抹在墙壁里，也可以放在伸缩缝中，圆钢直径应大于 12 mm，扁钢截面积应大于 100 mm^2。所有引下线均要镀锌或涂漆，在腐蚀性较强的场所，还应加大截面积或采取其他防腐措施。

引下线的固定支持点的间隔的最大值为 1.5～2 m，引下线的敷设应保持一定的松紧度。从接口到接地体，引下线的敷设越短越好。距离地面 2 m 以内的引下线，应有良好的保护覆盖物，可穿塑料管进行保护，避免人员触及。为了便于检查和测避雷针设施的导电情况及接地电阻，应在引下线距地面 2 m 处留断口。暗装引下线也应在相应的地方做断接卡子接线盒，断接卡子必须镀锌，卡接螺栓直径应大于 8 mm，使用时应配平垫和弹簧垫。

在现代建筑施工中，我们常利用建筑物的钢筋作为引下线。雷电电流流入钢筋后将通过梁、楼板等处的钢筋网分散到各部分。钢筋网成为一个良好的散流网，有利于使整座建筑物处于等电位状态，增加了安全系数。这种做法成本低、可靠性好，得到了广泛应用。

3）接地装置

接地装置是接地体和接地线的总合。它的作用是把引下线引下的雷电流迅速散到大地中。

接地体是指埋入土壤或混凝土基础用于散流的金属导体。接地体分为自然接地体和人工接地体两种。自然接地体即兼作接地用的直接与大地接触的各种金属构件，如建筑物的钢结构、行车钢轨、埋地的金属管道等，如图 4-50 所示。人工接地体即直接打入地下接地用的经加工的各种型钢和钢管等。人工接地体按敷设方式可分为人工水平接地体和人工垂直接地体，如图 4-51 和图 4-52 所示。

图 4-50　自然接地体

接地线是从引下线断接卡子或换线处至接地体的连接导体，也是接地体与接地体连接的导体，如图 4-53 所示。

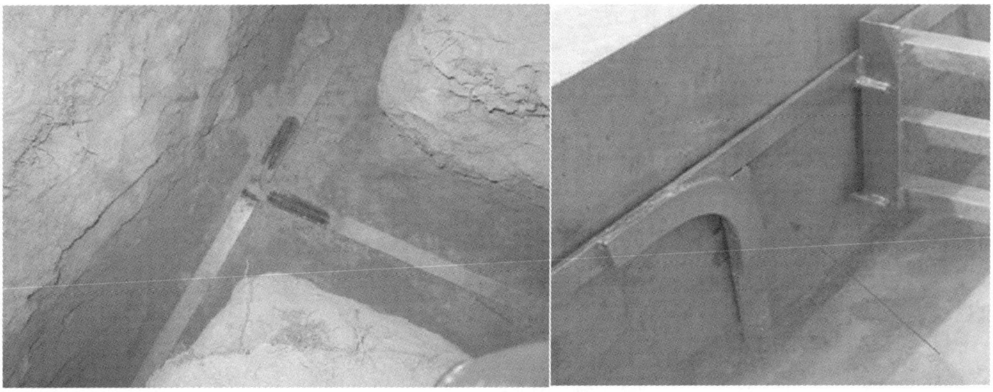

图 4-51　人工水平接地体

图 4-52　人工垂直接地体

4.5.2　防雷接地施工图识读

防雷接地是为了泄掉雷电电流，而对建筑物、电气设备和设施采取的保护措施，对建筑物、电气设备和设施的安全使用是十分必要的。电力系统的接地一般与防雷接地系统一体安装和使用。民用建筑通常将楼顶的避雷针、避雷线与建筑物的主钢筋焊接为一体，再与地面上的接地体连接，构成建筑物的防雷装置，即将自然接地体与人工接地体结合，以达到最好的防雷效果。

图 4-53　接地线

建筑物的防雷接地平面图通常表示出该建筑防雷接地系统的构成情况及安装要求，一般由屋顶防雷平面图、基础接地平面图等组成。

识图案例：某住宅楼防雷工程平面布置如图 4-54 和图 4-55 所示。避雷网在平屋顶四周沿檐沟外折板支架敷设，其余沿混凝土块敷设。折板上口距室外地坪 19 m，避雷引下线均沿外墙引下，并在距室外地坪 0.5 m 处设置接地电阻测试断接卡子。土壤为普通土。

（1）屋顶防雷平面图如图 4-54 所示。

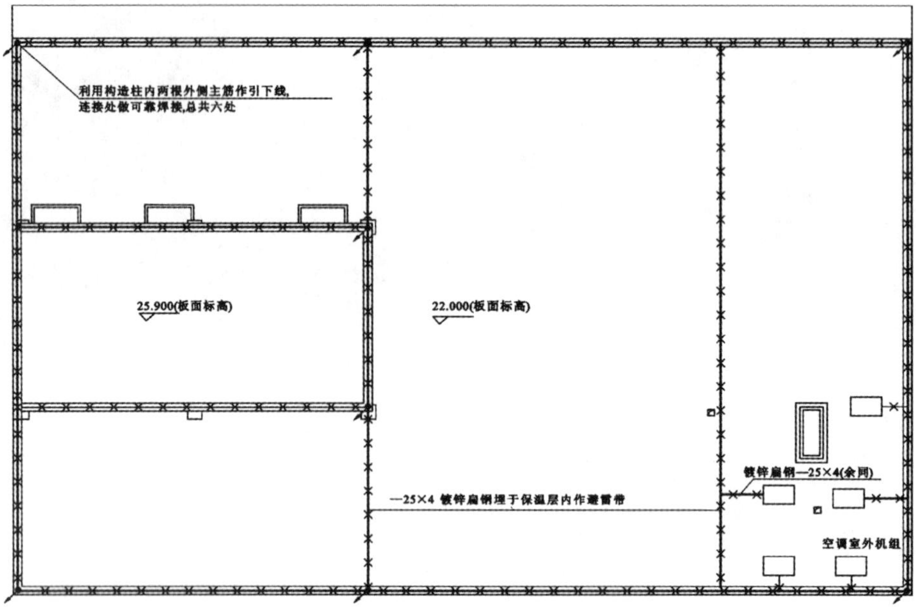

图 4-54　屋顶防雷平面图

图 4-54 识图指导：

该工程利用热镀锌圆钢 Φ12 作为避雷带。水平敷设时，支架间距为 1.0 m，转弯处间距为 0.5 m。垂直敷设时，支架间距为 1.5 m，支架为 12 mm×4 mm 扁钢，$L=150$ mm。不在同一平面的避雷带应该做好垂直连接，在引下线距地 1.8 m 处设断接卡子，一共设两处，供遥测使用。屋顶的金属构件通过 Φ12 的热镀锌圆钢与避雷带就近焊接连通；避雷带在各连接点与主筋引下线通长焊接，每个柱筋在深处箍筋与每根主筋通长焊接。建筑物外墙金属构件应与建筑物接闪器、引下线连接为一个等电位体。

（2）基础接地平面图如图 4-55 所示。

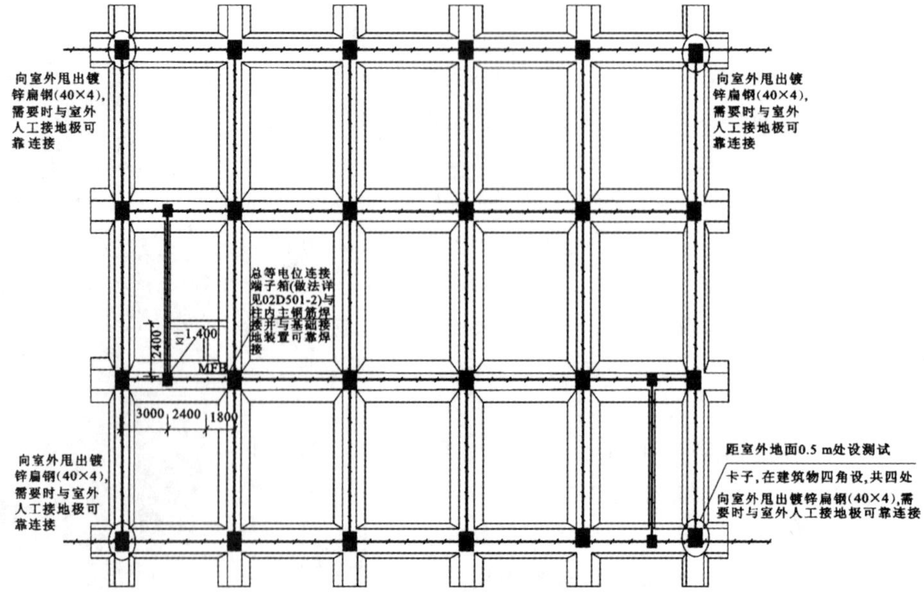

图 4-55　基础接地平面图

图 4-55 识图指导：

该建筑按二类防雷建筑考虑，接地体利用建筑物基础部分混凝土内两根主钢筋和建筑物四周按网格尺寸不大于 10 m×10 m 敷设的环形接地体焊接为一体，网格交叉点及钢筋自身连接均应焊牢靠。防雷装置引下线利用大楼结构外侧主钢筋（不少于两根），钢筋自身上下连接点采用搭接焊，且其上端应与房顶避雷装置焊接，下端应与地网焊接，中间应与各均压带焊接，大楼的总电阻应不大于 1 Ω。

此工程采用联合接地，联合接地是将设备的工作接地、保护接地以及建筑物防雷接地合用一组接地体的接地方式，由接地体、接地引入线、接地汇集线和接地极四部分组成。在负一楼低压配电室设接地总汇集排一处，防止无关人员触动，各层接地分汇集排设在电缆井内，各层汇集排之间用 40 mm×4 mm 的热镀锌扁钢连接。到接地分汇集排的水平接地分汇集线用 VV-1×35 mm^2 的导线连接，到金属管道和设备金属外壳的水平分汇集线用 BV-1×25 mm^2 的导线连接。接地极按每隔 5 m 打 L50×50×2500 的热镀锌角钢，埋深为 0.8 m。

思政小课堂

防雷保护与人身财产安全息息相关。因安全措施不合格产生的事故屡见不鲜。防雷接地是防雷和保证电气安全的重要措施。我们应增强责任意识、安全意识和敬业精神防止此类事故的发生。

山东黄岛油库发生重大火灾爆炸事故，造成19人死亡，100多人受伤，直接经济损失3540万元，14名消防员在救援过程中牺牲。

事故直接原因：黄岛油库储存有23 000 m^3原油的5号混凝土油罐存在缺陷，又遭受雷击，引起油气爆燃着火，导致附近储罐的爆燃。随后火焰席卷了整个库区并波及了附近的其他单位。外溢的原油流入胶州湾，造成了海洋污染。

那我们该如何防雷击？

(1) 外部保护，即将绝大部分雷电流直接引入地下泄散；内部保护，即防止沿电源线、数据线、信号线侵入的侵入波危害设备；过电压保护，即限制被保护设备上雷电过电压幅值。这三道防线相互配合，各尽其职，缺一不可。

(2) 雷雨季节到来之前，提前对所有设备、仪表等防雷接地情况进行全面细致的摸底核查，全面检测一次防雷接地的冲击接地电阻，确保电阻不大于10 Ω。

(3) 对关键的仪表回路加避雷器，主控制室仪表间的墙、房顶等做好防雨准备。

(4) 储罐的安全阀、排空口等部位，是储罐防雷重点，都易受到雷电打击，发生火灾，必须把日常检查与定期检查相结合，及时整改存在的问题。

(5) 经常检查接地线、跨接线等防雷设施，保证不松脱、不严重锈蚀。防雷接地线、跨接线在拆装检修管线、设备后，要即时恢复，确保工作正常。

(6) 检查管道连接是否有泄漏情况，避免泄漏出的天然气因雷击着火。

技能考核

姓名________________ 班级________________ 学号________________ 成绩______________

识图题

如图4-56所示，工程防雷等级为三类，建筑的防雷满足防直击雷、感应雷及雷电波侵入的要求，并设置总等电位连接。试回答以下问题。

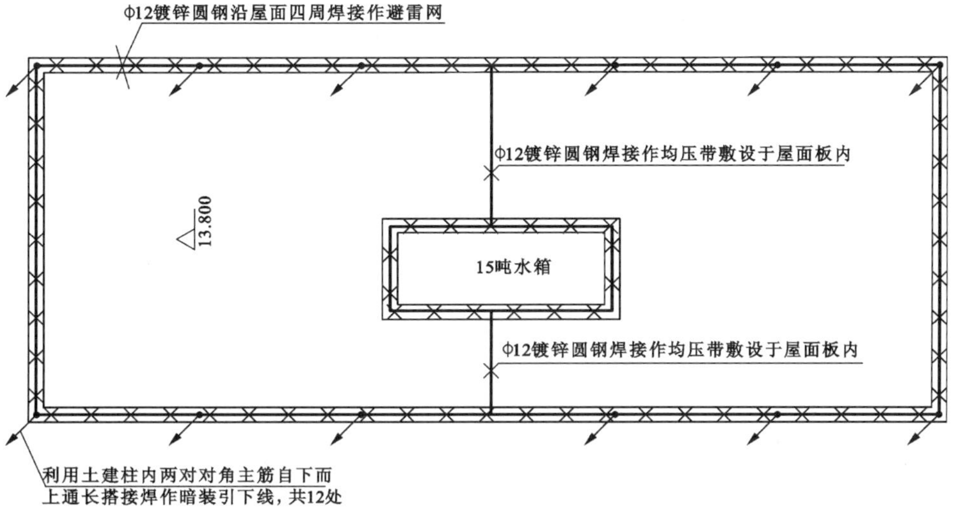

图4-56　防雷接地平面图

(1) 该办公楼选用哪种接闪器，材料规格是什么？

(2) 接闪器支架的做法是什么？

(3) 该工程用什么材料做引下线？这种引下线的注意事项有哪些？

(4)该工程接地装置的做法是什么？

模块5

建筑弱电设备与识图

5.1 火灾报警与消防联动系统识图

任务描述

(1)认识火灾报警与消防联动工程常用设备。
(2)掌握火灾报警与消防联动系统图。
(3)掌握火灾报警与消防联动平面图。

任务目标

结合学生情况,以课程标准和岗位能力需求为依据,确定任务目标。
(1)熟悉火灾报警与消防联动工程中的设备。
(2)认识火灾报警与消防联动中常用的图例。
(3)能读懂专业火灾报警与消防联动工程施工图图纸。

相关技能点

5.1.1 火灾报警与消防联动系统

火灾自动报警控制系统主要由火灾探测器、火灾报警控制器和报警装置组成,如图 5-1 所示。火灾探测器将现场火灾信息(烟、温度、光)转换成电信号传送至火灾报警控制器,火灾报警控制器将接收到的火灾信号进行处理、运算和判断后认定火灾,输出指令信号,一方面启动火灾报警装置(如声、光报警等),另一方面启动消防联动装置和连锁减灾系统来驱动各种灭火设备和减灾设备。

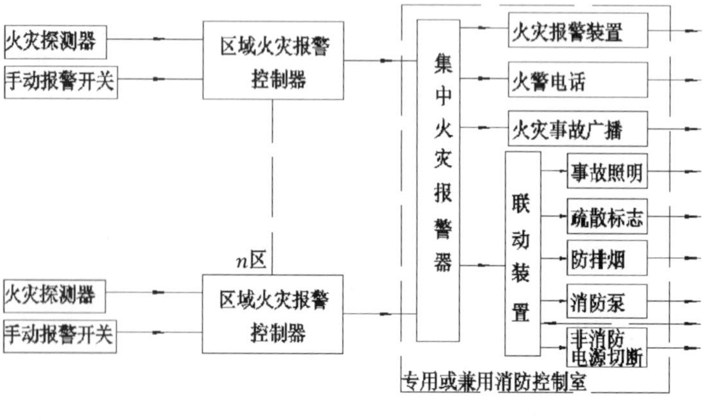

图 5-1 火灾自动报警控制系统组成示意图

火灾报警与消防联动系统施工图的特点：一般包括系统图和平面图，都是用图形符号表示的，其中系统图既表示了火灾报警与消防联动系统的组成，又对具体施工起指导作用。另外，多种线路可能会出现在同一张图纸中，应注意区分，避免混淆。

1. 火灾探测器

火灾探测器是能对火灾参量做出有效响应，将火灾信息转换成电信号，传送到火灾报警控制器的器件。根据火灾探测器探测火灾参数的不同，火灾探测器分为感烟、感温、感光、感可燃气体、复合型探测器，如图 5-2 所示。

图 5-2　火灾探测器

火灾探测器型号表示方法：JTY-LZ-F732 表示 F732 型离子感烟探测器。

2. 手动火灾报警按钮

手动火灾报警按钮主要安装在经常有人出入的公共场所中的明显和便于操作的部位，如图 5-3 所示。当有人发现火情时，手动按下按钮，手动火灾报警按钮向报警控制器送出报警信号。手动火灾报警按钮比火灾探测器报警更紧急，一般不需要确认。因此，手动火灾报警按钮要求更可靠、更确切、处理火灾更快。

3. 火灾报警控制器

火灾报警控制器是火灾自动报警控制系统的重要组成部分，是系统的核心，如图 5-4 所示。火灾报警控制器的作用是向火灾探测器提供高稳定度的直流电源；监视连接各火灾探测器的传输导线是否有故障；接收火灾探测器发送的火灾报警信号，迅速、正确地进行转换和处理，并以声、光等形式指示火灾发生的具体部位，进而发送消防设备的启动控制信号。

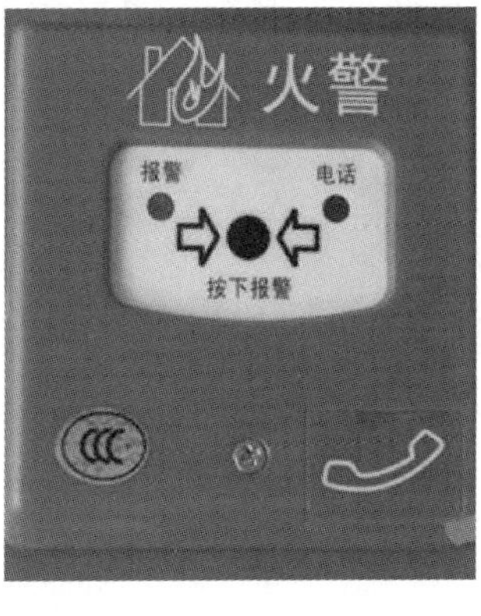

图 5-3　手动火灾报警按钮

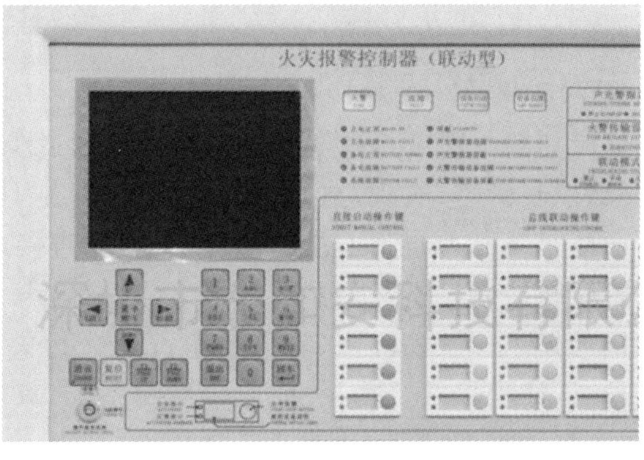

图 5-4　火灾报警控制器

火灾报警控制器的主要功能如下。

（1）故障报警，检查火灾探测器回路断路、短路，火灾探测器接触不良或火灾探测器故障等，并进行故障报警。

（2）火灾报警，将火灾探测器、手动火灾报警按钮或其他火灾报警信号单元发出的火灾信号转换为火灾声、光报警信号，指示具体的火灾部位和时间。

（3）火灾报警优先功能。在系统存在故障的情况下出现火情时，火灾报警控制器能由故障报警自动转变为火灾报警，当火情被清除后，自动恢复原有故障报警状态。

（4）火灾报警记忆功能。火灾报警控制器收到火灾探测器送来的火灾报警信号时，能保持并记忆，也能继续接收、处理其他火灾报警信号。

（5）声、光报警消声及再响功能。火灾报警控制器发出声、光报警信号后，可通过控制器上的消声按钮人为消声，如果停止声响报警时又出现其他报警信号，火灾报警控制器应能进行声、光报警。

（6）时钟单元功能，火灾报警时，能指示并记录准确的报警时间。

（7）输出控制单元，用于火灾报警时的联动控制或向上一级报警控制器传送火灾报警信号。

火灾报警控制器型号表示方法：①②③-④⑤-⑥。

①为J(警)，表示火灾报警设备(消防产品)的分类代号。

②为B(报)，表示火灾报警控制器代号。

③为B、C，表示应用范围特征代号。B表示防爆型；C表示船用型；省略表示非防爆、非船用。

④为D、Q、J、T，表示分类特征代号。D表示单路；Q表示区域；J表示集中；T表示通用。

⑤为G、T、B，表示结构特征代号。G表示柜式；T表示台式；B表示壁挂式。

⑥为主参数，表示各区域报警的最大容量。

4. 区域火灾报警控制器

区域火灾报警控制器直接连接火灾探测器，处理各种报警信息，同时与集中火灾报警器连接，向其传递火警信息。区域火灾报警控制器与集中火灾报警器构成分散或大型火灾自动报警场合。区域火灾报警控制器一般安装在保护区域现场。一个房间用一台区域火灾报警控制器，另一个房间也用一台区域火灾报警控制器，这两个房间的控制器又可以被集中火灾报警器控制。

5. 联动控制器

联动控制器与报警控制器配合，通过数据通信，接收并处理来自火灾报警控制器的数据，并发出控制信号，实现对各类消防设备的控制，如图5-5所示。

联动控制器能为与其连接的部件供电；能直接或间接启动受其控制的设备；能接收来自火灾报警控制器或火灾探测器的报警信号，发出声、光报警信号；接收报警信号后，切断正常电源，启动消防水泵、喷淋泵、防火卷帘、防火门，关闭空调系统，开启防排烟系统，控制电梯正常至一层、使受控的广播系统、应急照明系统、疏散指示设备等进入工作状态。

6. 火灾报警装置

火灾报警装置有声、光报警器，警笛，警铃，如图5-6所示。

图 5-5　联动控制器

图 5-6　火灾声、光警报器

7. 隔离器

隔离器安装在每个分支回路的前端，当回路中发生故障时，隔离器让部分回路与总线隔离，保证总线回路其他部分正常工作，如图 5-7 所示。

8. 显示盘

显示盘显示火灾信息，如图 5-8 所示。

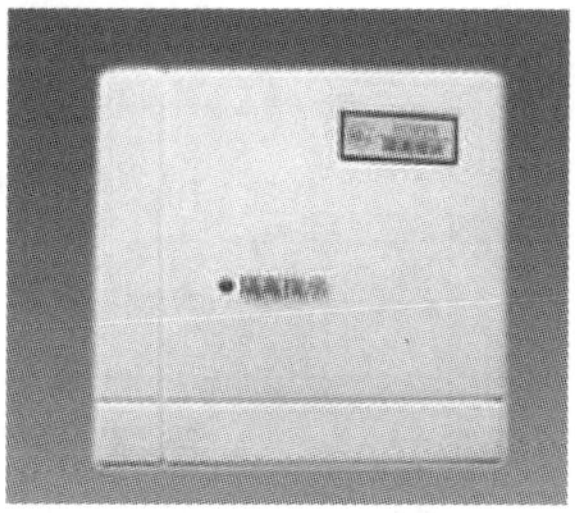

图 5-7　隔离器

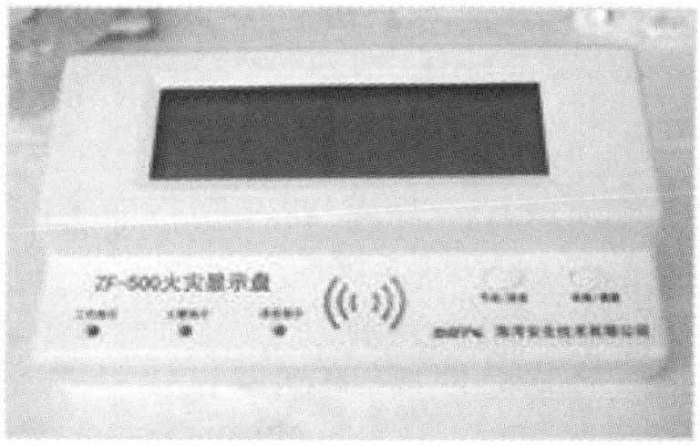

图 5-8　显示盘

5.1.2　火灾自动报警控制系统施工图

火灾自动报警控制系统的表示方法是用图形符号绘制系统图和平面图。线路表示用单线法。

1. 图形符号

火灾自动报警控制系统的图形符号如表 5-1 所示。

表 5-1　火灾自动报警控制系统的图形符号

序号	图例	名称	型号及规格	单位	数量	安装方式及安装高度
1	 DZX	消防接线端子箱	JBF-11A/X	台		底边距地 1.5 m 安装
2		显示盘	JBF-VDP3060B	台		底边距地 1.5 m 安装

续表

序号	图例	名称	型号及规格	单位	数量	安装方式及安装高度
3		隔离器	JBF4171	个		吸顶安装或端子箱内安装
4		感温探测器	JBF4111	个		吸顶安装
5		感烟探测器	JBF4101	个		吸顶安装
6		可燃气体探测器	JF-D16	个		吸顶安装
7		单输入模块	JBF4131	个		模块箱内安装
8		单输入/单输出模块	JBF4141	个		模块箱内安装
9		双输入/双输出模块	JBF5155	个		模块箱内安装
10		广播控制模块	JBF4143	个		模块箱内安装
11		带电话插孔的手动火灾报警按钮	JBF4121-P	个		底边距地 1.3 m 安装
12		消防电话	HY5711B	个		底边距地 1.3 m 安装
13		消火栓按钮	JBF4123	个		消火栓箱内安装
14		声、光报警器	JBF4372E	个		底边距地 2.3 m 安装
15		吸顶消防广播(阻燃材料)	WY-XD5-5A，3 W	个		吸顶或嵌顶安装
16		壁装消防广播(阻燃材料)	WY-BG5-2，3 W	个		底边距地 2.3 m 壁挂安装
17		模块箱	JBF-11A/M (设置模块见系统图)	台		底边距地 1.5 m 壁挂安装
18		消防电源监控传感器		个		配电箱内安装
19		漏电火灾报警探测器		个		配电箱内或配电柜内安装
20		漏电火灾报警探测器		个		配电箱内或配电柜内安装
21		单扇常闭防火门监控模块		个		门上+0.1 m
22	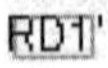	单扇常开防火门监控模块		个		门上+0.1 m

续表

序号	图例	名称	型号及规格	单位	数量	安装方式及安装高度
23	RD2	双扇常闭防火门监控模块		个		门上+0.1 m
24	RD2'	双扇常开防火门监控模块		个		门上+0.1 m
25	JKFJ	防火门监控分机	JBF-61S20	台		底边距地 1.5 m(电气竖井内为 1.0 m)安装
26		缆式线形感温探测器		个		吸顶安装
27	FKYK	余压控制器	见配电系统图	个		详强电施
28	XY	泄压阀	暖通专业设备	个		详设施
29	YK	压力传感器	暖通专业设备	个		详设施
30	Z	区域火灾报警控制器	JBF-11-SF-S/S8	台		底边距地 1.5 m 安装(壁装)
31		加压送风口/多叶送风口	暖通专业设备	个		详设施

2. 火灾自动报警控制系统系统图

火灾自动报警控制系统系统图主要反映系统的组成和功能，以及组成系统的各设备之间的连接关系等。随被保护对象的分级不同，选用的报警设备不同，基本形式也有所不同。

如图 5-9 和图 5-10 所示，本工程有火灾自动报警及消防联动控制要求，采用集中报警系统。系统由火灾探测器、手动火灾报警按钮、火灾报警装置、消防应急广播、消防专用电话、消防控制室图形显示装置、火灾报警控制器、消防联动控制器等组成。

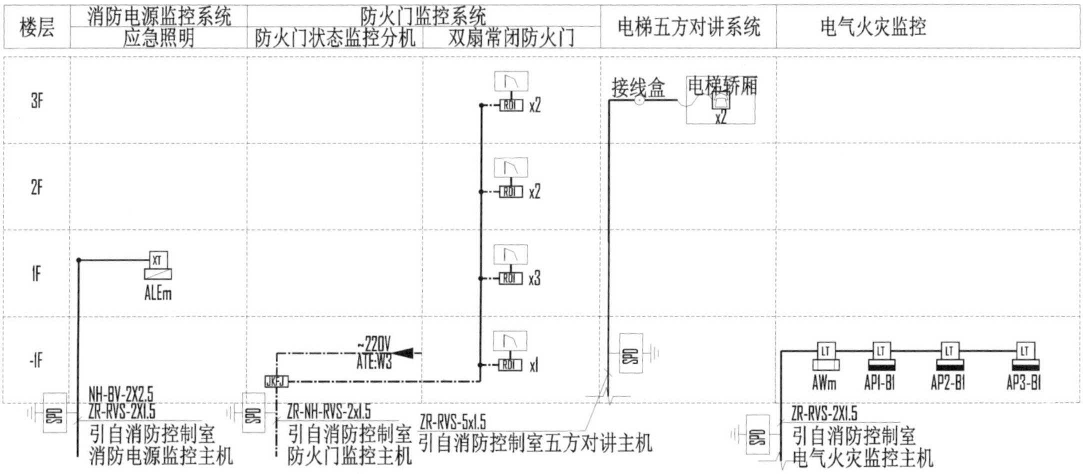

图 5-9　消防电源监控、防火门监控、电梯五方对讲及电气火灾监控系统图

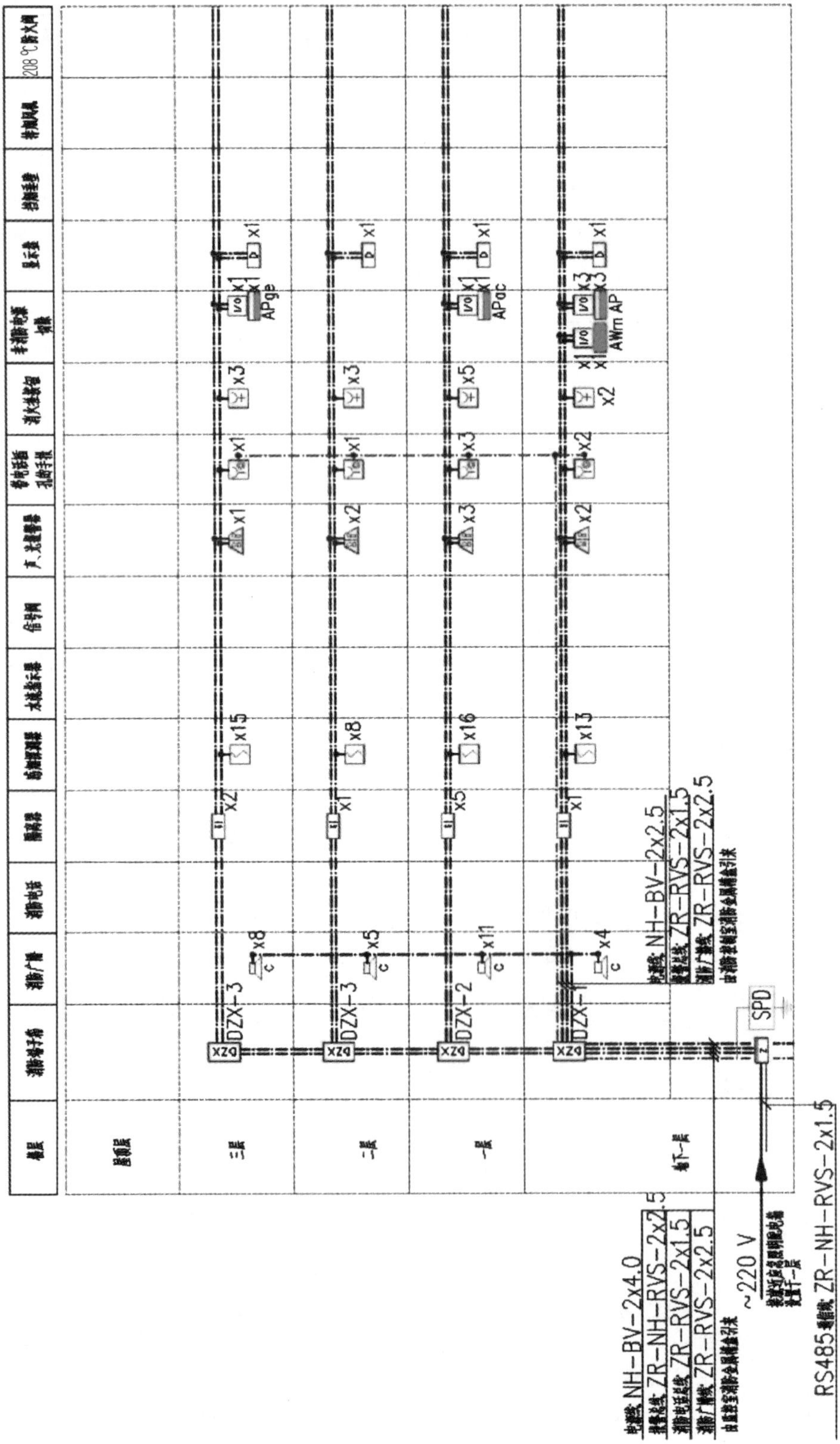

图5-10 火灾自动报警控制系统系统图

3. 火灾自动报警控制系统平面图

火灾自动报警控制系统平面图主要反映报警设备及联动设备的平面布置、线路的敷设等。火灾自动报警控制系统及消防联动线形表如表 5-2 所示。

表 5-2　火灾自动报警控制系统及消防联动线形表

序号	线路名称	线形	线路型号规格及穿管敷设方式
1	火灾报警信号总线＋电源线	—·—·—·—	AR-NH-RVS-2×1.5＋NH-BV-2×2.5 JDG20 CC WC
2	火灾报警电源线	——D——	NH-BV-2×2.5 JDG20 CC WC（干线采用 NH-BV-2×4）
3	火灾报警信号总线	——S——	ZR-NH-RVS-2×1.5 JDG20 CC WC
4	消防广播线路	——BC——	ZR-RVD-2×1.5 JDG JDG20 CC WC
5	消防电话总线	——F——	ZR-RVD-2×1.5 JDG JDG20 CC WC
6	消防电话多线	——H——	ZR-RVD-2×1.5 JDG JDG20 CC WC
7	消防风机联动控制线	——nKZ——	n(NH-KW-4×1.5 JDG32) CC WC
8	防火门监控器线路	——J——	ZR-NH-RVS-2×1.5 JDG20 CC WC
9	防火门监控器线路	——JS——	ZR-RVS-2×1.5＋NH-BV-2×1.5 JDG20 CC WC
10	电气火灾监控线路	——HJ——	ZR-RVS-2×1.5 JDG20 CC WC
11	消防设备电源监控线路	——XJ——	ZR-NH-RVS-2×1.5＋NH-BV-2×2.5 JDG20 CC WC
12	电梯五方对讲线路	——WF——	ZR-RVS-5×1.5 JDG25 CC WC
13	余压监控器联网通信线	——YW——	ZR-NH-RVS-2×1.5 JDG20 CC WC
14	余压传感器线	——YC——	NH-RVS-2×1.5 JDG20 CC WC
15	余压系统泄压阀控制线	——XY——	NH-RW-7×1.5 JDG25 CC WC
16	流量开关控制线	——LL——	NH-KW-2×1.5 JDG25 CC WC
17	稳压泵控制多线	——WB——	NH-KW-12×1.5 SC40 CE/WS
18	280 ℃防火阀至风机箱连锁线	——C——	NH-KW-4×1.5 SC25 WC CC

如图 5-11 所示，火灾自动报警控制系统平面图示出了火灾探测器、显示盘、警铃、喇叭、非消防电源箱、水流指示器、送风、排烟、消火栓按钮等的平面位置和安装配线。

火灾自动报警控制系统设有自动和手动两种触发装置。门厅、走道、前室等公共区域及电气管井处设置感烟探测器。感烟、感温探测器与灯具的水平净距应大于 0.2 m；与送风口边的水平净距应大于 1.5 m；与多孔送风顶棚孔口或条形送风口的水平净距应大于 0.5 m；与嵌入式扬声器的净距应大于 0.1 m；与自动喷淋头的净距应大于 0.3 m；与墙壁、梁边或其他遮挡物的距离应大于 0.5 m；与防火门、防火卷帘的距离为 1～2 m。探测器的具体定位尚需结合建筑装修吊顶统筹考虑，但必须满足上述间距要求。各防火分区或各楼层走道靠近楼梯出口处设置火灾报警按钮，从任何位置到手动报警按钮的步行距离不超过 30 m，手动报警按钮安装高度为底边距地 1.3 m。消火栓箱内设消火栓报警按钮，接线盒设在消火栓的开门侧，消火栓按钮安装高度为底边距地 1.5 m。在每层楼梯口、电梯前室、建筑物内部的拐角等部位设置声、光报警器。确认火灾后启动建筑内的所有声、光警报器。

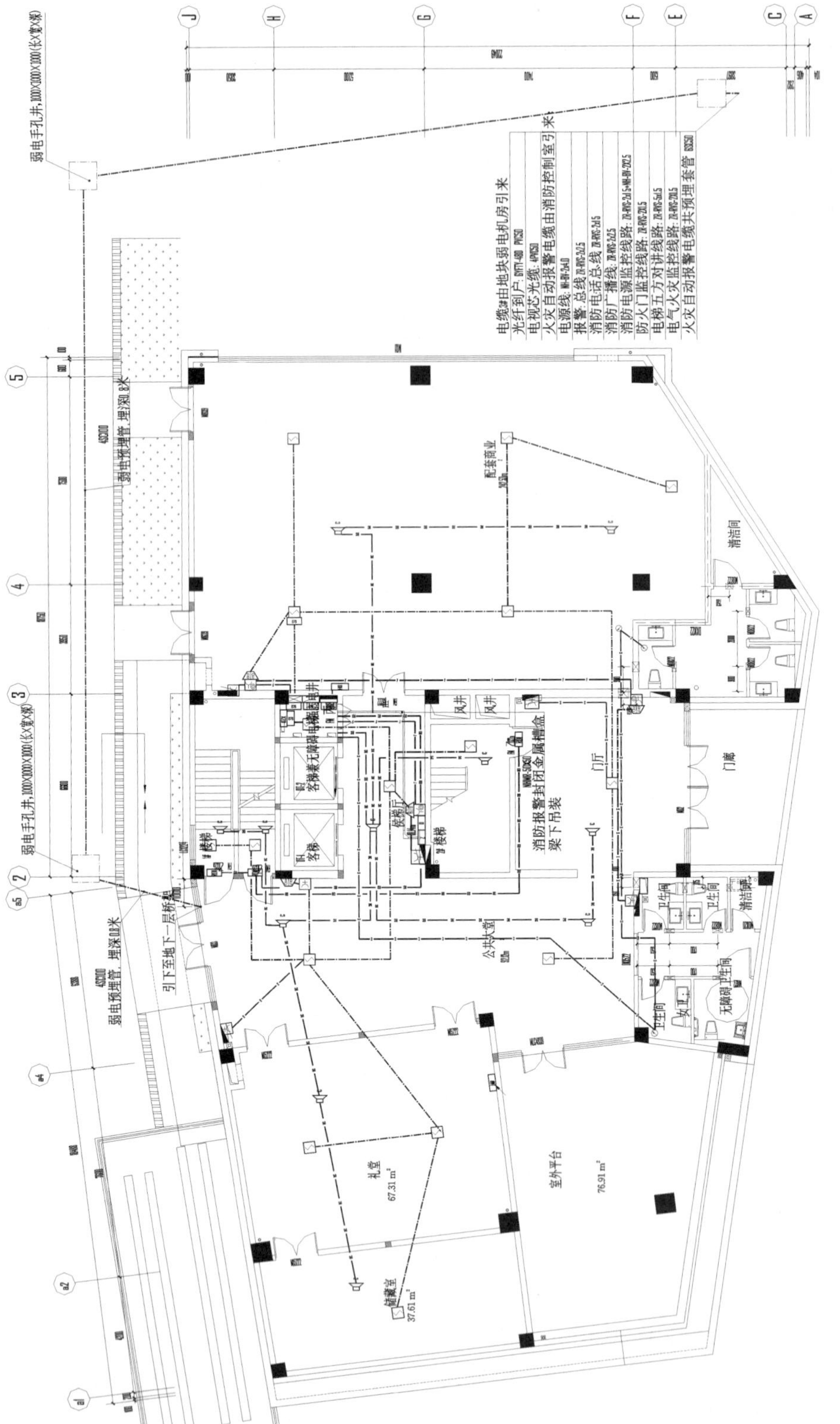

图5-11 火灾自动报警控制系统平面图

思政小课堂

小小火柴引起大火

一名学生在吉林某学校教学楼内吸烟，将用后未熄灭的火柴棒，随手扔在木质地板上，火柴棒掉进地板的窟窿里，引燃地板下的可燃物酿成火灾。火灾烧毁教室19间、语音室1间、阶梯教室1间，过火面积为955 m^2，所幸未造成人员伤亡。

从以上案例可以看出，一个不良习惯，一点小小的疏忽，会酿成一场大祸。因此，学校在平时的消防宣传教育中，要注重学生良好习惯的养成。

校园内发生火灾的主要原因包括违章用火用电、电气线路老化、违反消防安全管理制度和消防安全措施不落实。校园内发生火灾会给国家和个人财产造成损失、危及生命，还会严重影响校园安全和校园秩序。防范校园火灾是每位师生的共同责任。当前我区各学校领导高度重视，责任明确，工作得力，措施落实，全区学校消防安全形势处于良好状态，但我们绝不能麻痹大意、掉以轻心，应吸取其他学校火灾事故教训，在日常工作、学习、生活中，时刻敲醒消防安全的警钟，从思想上树立牢固的消防安全意识，从我做起，严格执行消防安全制度，认真整改，消除消防安全隐患。只有做到警钟长鸣，才能确保校园长治久安。

技能考核

姓名____________ 班级____________ 学号____________ 成绩__________

一、简答题

1.火灾自动报警控制系统由哪些部分组成，是如何联动控制的？

2.火灾自动报警控制系统的常用设备有哪些，它们的功能是什么？

3.火灾自动报警控制系统平面图一般包括哪些内容？

二、识图题

看图填空。

如图5-12所示，该系统由______________型火灾报警控制器和HJ-1811型__________构成。该系统通过RS-232通信接口(三线)将报警信号送入联动控制器，以实现对建筑内消防设备的自动、手动控制；通过另一组RS-232通信接口与计算机连机，实现对建筑的平面图、着火部位等的CRT彩色显示。每层设置一台________，可作为区域火灾报警控制器，内装有四个输出中间继电器，每个继电器有输出触点4对，可控制__________、__________、__________、__________、__________等消防联动设备。显示盘为集中供电，由主机电源引来DC24V。

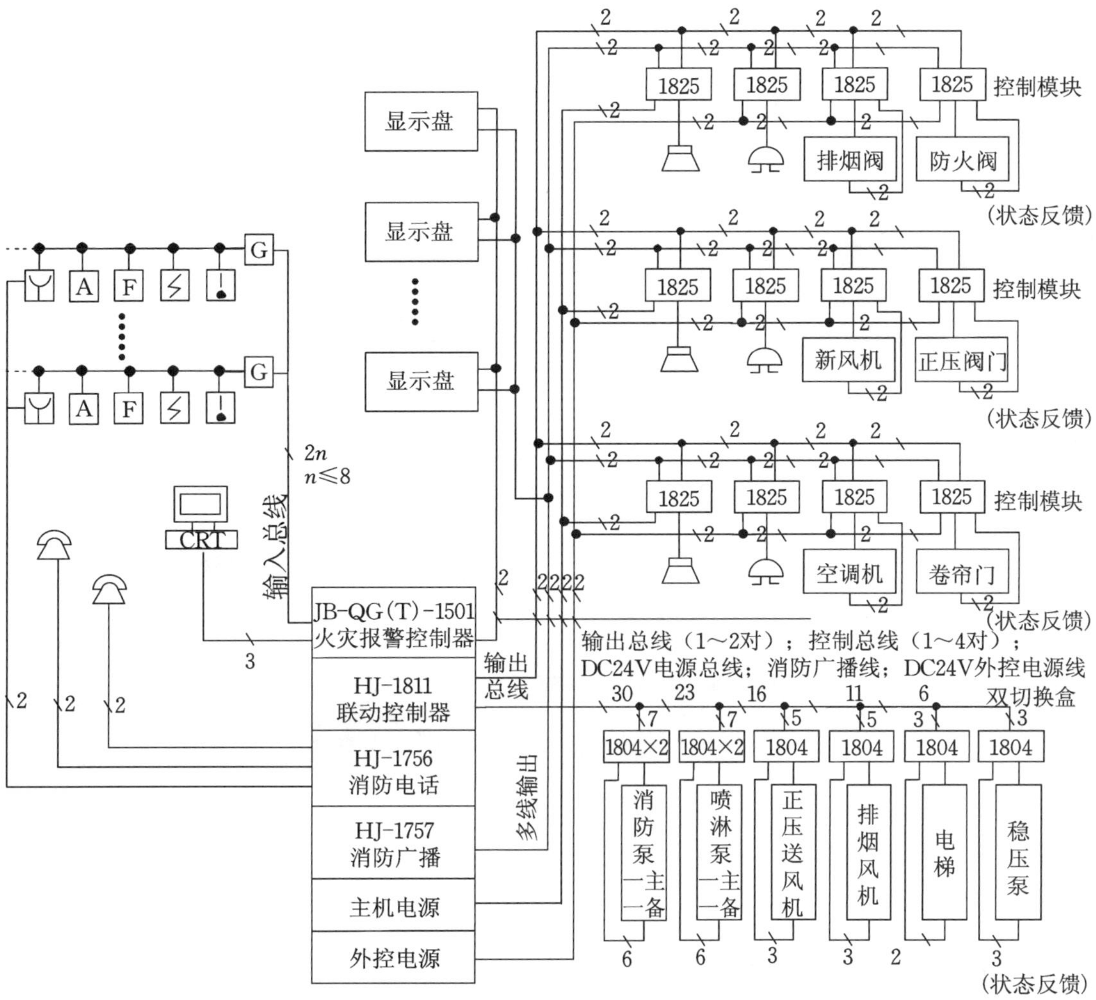

图 5-12　火灾自动报警控制系统系统图示例

5.2 电话网络和有线电视识图

任务描述

(1)认识电话网络和有线电视系统。
(2)认识电话网络和有线电视系统的组成。
(3)认识电话网络和有线电视系统的系统图。

任务目标

结合学生情况,以课程标准和岗位能力需求为依据,确定任务目标。
(1)熟悉电话网络和有线电视系统常用材料。
(2)识读电话网络和有线电视系统图。

相关技能点

5.2.1 电话网络和有线电视系统常用材料

(1) 同轴电缆 SYV 75-5-1(A、B、C)如图 5-13 所示。

S 表示射频;Y 表示聚乙烯绝缘;V 表示聚氯乙烯护套;A 表示 64 编;B 表示 96 编;C 表示 128 编;75 表示 75 Ω;5 表示线径为 5 mm;1 表示单芯。

(2) 同轴电缆 SYWV 75-5-1 如图 5-14 所示。

S 表示射频;Y 表示聚乙烯绝缘;W 表示物理发泡;V 表示聚氯乙烯护套;75 表示 75 Ω;5 表示线缆外径为 5 mm;1 表示单芯。

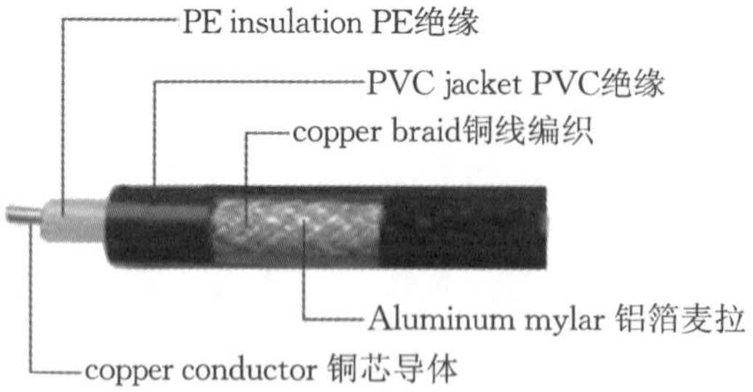

图 5-13 同轴电缆 SYV 75-5-1(A、B、C)

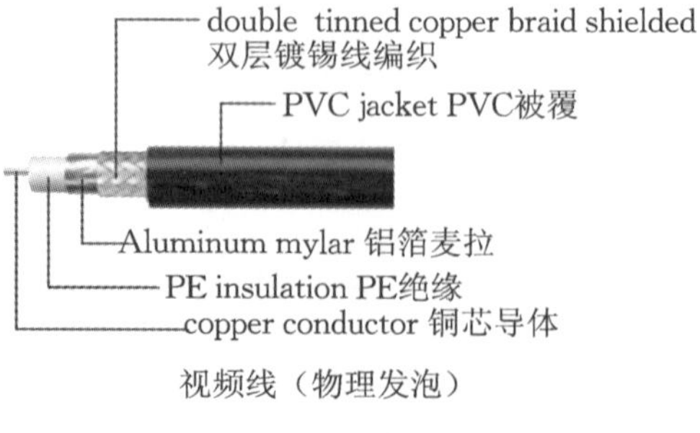

图 5-14 同轴电缆 SYWV 75-5-1

(3) 超五类线的标识是"CAT 5E",带宽为 155M。超五类非屏蔽双绞线是在对现有五类屏蔽双绞线的部分性能加以改善后出现的电缆，近端串扰、衰减串扰比，回波损耗等都有所提高，但其传输带宽仍为 100 MHz。超五类双绞线采用 4 个绕对和 1 条抗拉线，线对的颜色与五类双绞线完全相同，分别为白橙、橙、白绿、绿、白蓝、蓝、白棕和棕。裸铜线直径为 0.51 mm（线规为 24AWG），绝缘线直径为 0.92 mm，UTP 电缆直径为 5 mm，如图 5-15 所示。

（4）六类线的标识是“CAT 6”，带宽为 250M。六类双绞线在外形上和结构上与五类或超五类双绞线都有一定的差别，不仅增加了绝缘的十字骨架，将双绞线的四对线分别置于十字骨架的四个凹槽内，而且增加了电缆的直径。电缆中央的十字骨架随长度的变化而旋转角度，将四对双绞线卡在骨架的凹槽内，保持四对双绞线的相对位置，提高电缆的平衡特性和串扰衰减，保证在安装过程中电缆的平衡结构不遭到破坏。六类非屏蔽双绞线裸铜线直径为 0.57 mm（线规为 23AWG），绝缘线直径为 1.02 mm，UTP 电缆直径为 6.53 mm，如图 5-16 所示。

图 5-15　CAT 5E

图 5-16　CAT 6

5.2.2　有线电视系统

共用天线电视系统简称为 CATV（community antenna television）系统，是指共用一组优质天线接收电视台的电视信号，并通过同轴电缆传输、分配给各电视机用户的系统。

在共用天线的基础之上出现了通过同轴电缆、光缆或其组合来传输、分配和交换声音和图像信号的电视系统，称为电缆电视（cable television）系统，其简写也是“CATV”，习惯上称作有线电视系统。

1. 前端部分

前端部分的主要任务是接收电视信号，并对信号进行处理，如滤波、变频、放大、调制和混合等。

主要设备有接收天线、导频信号发生器、天线放大器、频率变换器、调制器、混合器。

1）接收天线

接收天线主要有以下作用。

① 磁电转换：接收电视台向空间发射的高频电磁波并将其转换为相应的电信号。

② 选择信号：在空间多个电磁波中，有选择地接收指定的电视射频信号。

③ 放大信号:对接收的电视射频信号进行放大,提高电视接收机的灵敏度,改善接收效果。

④ 抑制干扰:对指定的电视射频信号进行有效接收,对其他无用的干扰信号进行有效抑制。

⑤ 改善接收的方向性:电视台发射的射频信号是按水平方向极化的水平极化波,具有近似光波的传播性质,方向性强,接收机用接收天线对准发射天线的方向才能获得最佳接收效果。

2) 导频信号发生器

若干线传输距离较长,不同频道信号衰减不同,使用导频信号发生器能进行自动增益控制和自动斜率控制。

3) 天线放大器

天线放大器主要用于放大微弱信号。采用天线放大器可提高接收天线的输出电频,以满足处于弱场强区电视传输系统主干线放大器输入电频的要求。

4) 频率变换器

频率变换器是将接收的频道信号变换为另一频道信号的器件,其主要作用是电视频道信号的变换。

电缆对高频道信号的衰减影响很大,若在 CATV 系统中直接传送 UHF(特高频)频道的电视信号,则信号损失太大,因此常使用 U/V 变换器将 UHF 频道的信号变成 VHF(高频)频道的信号,再送入混合器和传输系统。这样,整个系统的器件(如放大器、分配器、分支器等)就只采用 VHF 频段的,可大大降低 CATV 系统的成本。

5) 调制器

调制器的作用是将摄像机、录像机、电视唱盘、卫星接收机等设备输出的视频、音频信号调制成电视频道的射频信号后送入混合器。

调制器一般有两种分类方式,一是按工作原理分为中频调制式和射频调制式,二是按组成器件分为分离元调制器和集成电路调制器。

6) 混合器

混合器是将两路或多路不同频道的电视信号混合成一路的部件。

在 CATV 系统中,混合器可将多个电视和声音信号混合成一路,用一根同轴电缆传输,达到多路复用的目的。如果不用混合器,直接将两路(或多路)不同频道的天线直接在其输出端并接,再由同轴电缆向下传输,则会破坏系统的匹配状态,系统内部信号的来回反射会使电视图像出现重影并使图像(或伴音)产生失真,影响收视效果。

2. 干线部分

干线部分是把前端接收、处理、混合后的电视信号传输给分配分支部分的一系列传输设备,主要包括干线放大器、均衡器等。干线放大器是安装在干线上,用来补偿干线电缆传输损耗的放大器。均衡器的作用是补偿干线部分的频谱特性,保证干线末端的各个频道信号电频基本相同。

3. 分配分支部分

分配分支部分是系统的最后部分，其主要作用是将前端部分、干线部分送入的信号分配给建筑物内各个用户电视机。它主要包括分配放大器、线路延长放大器、分配器、分支器。

1）分配放大器

分配放大器安装在干线的末端，用来提高干线末端信号电频，以满足分配、分支的需要。

2）线路延长放大器

线路延长放大器安装在支干线上，用来补偿支线电缆传输损耗和分支器的分支损耗、插入损耗。

3）分配器

分配器是用来分配电视信号并保持线路匹配的装置，其主要作用如下。

① 分配作用，将一路输入信号均匀地分配成多路输出信号，尽可能减少插入损耗。

② 隔离作用，是指分配器各路输出端之间隔离，以避免相互干扰或影响。

③ 匹配作用，主要指分配器与线路输入端和线路输出端的阻抗匹配，即分配器的输入阻抗与输入线路的匹配，各路的输出阻抗与输出线路匹配，才能有效地传输信号。

分配器按输出路数的多少可分为二分配器、三分配器、四分配器、六分配器和八分配器等；按分配器的回路组成可分为集中参数型和分布参数型两种；按使用条件可分为室内型、室外防水型和馈电型等。

4）分支器

分支器是从干线或支线上取出一部分信号送给用户电视机的部件，作用如下：

① 以较小的插入损耗从传输干线或分配线上分出部分信号送至各用户；

② 从干线上取出部分信号经衰减形成分支；

③ 反向隔离与分支隔离，即对主路输出无影响。

分支器可根据分支输出端的个数分为一分支器、二分支器、四分支器等，也可根据其使用场合不同分为室内型、室外防水型、馈电型和普通型等。

4. 传输线路

目前，传输线路均使用同轴电缆。同轴电缆由内导体、外导体、绝缘体和护套层四个部分组成，是用介质材料来使内、外导体之间绝缘并保持轴心重合的电缆。在 CATV 系统中，各国都规定采用特性阻抗为 75 Ω 的同轴电缆作为传输线路。常用型号有 SYV、SYFV、SYWY 、SYKV 等。

RG 为物理发泡聚乙烯绝缘接入网电缆，用于同轴光纤混合网（HFC）中传输数据模拟信号。

5. 用户终端

用户终端是供给电视机电视信号的接线器，又称用户接线盒。有单孔盒和双孔盒之分，单孔盒仅输出电视信号，双孔盒既能输出电视信号，又能输出调频广播信号。

有线电视系统图如图 5-17 和图 5-18 所示。

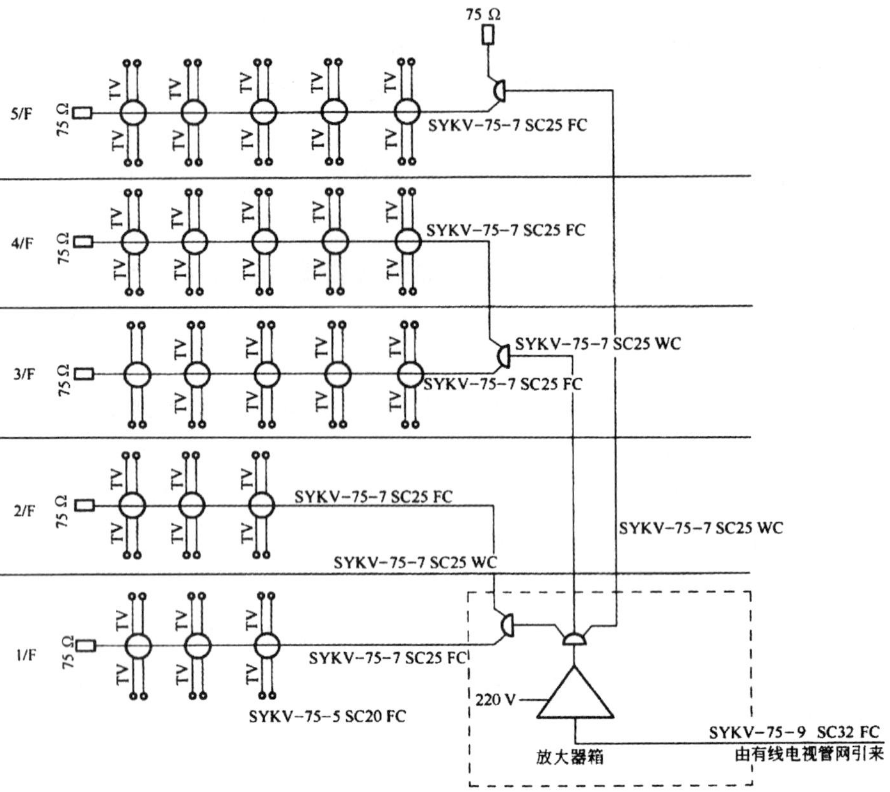

图 5-17 有线电视系统图 1

5.2.3 电话通信系统

电话通信系统的基本目标是实现某地区内任意两个终端用户进行通话，因此电话通信系统必须具备三个基本要素：发送和接收话音信号；传输话音信号；话音信号的交换。

一个完整的电话通信系统是由用户终端设备、电话传输设备和电话交换设备三大部分组成。

1. 用户终端设备

常见的用户终端设备有电话机、传真机等。随着通信技术与交换技术的发展，又出现了各种新的用户终端设备，如数字电话机、计算机终端等。

1）电话机的组成

电话机一般由通话部分和控制系统两大部分组成。通话部分是话音通信的物理线路连接，以实现双方的话音通信，它由送话器、受话器、消侧音电路组成；控制系统实现话音通信建立所需的控制功能，由叉簧、拨号盘、极化铃等组成。

2）电话机的基本功能

电话机的基本功能如下：

① 发话功能，通过压电陶瓷器件将话音信号转变成电信号向对方发送；

② 受话功能，通过炭砂式膜片将对方送来的话音电信号还原成声音信号输出；

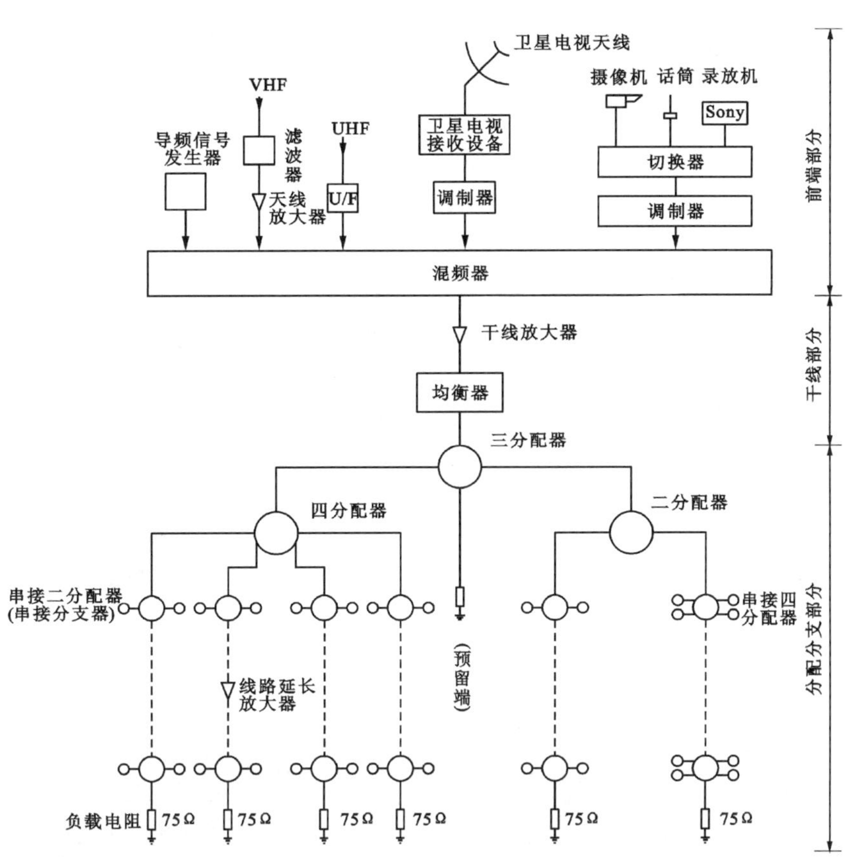

图 5-18　有线电视系统图 2

③ 消侧音功能，话机在发、受话的过程中，减轻自己的说话音通过线路返回受话电路；

④ 发送呼叫信号、应答信号和挂机信号功能；

⑤ 发送选择信号(对方的电话号码)供交换机选择和接线的功能；

⑥ 接收振铃信号及各种信号音功能。

2. 电话传输设备

在电话通信网中，电话传输设备主要是指用户线和中继线。常见的电话传输媒体有市话电线电缆、双绞线和光缆。为了提高传输线路的利用率，传输线路常采用多路复用技术。

3. 电话交换设备

电话交换设备是电话通信系统的核心。电话通信最初是在两点之间通过原始的受话器和导线的连接由电的传导来进行的。如果仅需要在两部电话之间进行通话，用一对导线将两部电话机连接起来就可以实现。如果需要在成千上万部电话机之间进行通话，则不可能采用两两相连的办法，这就需要电话交换设备，即电话交换机，将每部电话机(用户终端)连接到电话交换机上，通过线路在交换机上的接续转换，实现任意两部电话机之间的通话。

目前主要使用的电话交换设备是程控交换机。程控是指控制方式，即存储程序控制，其英文名称是 stored program control，简称为 SPC，它是把电子计算机的存储程序控制技术引入电话交换设备。这种控制方式预先把电话交换的功能编制成相应的程序(或称软件)，并把这些程序和相关的数据都存入存储器。当用户呼叫时，处理机根据程序发出的指令来控制交换机的操作，以完成接续功能。

思政小课堂

近日，一组德国IT布线(见图5-19)的图片在国内掀起了一阵追捧“德国严谨精神”的热潮。来看看这些案例，猜猜它们来自哪里？

图5-19 IT布线

这些整齐的布线(见图5-20)，来自中国！

图5-20 整齐的布线

你一定想说，你是在逗我吗？这样完美的布线在你心里是不是只应该出自严谨的德国人之手？然而事实是，这些完美的布线出自中国工程公司！布线设备如图5-21所示。

图5-21 布线设备

外国的月亮并不比中国的圆。中国并不缺少技艺精湛的技能大师。历史上，我们的“工匠精神”也不曾缺位。但是，如何让中国传统的“工匠精神”在当下开出灿烂的花朵，是值得我们每个人深思的问题。

技能考核

姓名____________ 班级____________ 学号____________ 成绩__________

一、简答题

1.常用的同轴电缆和网线有哪些？

2.有线电视系统由哪些部分组成？

3.电话通信系统由哪些部分组成？

二、识图题

图 5-22 所示为光纤到户及有线电视系统图，试说明各部分的功能和所用材料。

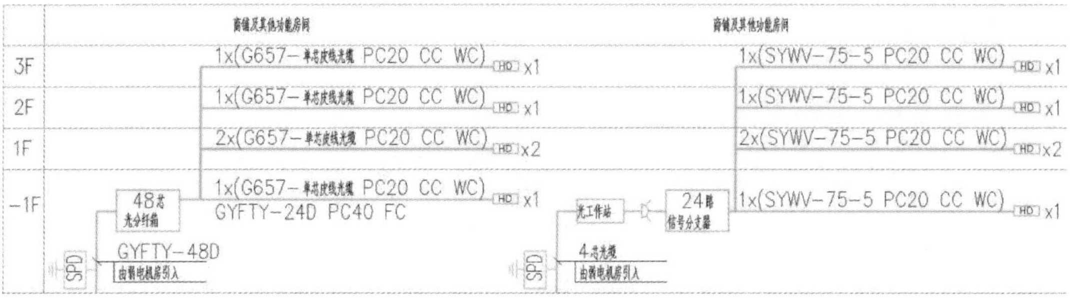

图 5-22　光纤到户及有线电视系统图

5.3 安全防范系统识图

任务描述

(1)认识安全防范系统。
(2)认识安全防范系统的组成。
(3)认识安全防范系统的系统图。

任务目标

结合学生情况,以课程标准和岗位能力需求为依据,确定任务目标是了解各种安全防范系统。

相关技能点

5.3.1 访客对讲系统

访客对讲系统是指实现来访客人与住户双向通话或可视通话,并由住户遥控防盗门的开关及向保安管理中心进行紧急报警的一种安全防范系统。它适用于单元式公寓、高层住宅楼和居住小区等。

访客对讲系统主要由对讲系统、控制系统和电控安全防盗门组成。

1. 对讲系统

对讲系统主要由传声器、语言放大器及振铃电路等组成,要求对讲语言清晰、信噪比高、失真度低。

2. 控制系统

一般采用总线制传输、数字编码解码方式控制;访客按下户主的代码,对应的户主摘机就可以与访客通话,并决定是否打开防盗安全门;户主可以凭电磁钥匙出入该单元大门。

3. 电控安全防盗门

对讲系统用的电控安全门是在一般防盗安全门的基础之上加上电控锁、闭门器等构件组成。

5.3.2 视频监控系统

视频监控系统可以对建筑物内重要部位的事态、人流等动态状况进行宏观监视、控制,以便对各种异常情况进行实时取证、复核，达到及时处理的目的。在人们无法或不可能直接观察的场所，视频监控系统能实时、形象、真实地反映被监控对象的画面，已成为人们在现代化管理中监视、控制的一种极为有效的观察工具，如图 5-23 所示。

1. 视频监控系统的组成

从实现的功能上看，一个完整的视频监控系统通常由前端视频采集部分，信号传输部分，视频管理、控制、存储部分，视频显示部分组成。

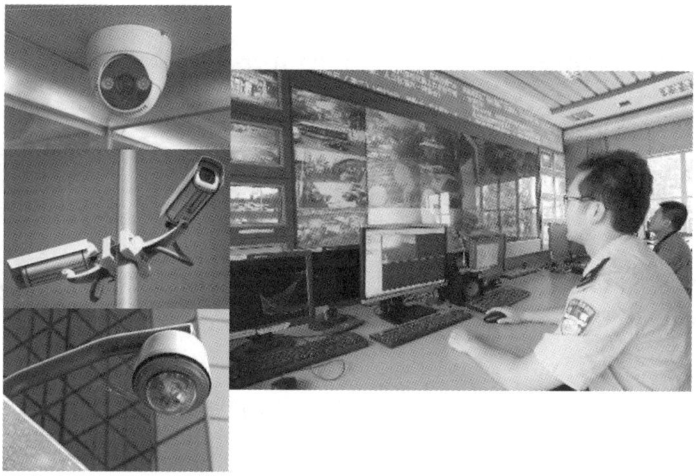

图 5-23　视频监控系统

1）前端视频采集部分

前端视频采集部分是视频监控系统的前沿部分，是整个系统的“眼睛”，主要包括摄像机、镜头、防护罩、支架、解码设备、电动云台等，实现的主要功能是将光信号转变成电信号。前端视频采集部分常用摄像机如图 5-24 所示。

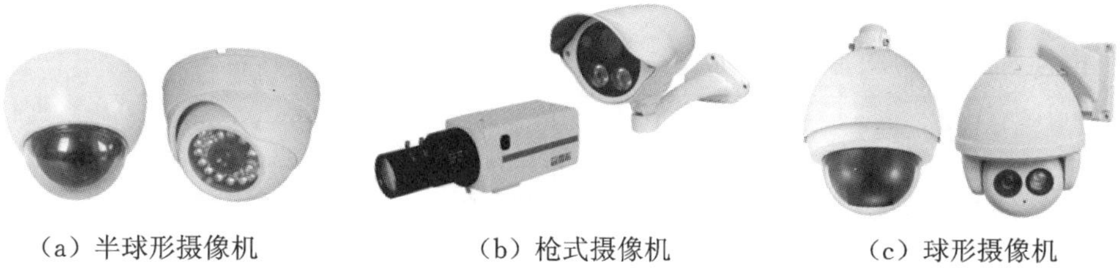

（a）半球形摄像机　（b）枪式摄像机　（c）球形摄像机

图 5-24　前端视频采集部分常用摄像机

2）信号传输部分

信号传输部分的主要目的是将摄像机采集到的视频图像传输到监控中心。

视频监控系统中常用的传输方式有同轴电缆传输、双绞线传输、光纤传输和无线传输等。信号传输部分主要包括信号发生器、信号放大器、铜缆、光缆及连接器等，主要功能是实现视频信号的上行传输及控制信号的下行传输。

3）视频管理、控制、存储部分

视频管理、控制、存储部分主要对前端视频采集图像进行管理、控制，并对其进行存储。视频管理、控制、存储部分主要包括矩阵、硬盘录像机及控制键盘等，如图 5-25 所示。

（a）模拟视频矩阵　（b）数字视频矩阵　（c）数字/网络硬盘录像机　（d）控制键盘

图 5-25　管理、控制、存储部分常用设备

4）视频显示部分

视频显示部分的主要功能是把从现场传来的电信号转换成图像信号显示在监视设备上，主要通过液晶显示器、液晶监视器及拼接屏等显示，如图 5-26 所示。

（a）液晶显示器　（b）液晶监视器　（c）拼接屏

图 5-26　显示部分常用设备

2. 视频监控系统的工作原理

摄像机通过同轴视频电缆将视频图像传输到控制主机；控制主机将视频信号分配到各监视器及录像设备，同时将需要传输的语音信号同步录入录像机。操作人员可发出指令，对云台的上、下、左、右的动作进行控制，对镜头进行调焦变倍的操作，并可通过控制主机实现在多路摄像机及云台之间切换。利用特殊的录像处理模式，操作人员可对图像进行录入、回放、处理等，使录像效果最佳。

3. 视频监控系统相关图纸

（1）电缆和设备的图形符号，如图 5-27 和图 5-28 所示。

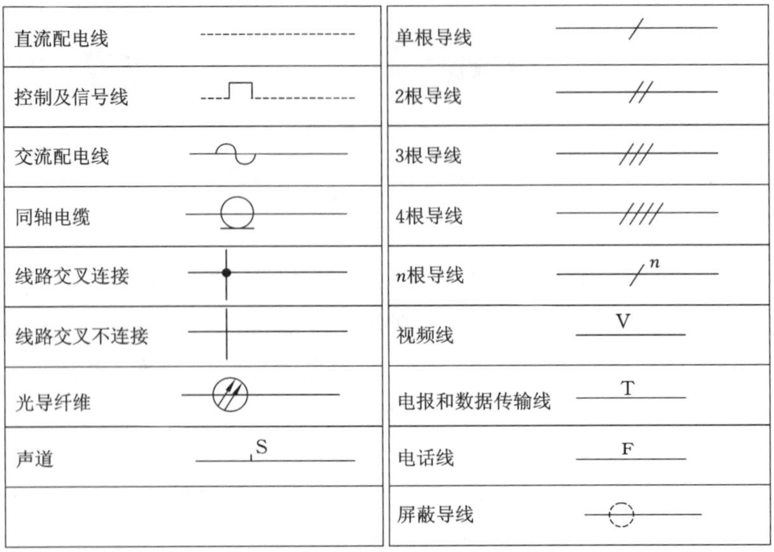

图 5-27　电缆的图形符号

(2) 视频监控系统系统图,如图 5-29 所示。

(3) 视频监控系统平面图,如图 5-30 所示。

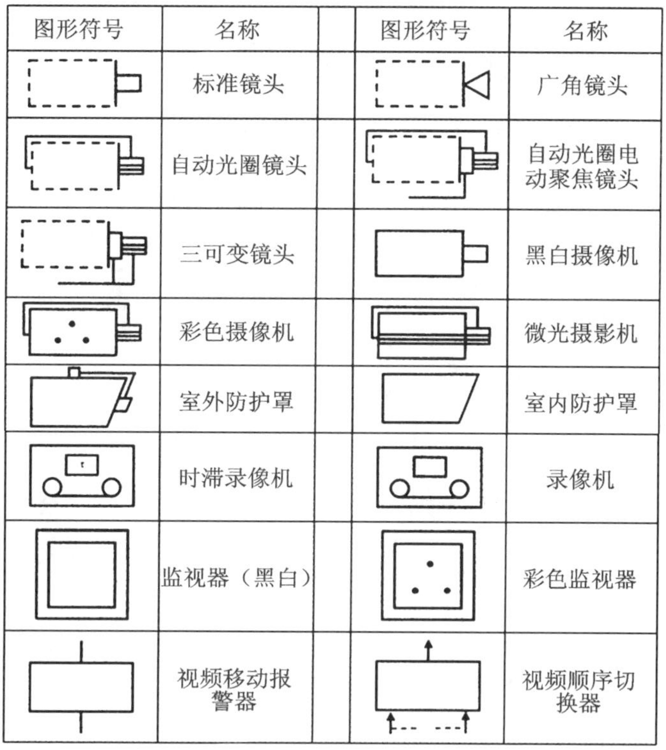

图 5-28　设备的图形符号

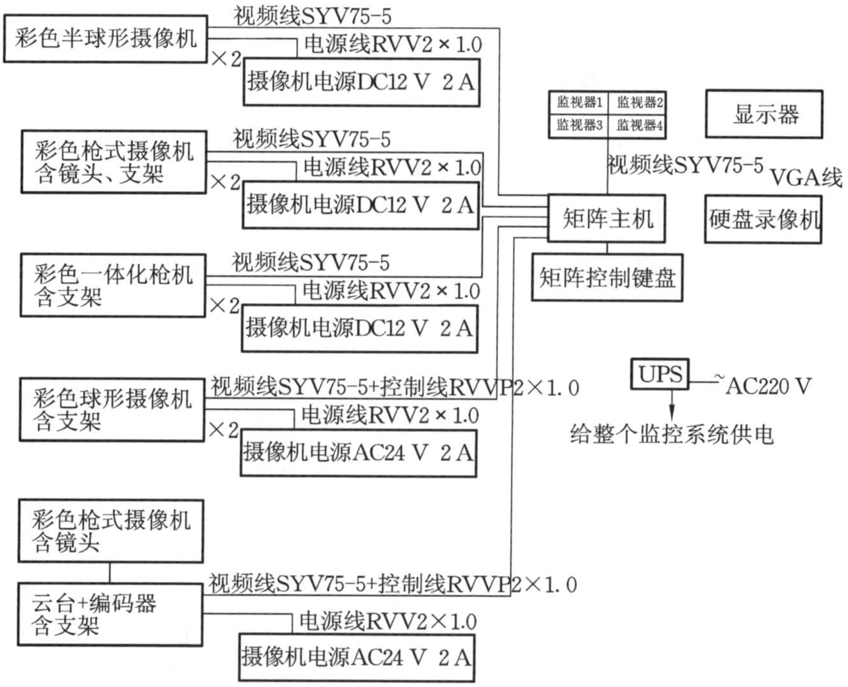

图 5-29　视频监控系统系统图

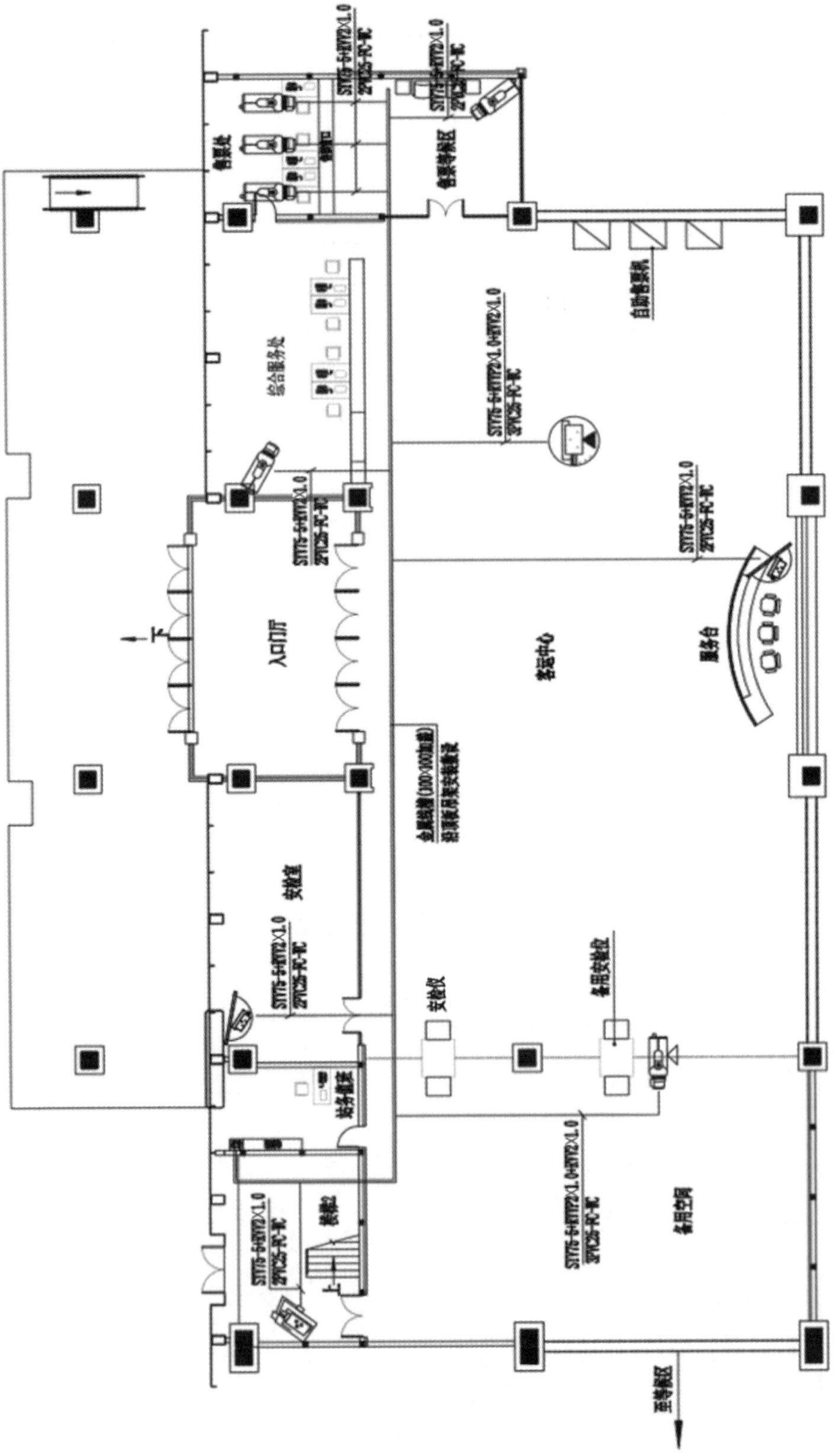

图 5-30 视频监控系统平面图

5.3.3　防盗报警系统

防盗报警系统是用物理方法或电子技术，自动探测发生在布防区域内的侵入事件，并产生报警信号，锁定报警部位，提示可能采取对策的系统。

防盗报警系统是预防抢劫、盗窃等意外事件的重要设施。一旦发生突发事件，防盗报警系统就能通过声、光等报警信号在安保控制中心准确显示出事地点，便于迅速采取应急措施。

防盗报警系统一般由探测器、信号传输系统、控制器和报警控制中心四个部分组成，如图 5-31 所示。

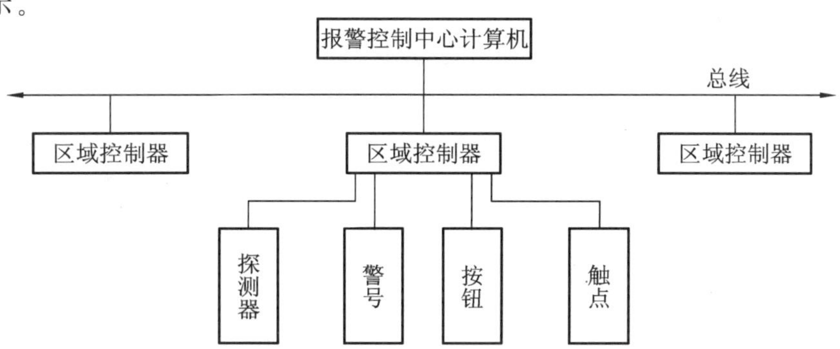

图 5-31　防盗报警系统系统图

1. 防盗报警探测器

防盗报警探测器是为了适应不同场所、不同环境、不同地点的探测要求，在系统的前端需要探测的现场安装一定数量的各种类型的探测器、探测入侵者移动或其他动作的电子或机械部件形成的装置。传感器把压力、振动、声响、电磁场等物理量转换成易于处理的电量（电压、电流、电阻）。

2. 信号传输系统

信号传输系统将探测器感应到的入侵信息传送至监控中心。传输方式应满足以下要求：①必须能快速、准确地传输探测信号；②根据警戒区域的分布、传输距离、环境条件、系统性能要求及信息容量来选择；③应优先选用有线传输，当布线困难时，选用无线传输。

3. 监控中心

监控中心的功能是负责监视从各种保护区域送来的探测信息，经终端设备处理后，以声、光形式报警并在报警屏显示、打印。选择控制器时，应满足以下条件：

（1）具有防破坏功能，入侵者使线路发生开路或短路时，控制器能及时报警。

（2）具有自检功能，在开机或交接班时，控制器能对系统进行检测。

（3）具备主电与备电切换功能，交流电停电后，控制器仍能在备用电源供电的情况下继续工作。

（4）具有打印记录功能和报警信号外送功能。

（5）控制器工作稳定可靠，减少出现误报和漏报的情况。

（6）能对声音、图像、录像、灯光等进行自动联动。

4. 报警验证与出击队伍

比较复杂的报警系统会对报警信号进行复核，以检验报警的准确性。根据监控中心的指示，安保人员迅速前往报警地点，抓获入侵者，制止入侵行为。

思政小课堂

安防+新零售，无人便利店精彩亮相

《辉煌中国》的热播，让不少朋友在朋友圈中发出"生在中国，我骄傲"的自豪感叹。回顾过去，在中国制造、一带一路等利好政策下，中国正在以一种令世界惊讶的速度发展。其中，安防是"辉煌中国"这幅画卷中一道亮丽的风景线。生在中国，值得骄傲；作为安防人，值得自豪。

巡逻机器人、智能锁、人脸识别、无人便利店、智慧物流、二维码支付……《辉煌中国》不仅展现了中国的创新实力，还展示了安防行业的创新成果。在第五集中，一段9秒的视频让人们再次惊叹于监控的智能化程度。在视频中，行人的年龄、性别、服饰等细节都可以被智能"天眼"自动识别，并贴上标签。外行人看热闹，内行人看门道。根据视频，我们可以推测此监控系统运用了深度学习、视频特征提取分析等技术，通过对视频监控进行结构化分析，成功在海量监控数据中抓取性别、年龄等特征。进入大数据时代，监控视频销售量不再是安防企业比拼的唯一选项，监控摄像头的"智商"正成为安防企业比拼的重点。《辉煌中国》中的"天眼"就是安防比拼的战果。

在智能制造的"推波助澜"下，中国机器人制造产业蓬勃发展。从视频中，我们可以看到：园区有巡逻机器人在巡查；工厂有机器人在制作零件；仓库有机器人在搬运。随着科技的发展，机器人开始在制造领域大显身手，在安防领域更是表现不俗。除了《辉煌中国》中展现的机器人巡检功能，安防机器人还能实现抢险救灾、地质灾情预警、车位引导、看护老人和儿童等功能。在平安城市建设中，警用机器人正成为警务人员的最佳助手。

在《辉煌中国》纪录片中，无人便利店也精彩亮相。在视频中，消费者面向镜头微笑就自动付款成功。看上去很简单，实际上"微笑支付"的实现离不开RFID、监控摄像头、人脸识别、传感器等多种安防设备的通力合作。安防技术在无人便利店中的使用，也让安防人看见新零售带来的新机遇。目前，安防系统主要通过监控摄像头设备及人脸识别技术对到访消费者进行数据分析，通过停留时间及购买物品等大数据，勾勒用户画像。

近年来，安防企业砥砺奋进，以创新为矛，以专利为盾，在全球化的浪潮中乘势而起，在世界安防领域占据重要地位，为我国成为世界强国"添砖加瓦"。

技能考核

姓名____________　班级____________　学号____________　成绩____________

一、简答题

1.安全防范系统一般分为哪些子系统，它们的功能有哪些？

2.视频监控系统由哪些部分组成？

3.防盗报警系统由哪些部分组成？

二、识图题

看图填空。

图 5-32 所示为访客对讲系统图。该系统由三个分区和一个________组成。各分区内楼栋由________________连接，经______________和______________由光纤与监控中心相连。图中，围墙机在分片区三内，围墙机可以呼叫整个小区的所有住户家中的室内机，也可以呼叫__________。当围墙机呼叫，对方接听后，对方可以打开围墙机控制的________。

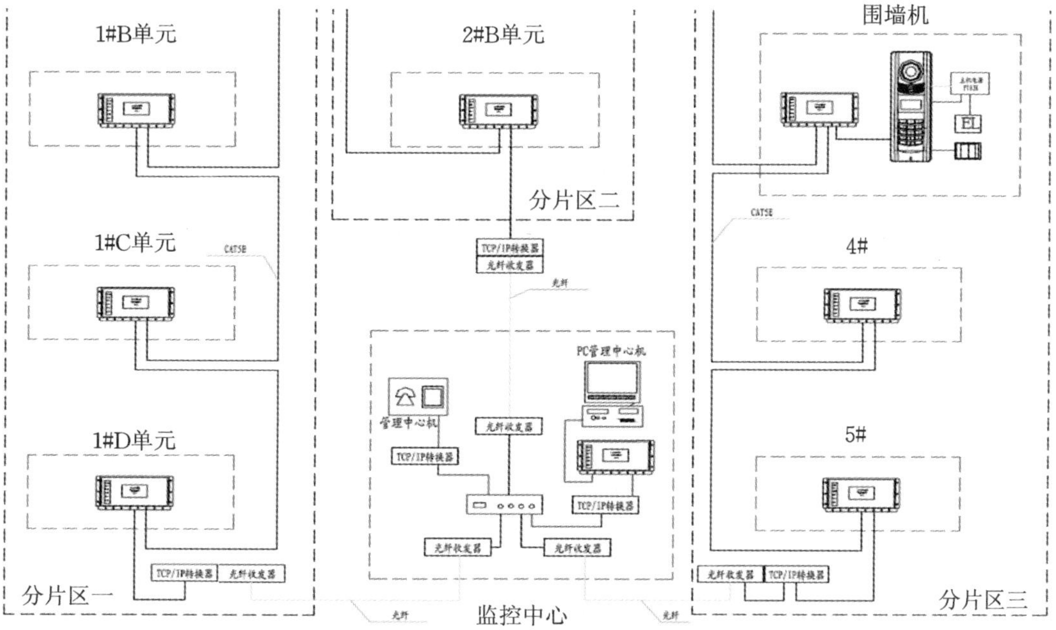

图 5-32　访客对讲系统图

模块6

通风、空调工程设备与识图

6.1 通风工程识图

任务描述

(1)了解通风工程的分类。
(2)了解通风工程系统组成。
(3)认识通风工程常用设备。
(4)掌握通风工程施工图的识图。

任务目标

结合学生情况,以课程标准和岗位能力需求为依据,确定任务目标。
(1)熟悉通风工程中的设备。
(2)认识通风工程施工图中常用的图例。
(3)掌握通风工程施工图的识读方法。
(4)能读懂通风工程专业施工图图纸。

相关技能点

6.1.1 通风工程的分类

通风就是把室外的新鲜空气适当处理后(如净化加热等)送进室内,把室内的废气(经消毒、除害)排至室外,从而保持室内空气的新鲜和洁净。

通风工程有三种分类方法。

(1) 按通风系统的动力划分,通风工程可分为自然通风和机械通风。

自然通风,就是打开窗户等进行通风。自然通风分为风压作用下的自然通风和热压作用下的自然通风,如图 6-1 和图 6-2 所示。

机械通风是自然通风不能满足要求的时候,利用风机设备达到通风换气的目的。在机械通风中,采用机械排风、自然补风,当自然补风不能满足要求的时候,要采用机械补风。

(2) 按通风系统的作用范围划分,通风工程可分为全面通风和局部通风。

全面通风是稀释空气中的污染物的方式。在条件限制、污染源分散或不确定时,采用局部通风难以保证卫生,应采用全面通风,如图 6-3 所示。

局部通风是对确定的污染物源头的污染物气体进行捕集、净化,排放至室外的方式,如图 6-4 所示。

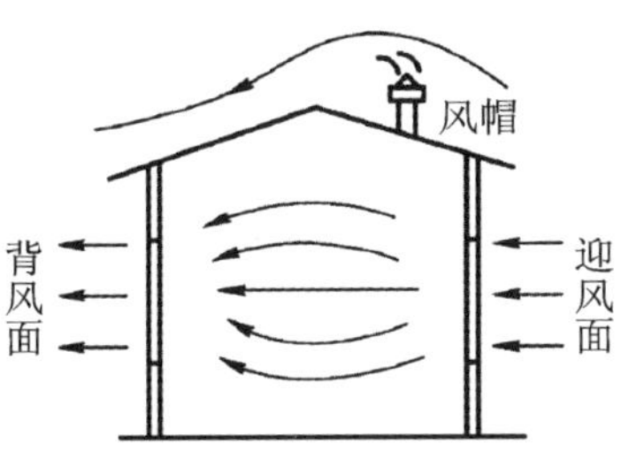

图 6-1　风压作用下的自然通风图

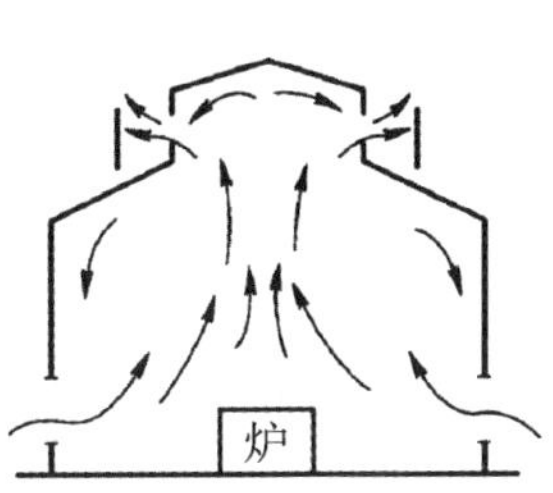

图 6-2　热压作用下的自然通风

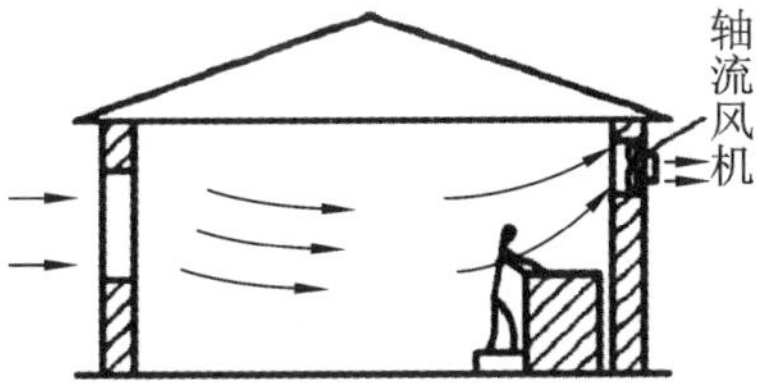

图 6-3　全面通风

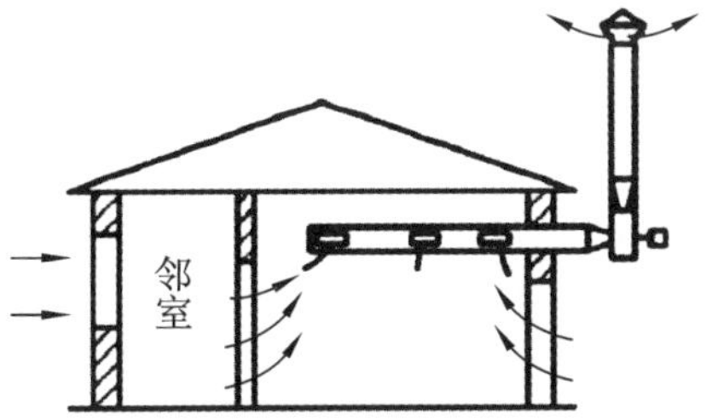

图 6-4　局部通风

(3) 按通风系统的特征划分，通风工程可分为进气式通风和排气式通风。

把新鲜空气或经过净化符合卫生标准的空气送入室内，称为进风或进气式通风；把不符合卫生标准的污染空气排到室外，称为排风或排气式通风。

在实际应用当中，各种通风方法常联合使用：风机全面通风和局部排风联合使用；全面通风和局部进风联合使用；风机全面通风和局部进、排风联合使用等。不论采用哪种方法，都应根据卫生技术要求、建筑物和生产工艺特点，以及经济适用等具体情况来决定。

6.1.2　通风工程系统组成

通风工程系统由送风系统和排风系统组成。

1. 送风(给风)系统组成(J 系统)

送风(J)系统由新风口、空气处理室、通风机、送风管、回风管、送(出)风口、吸(回、排)风口、管道配件(管件)、管道部件等组成，如图 6-5 所示。

(1) 新风口：新鲜空气入口。

(2) 空气处理室：空气在此进行过滤、加热、加湿等处理。

(3) 通风机：将处理后的空气送入送风管。

(4) 送风管：将通风机送来的空气送到各个房间。送风管上安装有调节阀、送风口、防火阀、检查孔等部件。

(5) 回风管：也称排风管，将浊气吸入管道，送回空气处理室。管道上安有回风口、防火阀等部件。

(6) 送(出)风口：将处理后的空气均匀送入房间。

(7) 吸(回、排)风口:将房间内的浊气吸入回风管道,送回空气处理室处理。

(8) 管道配件(管件):弯头、三通、四通、异径管、法兰盘、导流片、静压箱等。

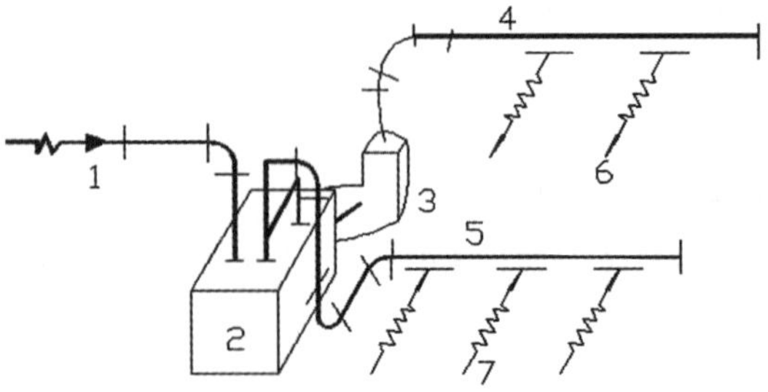

图 6-5　送风(J)系统组成示意图

1—新风口;2—空气处理室;3—通风机;4—送风管;5—回风管;6—送(出)风口;7—吸(回、排)风口

(9) 管道部件:风口、阀、排气罩、风帽、检查孔、测定孔,以及风管支、吊、托架等。

2. 排风(P)系统组成

排风系统一般有 P 系统、侧吸罩 P 系统、除尘 P 系统几种形式,如图 6-6 所示。该系统由排风口、排风管、排风机、风帽、除尘器、其他管件和部件组成。

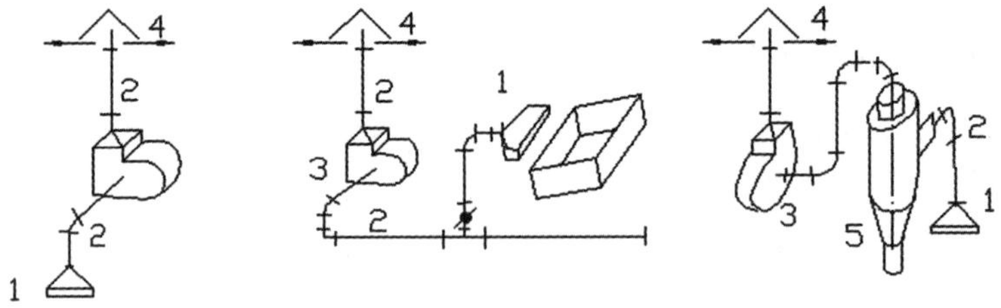

(a) P系统　　(b) 侧吸罩P系统　　(c) 除尘P系统

图 6-6　排风(P)系统组成示意图

1—排风口;2—排风管;3—排风机;4—风帽;5—除尘器

(1) 排风口:将浊气吸入排风管,有吸风口、侧吸罩、吸风罩等部件。

(2) 排风管:输送浊气的管道。

(3) 排风机:用机械能量将浊气从排风管中排出。

(4) 风帽:安装在排风管的顶部,防止空气倒灌及雨水灌入排风管的部件 。

(5) 除尘器:用排风机的吸力将带灰尘及有害质粒的浊气吸入除尘器,将尘粒集中排出,如旋风除尘器、袋式除尘器、滤尘器等。

(6) 其他管件和部件:与送风系统相同。

6.1.3　通风工程常用设备

1) 通风机

常用的通风机有一般用途通风机、排尘通风机、高温通风机、防爆通风机、防腐通风机、防排烟通风机、屋顶通风机和射流通风机。图 6-7 所示为工业拍尘排烟离心式通风机。图

6-8 所示为离心式通风机的构造。

图 6-7　工业拍尘排烟离心式通风机

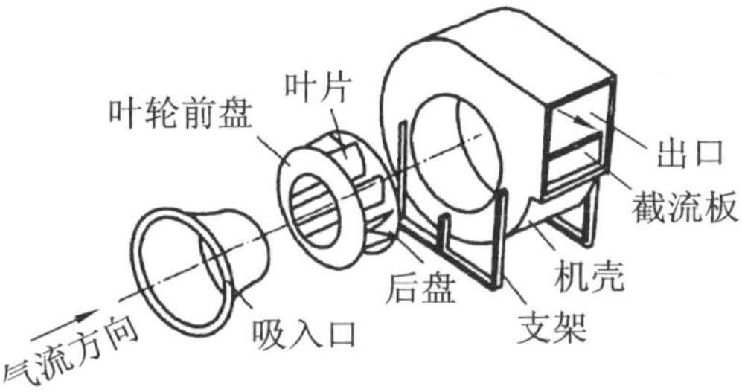

图 6-8　离心式通风机的构造

2）风阀

通风空调系统中的风阀主要用于启动风机，关闭风道、风口，调节管道内空气量，平衡阻力等。调节阀安装于风机出口的风道、主干风道、分支风道上或空气分布器之前。根据调节阀的作用不同，风阀分为多叶调节阀、防火阀、蝶阀、止回阀、矩形风管三通调节阀、密闭式斜插板阀和启动阀等，如图 6-9 所示。

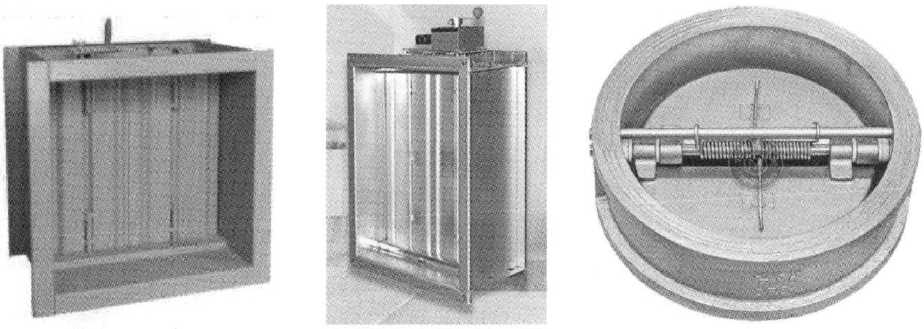

（a）多叶调节阀　（b）防火阀　（c）蝶阀

图 6-9　几种常见的风阀

3）风口

风口是通风系统的重要部件，其作用是按照一定的流速，将一定量的空气送到用气的场所或从排气点排出。通风（空调）工程中使用最广泛的是铝合金风口，表面经氧化处理，具有良好的防腐、防水性能。

目前常用的风口有格栅风口、地板回风口、条缝型风口、百叶风口（固定百叶风口、活动百叶风口）和散流器等。

风口可按具体功能分为新风口、排风口、回风口、送风口等。新风口将室外清洁空气吸入管网；排风口将室内或管网内空气排到室外；回风口将室内空气吸入管网；送风口将管网内空气送入室内。

常见的风口及配件如表 6-1 所示。

表 6-1　常见的风口及配件

风口及配件	图示
FK-2、FK-20 单层百叶风口：调节百叶式送风口，可用于回风系统，可以配过滤器和多叶对开调节阀	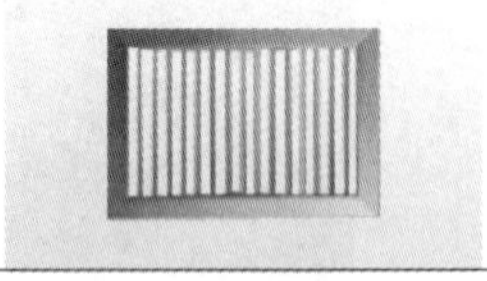
FK-11 多叶对开调节阀、FK-13 圆形对开调节阀：FK-11 常用于 FK 系列风口、散流器，以调节风量；FK-13 常用于 FK-8、FK-9 等圆形风口；调节阀采用涡轮、蜗杆调节，0～90 ℃，任意调节	
FK-5 风口过滤器：此过滤器外观漂亮，重量轻、阻力小、效率高，防火、防潮，寿命长，清洗方便(用清水冲洗)	
FK-1、FK-19 双层百叶风口：调节百叶式送风口，可直接与风机盘管配套使用，可用于集中空调系统的末端，叶片角度可在任意范围内调节，叶片在不同角度可得到不同的送风距离和不同的扩散角	
FK-10、FK-31 四面吹散流器(方形散流器)：气流为贴附(平送)型，适用于吊顶送风系统；按性能确定颈部的风速，还需考虑安装的高度及场合；中间叶片蕊可拆卸，便于安装、调试	
FK-37 矩形散流器：气流为贴附(平送)型，适用于顶棚送风；中间叶片蕊可拆卸，便于安装	
旋流风口：送出旋转射流，具有诱导比大、风速衰减快等特点；在通风空调系统中可进行大风量、大温差送风，以减少风口数量；可用于 3 m 内的低空间送风，也可用于 10 m 高的大面积空间送风	
FK-8、FK-9 圆形散流器：用于冷暖送风，常安装在顶棚上，吹出气流呈贴附(平送、下送)型，可以供给较大的风量，在给定的风量范围内扩散半径可变化，可与 FK-13 圆形对开调节阀配套使用	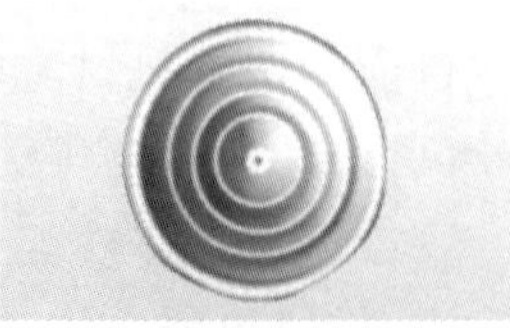
FK-47 蛋格风口：结构简单，压力损失小，用于顶棚送风和回风，可与通风器配套使用	

续表

风口及配件	图示
FK-4、FK-27侧壁格栅风口：结构简单，压力损失小，用于顶棚送风和回风，可与通风器配套使用	
FK-18条形风口：可用作回风口和新风口，风口后面可加铝网	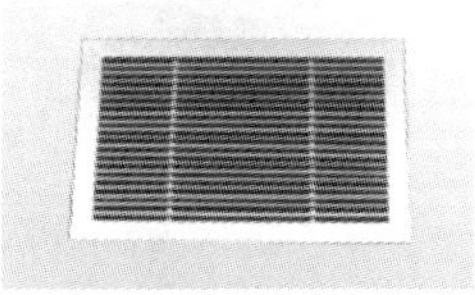
FK-12可开侧壁格栅风口：可用作回风口，配过滤网可用作检修口；不宜太大；亦称为铰接式风口	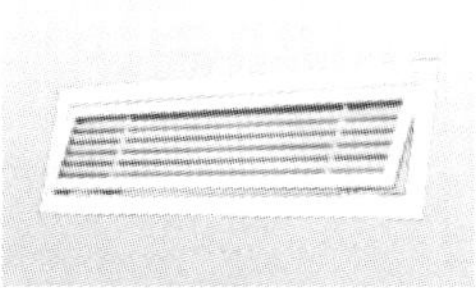

4）局部排风罩

排风罩的主要作用是排出工艺过程或设备中的含尘气体、余热、余湿、毒气、油烟等。按照工作原理不同，局部排风罩可分为以下几种类型。

(1) 密闭罩：把有害物全部密封在罩内，从罩外吸入空气，使罩内保持负压；只需较小的排风量就能对有害物进行有效控制。用于除尘系统的密闭罩也称防尘密闭罩。

(2) 柜式排风罩：结构与密闭罩相似，只是罩的一面敞开；可作为大型室内通风柜，操作人员可以直接进入柜内工作。

(3) 外部吸气罩：利用排风气流的作用，在存在有害物的地点以一定的吸入速度，使有害物吸入罩内。

(4) 接受式排风罩：有些生产过程或设备本身会产生或诱导一定的气流运动，如高温热源上部的对流气流等，对于这类情况，只需把排风罩设在污染气流前方，有害物会随气流直接进入罩内。

图6-10为柜式排风罩和外部吸气罩。

5）除尘器

除尘器的种类很多，一般根据主要除尘机理的不同分为重力、惯性、离心、过滤、洗涤、静电等六类；根据气体净化程度的不同分为粗净化、中净化、细净化与超净化等四类；根据除尘器的除尘效率和阻力的不同分为高效、中效、初效和高阻、中阻、低阻等五类。图6-11所示为除尘器。

6）消声器

消声器是一种能阻止噪声传播，同时允许气流顺利通过的装置。在通风空调系统中，消声器一般安装在风机出口水平总风管上，用来降低风机产生的空气动力噪声。消声器也可以安装在各个送风口前的弯头内，用来阻止或降低噪声由风管向空调房间传播。消声器的结构及种类很多，常用的消声器有阻抗复合式消声器、管式消声器、微孔板式消声器、片式消声器、折板式消声器，以及消声弯头等，如图6-12所示。

图 6-10　柜式排风罩和外部吸气罩

图 6-11　除尘器

图 6-12　阻抗复合式消声器、管式消声器和消声弯头

7）空气幕

空气幕利用条形空气分布器喷出一定速度和温度的幕状气流，来封闭大门、门厅、通道、门洞、柜台等，减少或隔绝外界气流的侵入，以维持室内或某工作区域的环境条件，还可以阻挡粉尘、有害气体及昆虫的进入。空气幕的隔热、隔冷、隔尘、隔虫等特性不仅可以维护室内环境，而且可以节约建筑能耗。安装在大门上的空气幕如图 6-13 所示。

图 6-13　安装在大门上的空气幕

空气幕可由空气处理设备、风机、风管系统及空气分布器组成。空气幕按照空气分布器的安装位置分为上送式、侧送式和下送式三种；按照送风气流的加热状态分为非加热空气幕和加热空气幕。

6.1.4　通风工程识图

1. 图线

通风工程施工图中采用的线应符合《暖通空调制图标准》(GB/T50114—2010)的要求，如表 6-2 所示。

表 6-2　通风工程施工图中采用的线

名称		线宽	一般用途
实线	粗	b	单线表示的供水管线
	中粗	$0.7b$	本专业设备轮廓，双线表示的管道轮廓
	中	$0.5b$	尺寸、标高、角度等标注线及引出线；建筑物轮廓
	细	$0.25b$	建筑布置的家具、绿化等；非本专业设备轮廓
虚线	粗	b	回水管线及单线表示的管道被遮挡的部分
	中粗	$0.7b$	本专业设备及双线表示的管道被遮挡的轮廓
	中	$0.5b$	地下管沟、改造前风管的轮廓线；示意性连线
	细	$0.25b$	非本专业虚线表示的设备轮廓等
波浪线	中	$0.5b$	单线表示的软管
	细	$0.25b$	断开界线
单点长画线		$0.25b$	轴线，中心线
双点长画线		$0.25b$	假想或工艺设备轮廓线
折断线		$0.25b$	断开界线

2. 风道的代号

风道的代号如表 6-3 所示。

表 6-3　风道的代号

代号	风道名称	代号	风道名称
K	空调风管	H	回风管(一、二次回风可附加 1、2 区)
S	送风管	P	排风管
X	新风管	PY	排烟管或排烟排风共用管

3. 系统代号

系统代号如表 6-4 所示。

表 6-4　系统代号

序号	字母代码	系统名称	序号	字母代码	系统名称
1	M	室内供暖系统	3	X	新风系统
2	L	制冷系统	4	H	回风系统

续表

序号	字母代码	系统名称	序号	字母代码	系统名称
5	R	热力系统	11	P	排风系统
6	K	空调系统	12	JS	加压送风系统
7	T	通风系统	13	PY	排烟系统
8	J	净化系统	14	P(Y)	排风兼排烟系统
9	C	除尘系统	15	RS	人防送风系统
10	S	送风系统	16	RP	人防排烟系统

4. 通风工程常用图例

通风工程常用图例如表 6-5 至表 6-7 所示。

表 6-5　风管及部件的图例

图形符号	说明	图形符号	说明
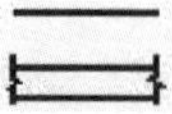	风管	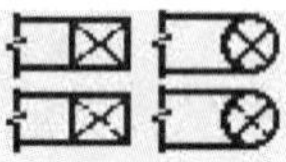	送风管(可见剖面、不可见剖面)
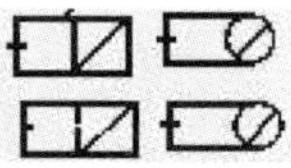	排风管(可见剖面、不可见剖面)	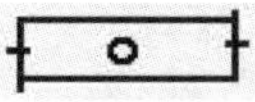	风管测定孔
	异径管		柔性接头(中间部分也适用于软风管)
	异形管(天圆地方)		弯头
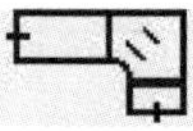	带导流片弯头		圆形三通
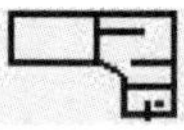	消声弯头	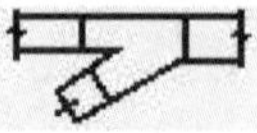	矩形三通
	风管检查孔	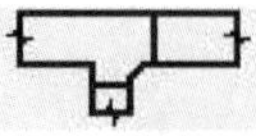	伞形风帽
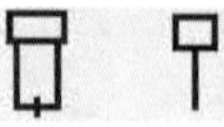	筒形风帽		百叶窗

续表

图形符号	说明	图形符号	说明
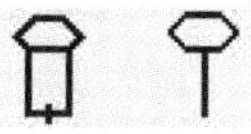	锥形风帽		插板阀(也适用于斜插板)
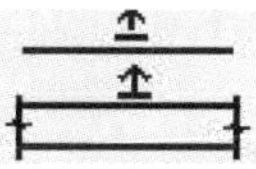	送风口	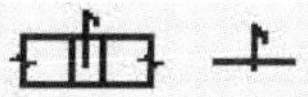	蝶阀
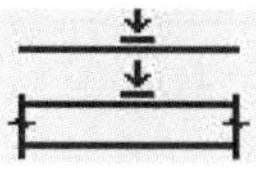	回风口	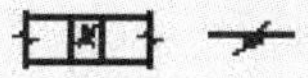	对开式多叶调节阀
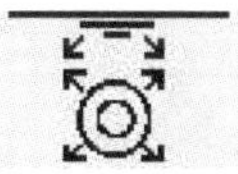	圆形散流器(上图为剖面、下图为平面)		光圈式启动调节阀
	方形散流器(上图为剖面、下图为平面)		风管止回阀
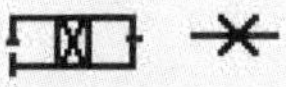	防火阀	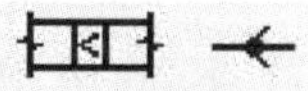	电动对开多叶调节阀
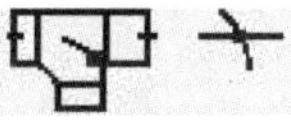	三通调节阀		

表 6-6　通风空调设备的图例

图形符号	说明	图形符号	说明
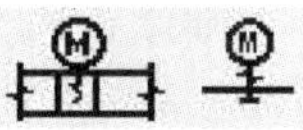	通风空调设备(左图适用于带传动部分的设备、右图适用于不带传动部分的设备)		加湿器
	空气过滤器		电加热器
	消声器		减振器
	空气加热器	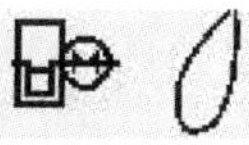	离心式通风机
	空气冷却器		轴流式通风机
	风机盘管		喷嘴及喷雾排管

续表

图形符号	说明	图形符号	说明
	风机(流向为自三角形的底边至顶点)		挡水板
	压缩机		喷雾式滤水器

表 6-7　阀门的图例

图形符号	说明	图形符号	说明
	安全阀		膨胀阀
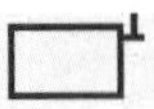	散热放风门		手动排气阀
	散热器三通阀		

5. 通风工程施工图识读

通风工程施工图包括图纸目录、选用图集(纸)目录、设计施工说明、图例、材料表、总图、工艺图、系统图、平面图、剖面图、详图等。

1）设计施工说明

通风工程施工图的设计施工说明的内容有建筑概况、设计标准、系统及设备安装要求、空调水系统、防排烟系统、空调冷冻机房等。

2）平面图和剖面图

平面图表示各层和各房间的通风（包括防排烟）与空调系统的风道、水管、阀门、风口和设备的布置情况,包括风、水系统平面图，空调机房平面图,制冷机房平面图等。

剖面图主要表示设备和管道的高度,确定设备和管道的标高、距地面的高度,设备和管道的垂直间距。

3）风管系统图

风管系统图表示风管系统的空间位置,反映干管、支管、风口、阀门、风机等的位置关系,标有风管尺寸、标高,与平面图结合可说明系统全貌。

4）详图

上述图中未能反映清楚的内容,国家或地区又无标准图时,用详图进行表示。例如,同一平面图中多管交叉安装,须用节点详图表达清楚各管在平面和竖直面上的位置关系。

5）材料表

材料(设备)表列出材料(设备)名称、规格或性能参数、技术要求、数量等。

识读通风工程施工图时,先读设计说明,再识读原理图和系统图,最后识读各层的平面图。在识读过程中,按介质的流动方向读,将原理图、系统图、平面图结合交叉阅读,能达到较好的效果。通风工程平面图和系统图如图 6-14 和图 6-15 所示。

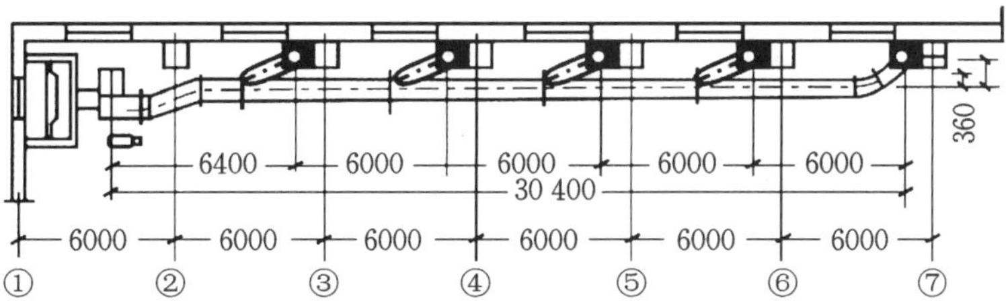

图 6-14　通风工程平面图

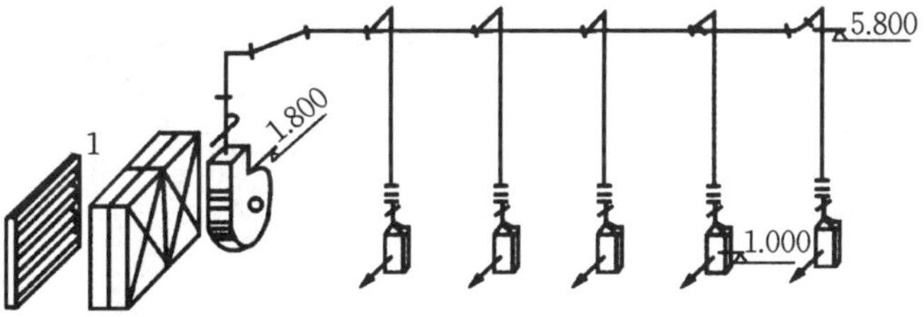

图 6-15　通风工程系统图

6. 通风工程施工图识读实例

下面,我们以某售楼部的实际项目为例,识读它的通风、防排烟图。

如图 6-16 所示,第三层有一个排烟机房,设有三个排烟系统,FDSH 是指防火阀,与通风机、排烟风机连锁,风口采用的是单层百叶排风口。

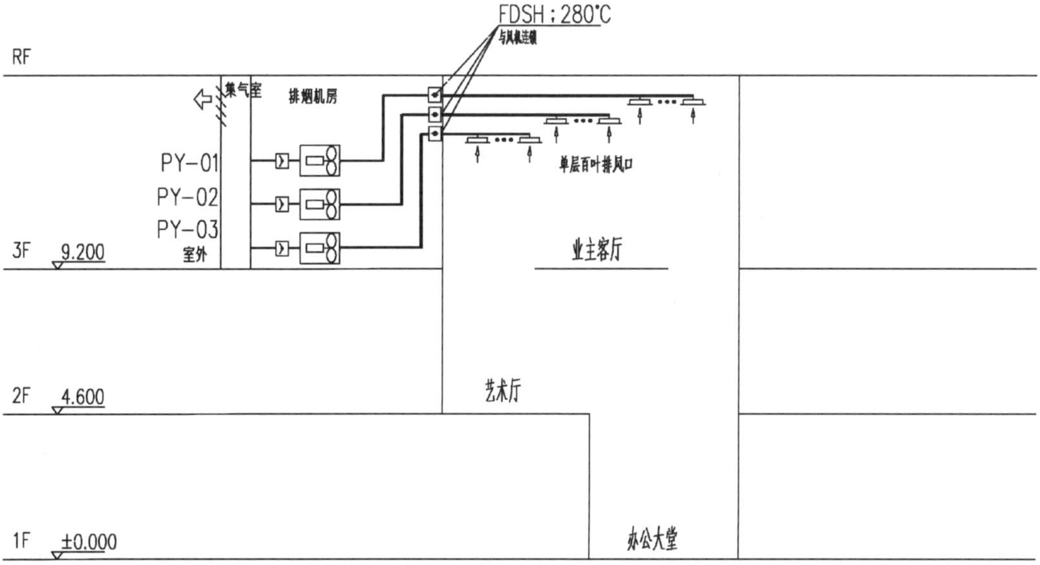

图 6-16　通风、防排烟系统图

如图 6-17 至图 6-20 所示,我们分别对各层的通风、防排烟平面图进行识读指导。

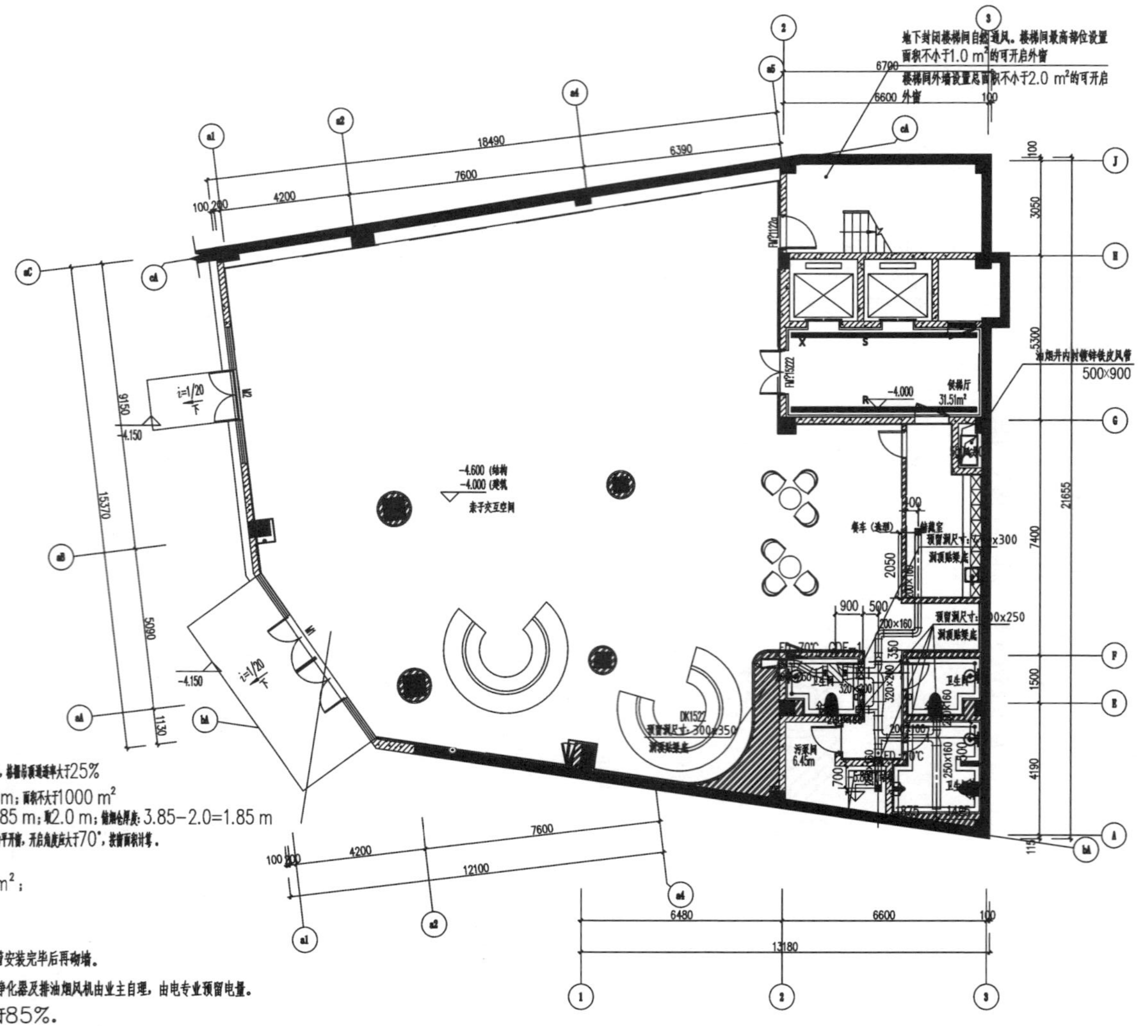

防烟分区　亲子交互空间 328 m²；弧形隔墙不到顶，格栅吊顶通透率大于25%

自然排烟，净高3.85 m考虑：防烟分区长边不大于36 m；面积不大于1000 m²

最小清晰高度为(1.6+0.1×3.85) m=1.985 m；取2.0 m；储烟仓厚度：3.85−2.0=1.85 m

有效开窗高度应为2.0 m~3.85 m；开窗形式为平开窗，开启角度应大于70°，按窗面积计算。

距地1.3~1.5 m设置手动开启装置；

自然排烟窗有效面积要求：328×0.02=6.56 m²；

该区域可开启外窗位置、面积均满足自然排烟条件。

注：1. 所有土建风道里的内衬风管待风管安装完毕后再砌墙。

2. 预留排油烟风井的商铺，油烟净化器及排油烟风机由业主自理，由电专业预留电量。
要求油烟净化器处理效率不低于85%。

3. 后期商业若装有燃气设施，应设置换气次数不小于12次/h的事故排风及补风系统，由商业小业主自理。

图 6-17　地下一层通风、防排烟平面图

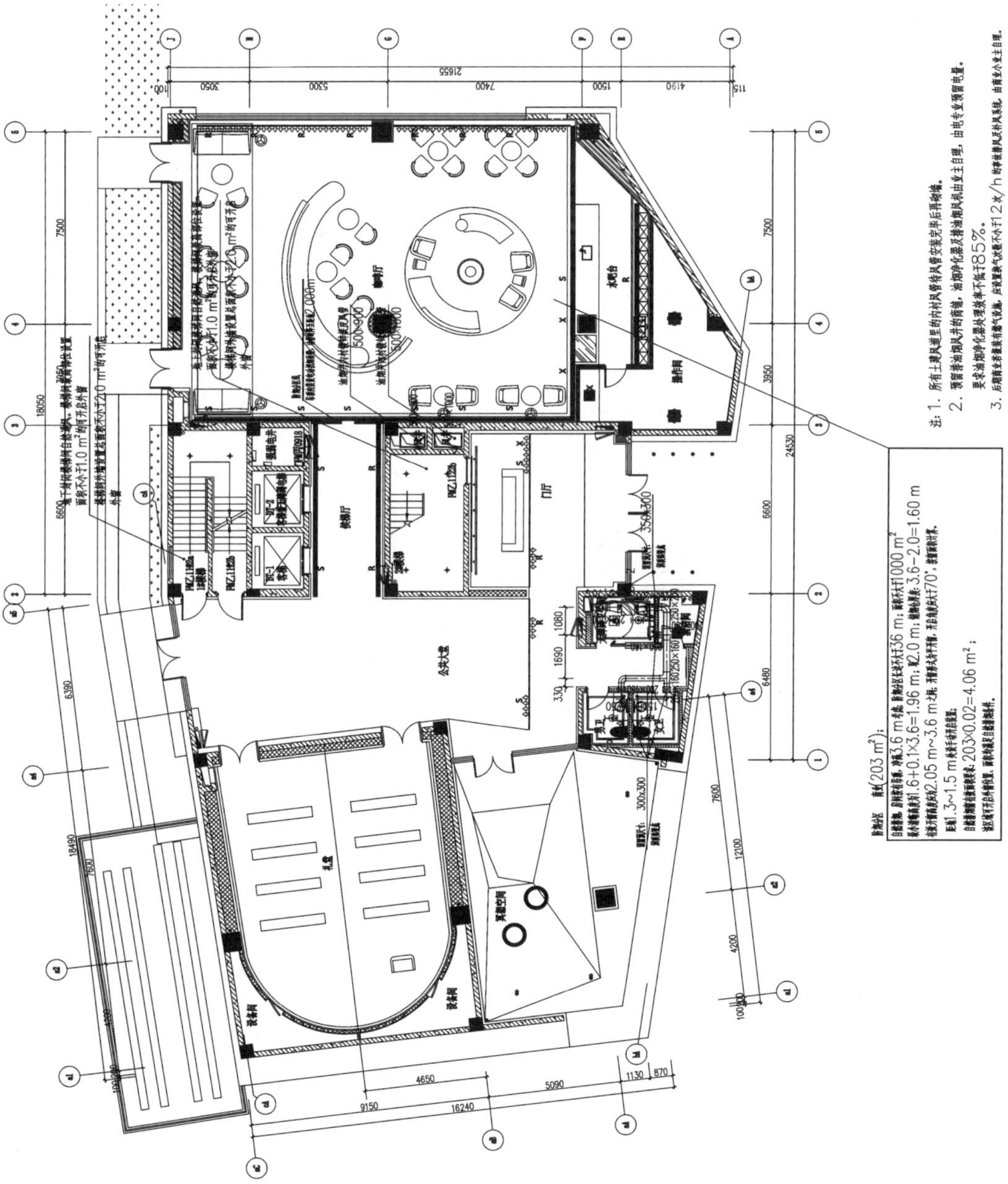

图6-18　一层通风、防排烟平面图

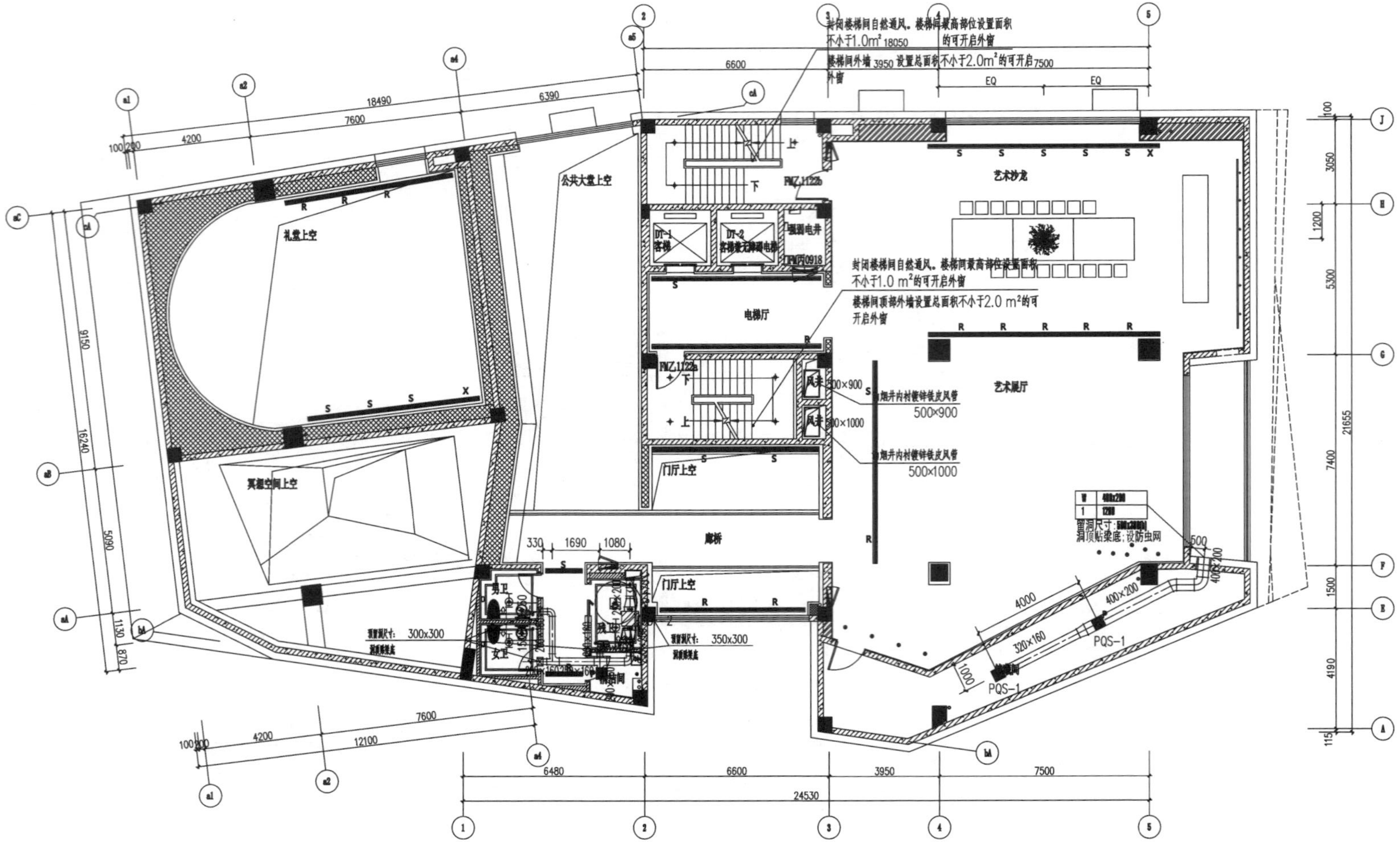

注：1. 所有土建风道里的内衬风管待风管安装完毕后再砌墙。
2. 预留排油烟风井的商铺，油烟净化器及排油烟风机由业主自理，由电专业预留电量。要求油烟净化器处理效率不低于85%。

图6-19　二层通风、防排烟平面图

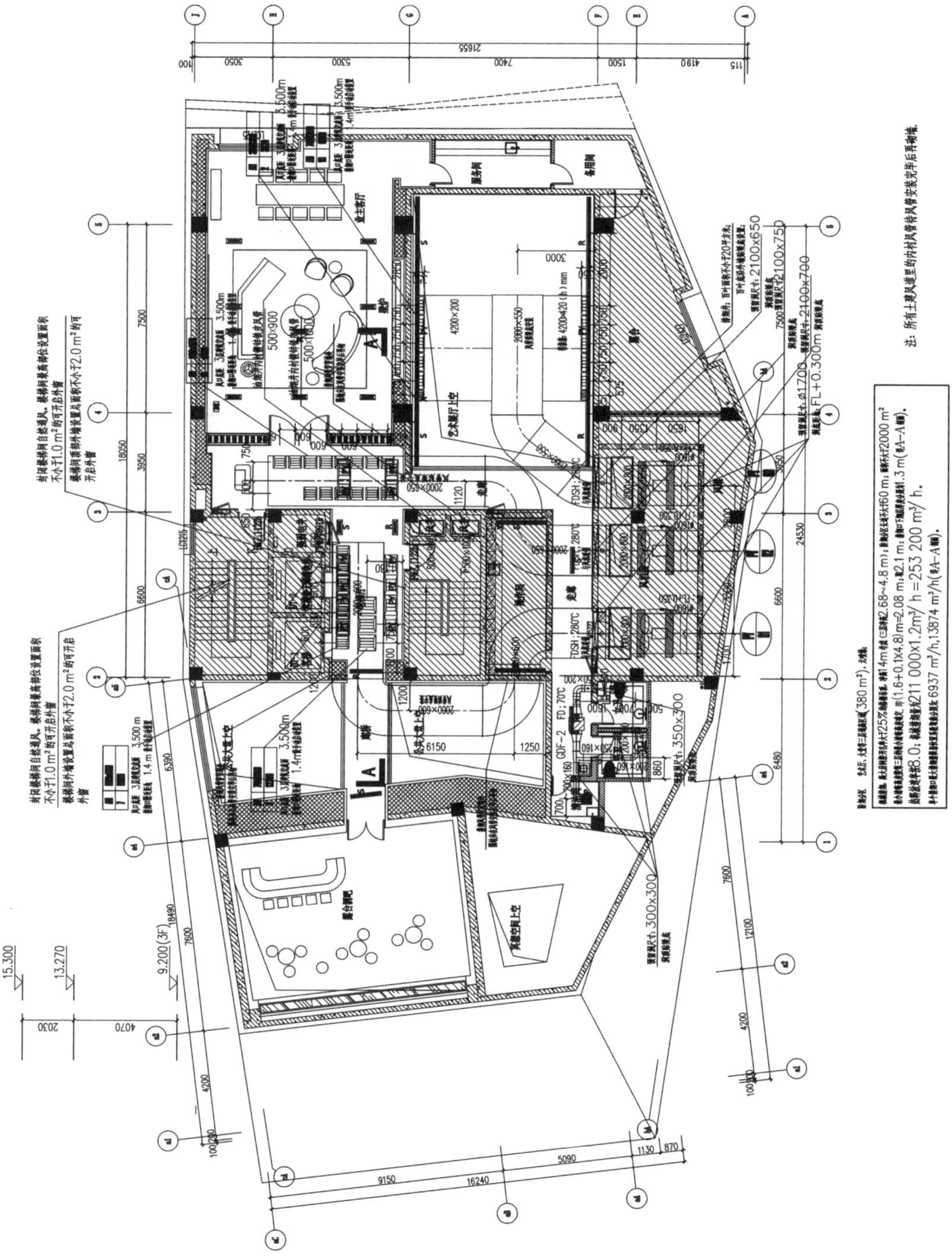

图 6-20　三层通风、防排烟平面图

图 6-17 识图指导：

从地下一层通风、防排烟平面图中，我们可以看到卫生间的区域采用的是机械排风的方式。预留洞口旁有防风阀，GDF 是离心式管道风机，管道的尺寸有 200 mm×160 mm、250 mm×160 mm、320 mm×200 mm等，P 指的是排风，三个箭头指的是风向。亲子交互空间采用自然排烟，按净高 3.85 m 考虑；防烟分区的长边不大于 36 m；面积不大于 1000 m^2，自然排烟窗的有效面积为 328×0.02 m^2＝6.56 m^2。该区域的可开启的外窗的位置、面积均满足自然排烟的要求。

图 6-18 和图 6-19 识图指导：

从一层和二层通风、防排烟平面图中，我们可以看到卫生间和储藏间采用机械排风，其他大空间（包括楼梯间）都采用自然通风。一层的候梯厅与咖啡厅之间有一个防烟分区，吊顶内装设电动挡烟垂壁。二层的储藏间的风口采用的是网状风口，尺寸为 400 mm×200 mm；防护网套用金属网框制作；储藏间安装有两个排气扇，用 PQS 表示。图中，S 表示送风管，X 表示新风管，R 表示热力风管，箭头表示风向。

图 6-20 识图指导：

从三层通风、防排烟平面图中，我们可以看到三层设有风机房，有三个排烟系统；280 ℃防火阀与风机连锁。风管的直径为 1600 mm，FL＋0.350 表示通风管道底面距地面 0.350 m，风道预留洞的直径为 1700 mm，风道底面距地面 0.300 m。卫生间里面也采用的是离心式管道风机 GDF-2。电梯厅和走廊安装有很多排烟风机，标注为 PY。AH 指的是单层格栅风口，叶片水平，500×500 指的是风口尺寸。

思政小课堂

新型冠状病毒感染下的隔离点暖通设计

新型冠状病毒感染具有传播速度快、人传人、物传人、人群普遍易感等特点。因此，在感染暴发时，建立集中点是有效杜绝集中暴发、降低疫情对社会的危害、减轻疫情对社会经济发展影响的重要举措。

隔离点暖通设计重点关注以下几点：

(1) 用于单人单间的人员隔离间，设置分体空调，不设置集中新风，排风集中收纳后经三级过滤高空排放，从通风角度，杜绝人员隔离区空气传播感染。

(2) 卫生间设置吊顶式排气扇并外接排风机，集中收集卫生间排气并经初效、中效、高效过滤后高空排放。

(3) 空调冷凝水集中收集，由给排水专业设置专用冷凝水接驳点，收纳冷凝水并处理达标后排放，不可按家用分体空调的方法，将冷凝水接至室外自然排放。

(4) 隔离区、办公区、入住登记区及清洁区均采用开窗自然通风。

(5) 卫生通过换气次数 20 次；医护进入时，在一更送风，空气由一更正压导入相邻房间，为防止负压过大，相邻房间与一更之间设置通风短管，短管上安装余压阀。同样，医护离开时，在一脱设低位排风；控制压力梯度。空气由各相邻房间空气导入，为防止负压过大，相邻房间与一脱之间设置通风短管，短管上安装余压阀。排风系统设置初、中、高效过滤器，在最高处排放。一脱房间预留带有高效过滤器的移动式空气净化过滤装置插座，方便使用。

(6) 医废处理间设机械排风，风机是净化型风机，内置初、中、高效过滤器，排风经净化后高空排放。

(7) 通风管、排气管和室外空调风管均采用镀锌钢板制作，风管的制作、配件、钢板厚度和允许漏风量等均应符合《通风与空调工程施工质量验收规范》及《通风与空调工程施工规范》的规定。

技能考核

姓名＿＿＿＿＿＿ 班级＿＿＿＿＿＿ 学号＿＿＿＿＿＿ 成绩＿＿＿＿＿

一、简答题

1.通风系统有哪些分类方法？

2.风口是通风系统的重要部件，请举例说明有哪些风口。

二、识图题

识读屋面层通风、防排烟平面图（见图6-21），回答以下问题。

(1)通气管DN50的结构标高是多少？

(2)封闭楼梯间采用的是什么通风方式？

(3)TC1717是什么窗，开启方向是怎样的，尺寸是多少？

(4)油烟井内衬采用的是什么材质的风管，尺寸为多少？

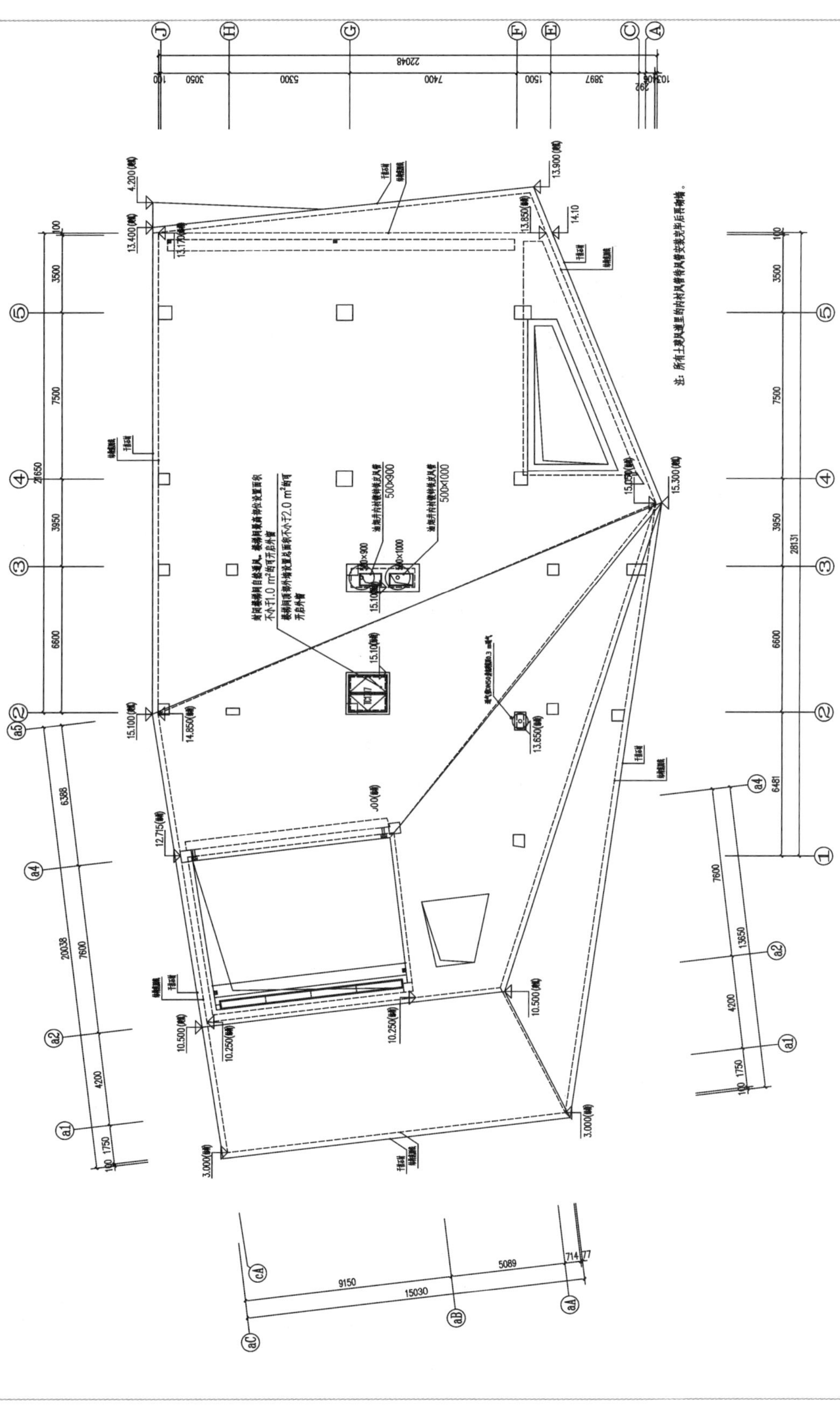

图6-21　屋面层通风、防排烟平面图

6.2 空调工程识图

任务描述

(1)了解空调工程的分类、组成。
(2)了解空调系统的组成。
(3)认识空调工程中常用的设备。
(4)掌握空调工程施工图的识图。

任务目标

结合学生情况,以课程标准和岗位能力需求为依据,确定任务目标。
(1)掌握空调调节的基本原理与空调系统的基本理论。
(2)掌握空调工程施工图的基本规定。
(3)掌握空调工程施工图的识读方法。
(4)能读懂空调工程专业施工图图纸。

相关技能点

6.2.1 空调工程的分类、组成

空调工程是更高级的通风。它不仅要保证送进室内的空气的温度和洁净度,同时要保持一定的湿度和速度。

1. 空调工程的分类

(1) 空调工程按使用要求不同划分,可分为恒温恒湿空调工程、一般空调工程、净化空调工程、除湿空调工程。

(2) 空调工程根据空气处理设备的集中程度划分,可分为集中式空调系统、局部式空调系统、混合式空调系统。

集中式空调系统将空气处理设备(如加热器、冷却器、喷水室、过滤器、风机、水泵等)集中设置在专用机房内。其系统组成一般有空气处理设备、冷冻(热)水系统(组成类同于热水采暖系统)和空气系统(组成类同于机械通风系统)。

局部式空调系统将冷热源、空气处理、风机、自动控制等装备组合在一起,组成空调机组,由厂家生产、现场安装,只供小面积房间或少数房间使用,如窗式空调机、分体式空调机、柜式空调机等。

(3) 空调工程按系统使用新风量的多少划分,可分为直流式空调系统、部分回风式空调

系统、全部回风式空调系统。

(4) 空调工程按负担热湿负荷所用的介质划分，可分为全空气式空调系统、空气-水空调系统、全水式空调系统、制冷剂式空调系统。

(5) 空调工程按风管中空气的流速划分，可分为高速空调系统、低速空调系统。

2. 空调系统的组成

图6-22所示为某空调工程系统图。从图中可以看出，空调工程由空气处理设备、风机、风管(道)、送(回)风口、系统部件等组成。

(1) 空调处理设备对空气进行加热、冷却、加湿、干燥和过滤等处理，以保证房间内空气的设计参数稳定在一定范围内。

(2) 风机包括通风机和排风机。

(3) 风管(道)包括送风管和排风管。

(4) 风口包括送风口和回风口。

(5) 系统部件包括风阀(如多叶调节阀、三通调节阀、防火阀等)、消声器、消声静压箱、与风机相连接的帆布软接头等。

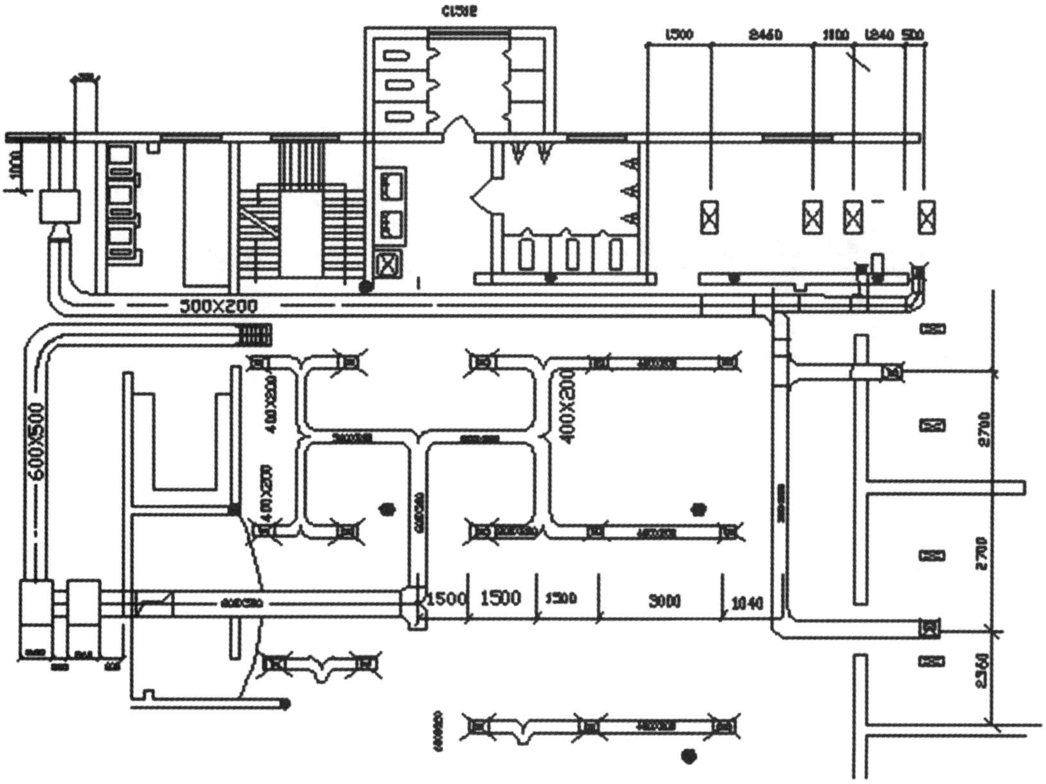

图6-22　某空调工程系统图

3. 空调系统的设计

1) 风机盘管系统

客房、办公室等较小房间采用风机盘管系统提供空调。送风方式根据室内装修情况确定。图6-23和图6-24所示为某饭店客房风机盘管系统平面图和轴测图。

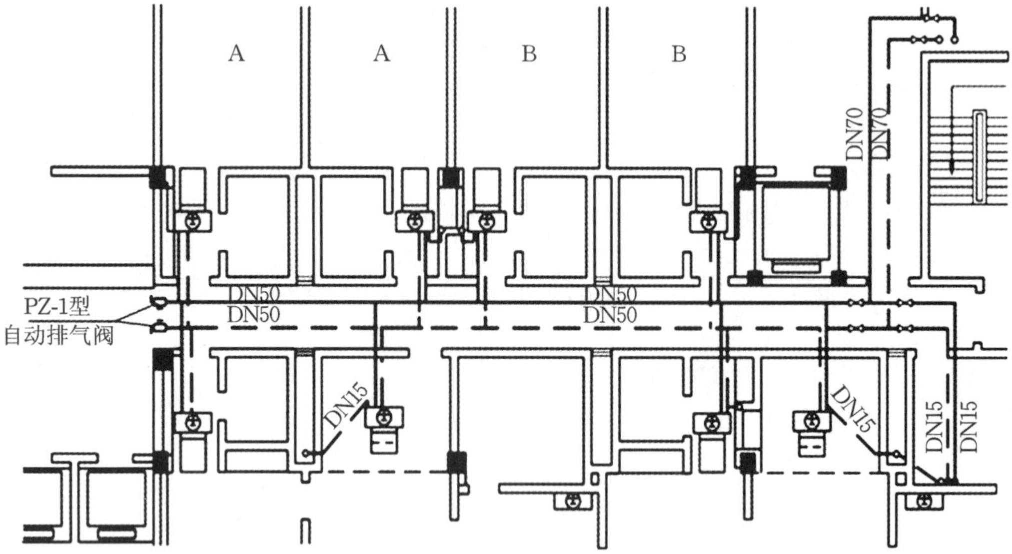

图 6-23　某饭店客房风机盘管系统平面图

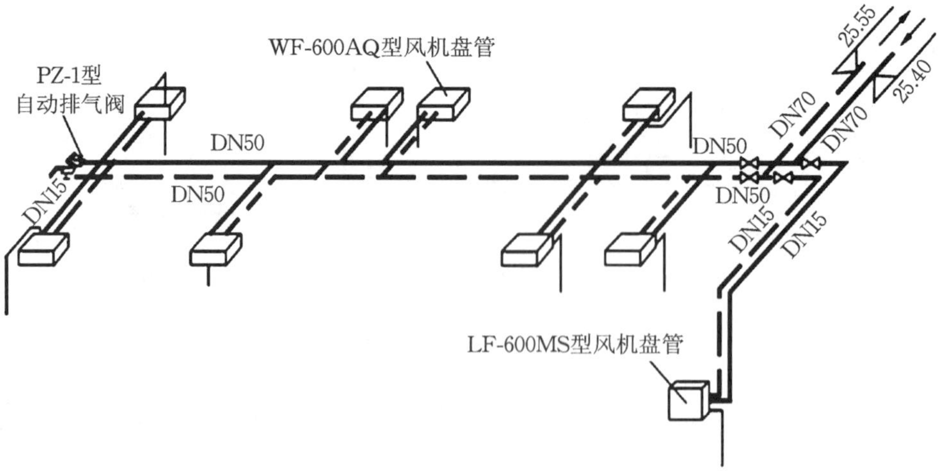

图 6-24　某饭店客房风机盘管系统轴测图

2）全空气单风道空调系统

宴会厅、多功能厅等较大空间采用全空气单风道空调系统提供空调。送风方式根据室内装修情况确定。

3）排风与热回收系统

宴会厅、多功能厅、餐厅等较大空间采用机械排风并采用热管式热回收系统收集排风中的冷量预冷新风。客房、卫生间采用吊顶式排气扇排风，采用乙二醇热回收机组回收排风中的冷量预冷新风。

4）新风空调系统

设置空调系统的房间采用新风空调机组将室外新风处理到设计状态后送入室内。厨房的送风采用全新风空调系统。家庭礼宾区内走道提供空调新风，与客房新风合用同一系统。

新风空调系统也可以与热回收系统组合为新风热回收空调系统。图 6-25 和图 6-26 所示为某饭店客房新风系统平面图和轴测图。

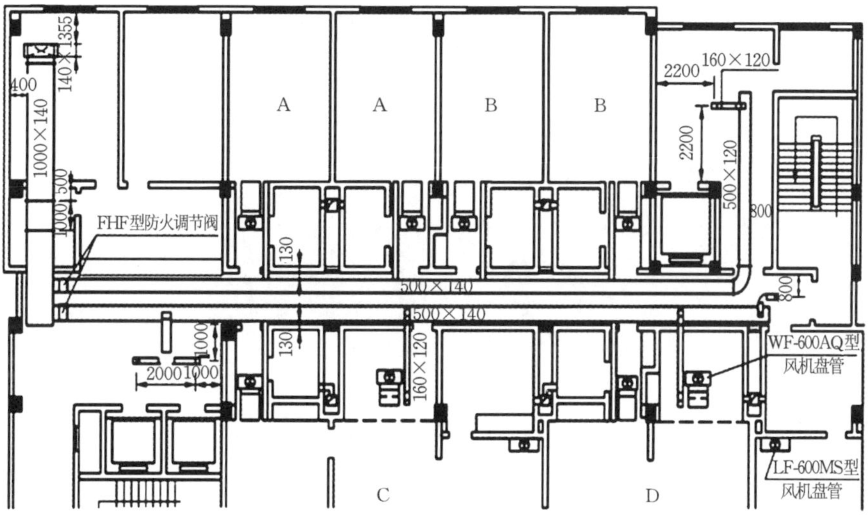

图 6-25　某饭店客房新风系统平面图

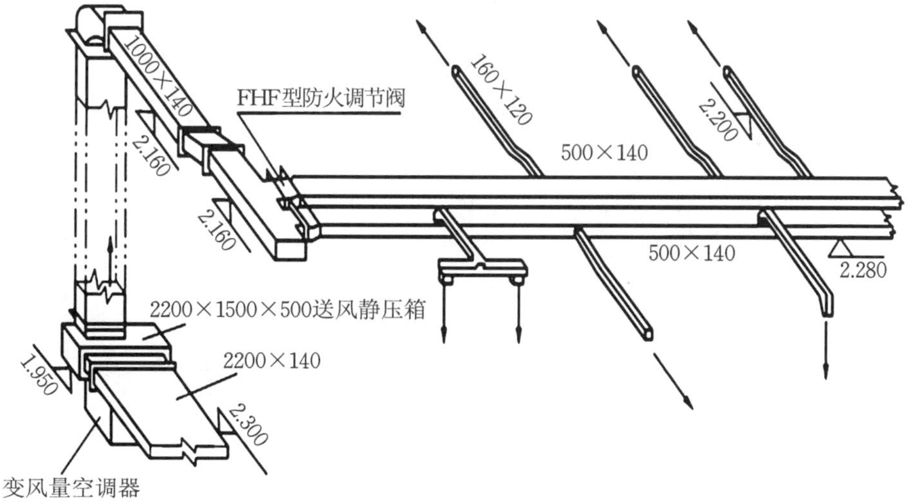

图 6-26　某饭店客房新风系统轴测图

6.2.2　空调工程的设备

1. 空气净化设备

空气净化设备用过滤器将空气中的悬浮尘埃除去。过滤器有初效、中效、高效三种。初效过滤器多用金属丝网、铁屑、瓷环、玻璃丝、粗孔聚氨酯泡沫塑料和人造纤维作为滤料，外形尺寸为 500 mm×500 mm×500 mm。中效过滤器的滤料为玻璃纤维、中细孔聚乙烯泡沫塑料、无纺布，做成抽屉式或袋式。高效过滤器的滤料为超细玻璃纤维和超细石棉纤维，制成纸状。空气净化设备如图 6-27 所示。

图 6-27 空气净化设备

2. 表面式换热器

表面式换热器分为表冷器和表面式加热器(见图 6-28),有光管式和肋片式空气换热器两类。冷、热媒均不与空气直接接触,用于空调的末端装置或空气处理室。表冷器将空气冷却到所需的温度。表冷器分为水冷式和直接蒸发式两类。水冷式以冷冻水为冷媒;直接蒸发式以制冷剂汽化来冷却空气。表面式加热器以蒸汽或热水为热媒对空气进行加热。

图 6-28 表冷器和表面式加热器

3. 空调机组

空调机组是一种对空气进行过滤和冷湿处理并内设风机的装置。空调机组有组合式空调机组、新风机组、整体式空调机组、组装立柜式空调机组、变风量空调机组等。组合式空调机组由过滤段、混合段、处理段、加热段、中间段、风机段等组成,是集中式空调系统的空气处理设备。整体式空调机组由制冷压缩机、冷凝器、蒸发器、风机、加热器、加湿器、过滤器、自动调节装置和电气控制装置等组成。组装立柜式空调机组与整体式空调机组的区别是将制冷压缩机移至箱外,安装于空调器附近。图 6-29 所示为组装立柜式空调机组。

4. 风机盘管

风机盘管是半集中空调系统中的末端装置,由风机、盘管、电动机、过滤器、室温调节器、机箱等组成,具有安装方便、规格化定型化生产、布置灵活、独立调节等优点。图 6-30 所示为卧式暗装风机盘管。

图 6-29　组装立柜式空调机组

图 6-30　卧式暗装风机盘管

5. 空气除湿设备

空气除湿的方法有通风法、冷冻除湿机除湿法、固体吸湿法、液体吸湿法。除湿机安装方便，简单易行。常用的除湿机为冷冻除湿机，由压缩机、膨胀阀、过滤器、温湿度控制仪表及传感器组成。转轮式除湿机是干式除湿机转轮上装固体吸湿剂氯化锂或硅胶材料。除湿机如图 6-31 所示。

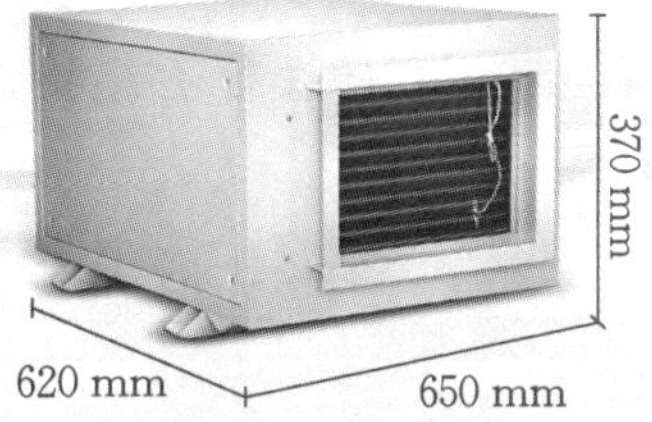

图 6-31　除湿机

6. 喷水室

喷水室由喷嘴、排管、前后挡水板、底池、附属管道、水泵和外壳等组成，可对空气进行冷、热、湿、净化处理。喷嘴安装在排管上，可设 1～3 排，按空气和水流方向分为顺喷、逆喷和对喷。喷嘴喷出的水雾对空气进行处理。喷水室中除排管外，还有从底池经过滤网接出可直接将水引入排管的循环管、溢水管、补水管(设浮球阀)、回水管等。图 6-32 所示为卧式喷水室构造示意图。

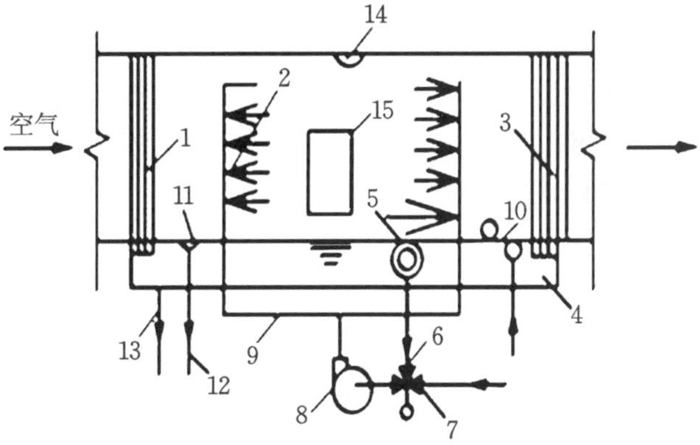

图 6-32　卧式喷水室构造示意图

1—前挡水板；2—喷嘴和排管；3—后挡水板；4—底池；5—滤水器；6—回水管；7—三通调节阀；8—水泵；9—供水管；10—浮球阀；11—溢水器；12—溢水管；13—泄水管；14—防水灯；15—检查门

7. 加湿设备

加湿设备对空气进行加湿处理，如超声波加湿器、电极加湿器、干蒸汽加湿器、高压喷雾加湿器、远红外线加湿器、湿膜式加湿器。

8. 风口、风帽、罩类

风口包括圆形散流器、方形散流器、百叶风口、矩形风口、旋转吹风口、送吸风口、网式风口等。风帽包括不锈钢板风帽、铝风帽、塑料风帽，形状有伞形、锥形、筒形等。罩类包括皮带防护罩、侧吸罩、整体分组式槽边倒吸罩、升降式回转排气罩、上下吸式圆形回转罩等。图6-33所示为百叶风口和散流器。

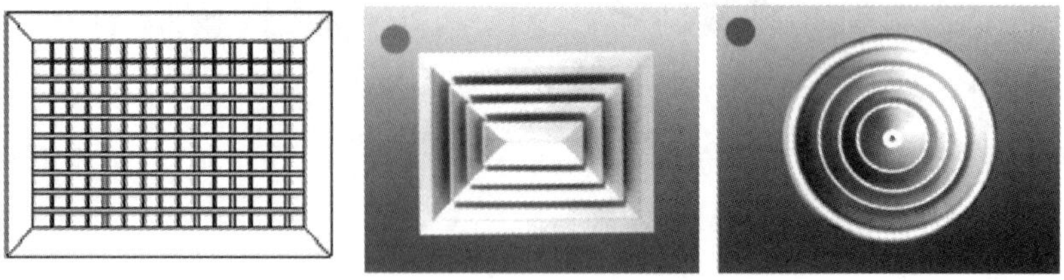

图 6-33　百叶风口和散流器

9. 其他

空调工程的设备还有水泵、除尘设备等。

6.2.3　空调工程施工图识读

1. 空调工程施工图的组成

空调工程施工图一般由两大部分组成，即文字部分和图纸部分。文字部分包括图纸目录、设计施工说明、设备及主要材料表。图纸部分包括基本图和详图，基本图包括空调工程的平面图、剖面图、轴测图、原理图等，详图包括系统中某局部或部件的放大图、加工图、施工图等。

2. 空调工程施工图识图方法与步骤

(1) 阅读图纸目录。

(2) 阅读设计施工说明。

(3) 阅读有代表性的图纸。在空调工程施工图中，有代表性的图纸都是反映空调系统布置、空调机房布置、冷冻机房布置的平面图。因此，空调工程施工图的识读基本上是从平面图开始的，先识读总平面图，然后识读其他平面图。

(4) 阅读辅助性图纸。

(5) 阅读其他内容。

3. 识图注意事项

(1) 空调工程平、剖面图中的建筑与相应的建筑平、剖面图是一致的，空调工程平面图是在本层天棚以下按俯视图绘制的。

(2) 空调工程平、剖面图中的建筑轮廓线只是与空调工程有关的部分，包括有关的门、窗、梁、柱、平台等建筑构配件的轮廓线，还包括各定位轴线编号、间距以及房间名称。

(3) 空调工程的平、剖面图和系统图可以按建筑分层绘制或按系统分系统绘制，必要时可以对同一系统进行分段绘制。

图6-34至图6-36所示为多功能厅空调工程的平面图、剖面图和系统图。

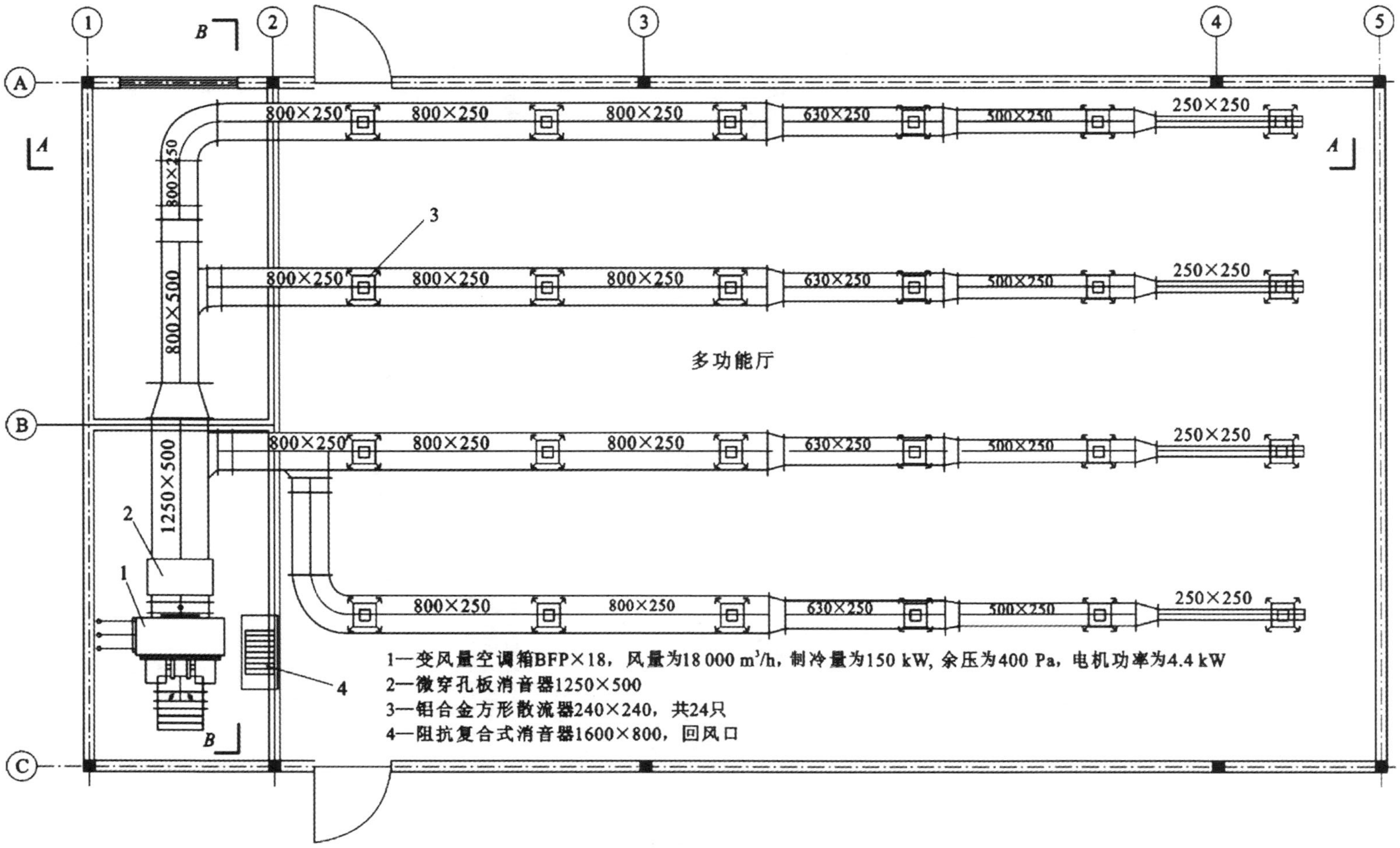

图6-34　多功能厅空调工程平面图

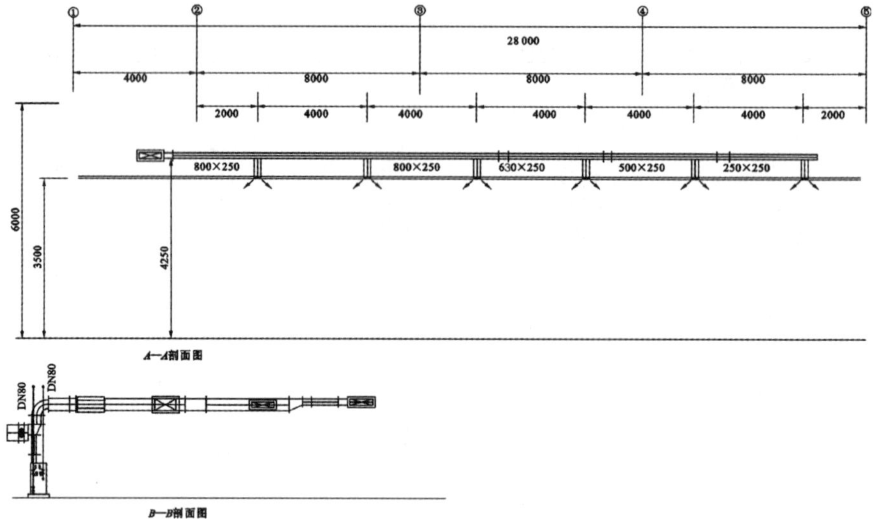

图 6-35　多功能厅空调工程剖面图

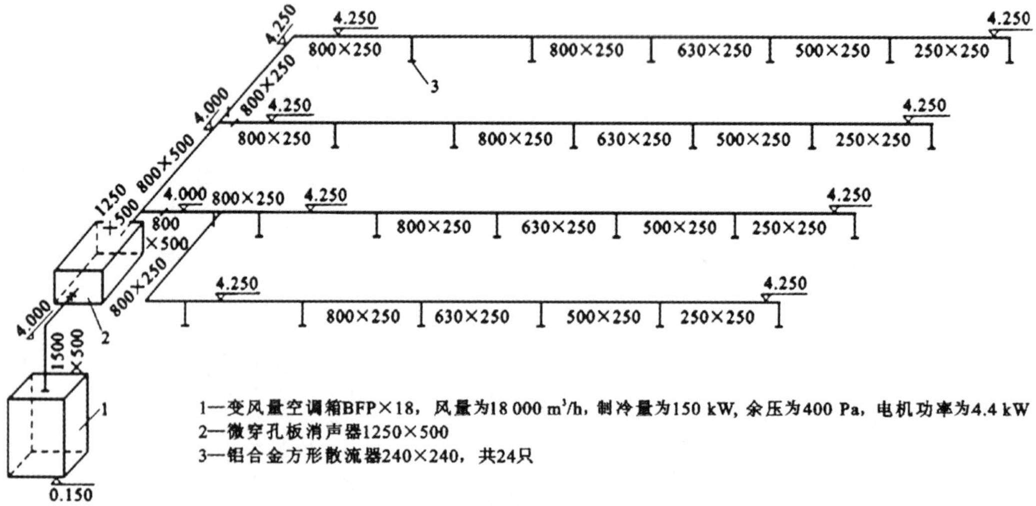

图 6-36　多功能厅空调工程轴测图

4. 空调工程施工图识读实例

下面，我们以一个售楼部的实际项目为例，识读空调工程施工图，如图 6-37 至图 6-39 所示。

图 6-37 所示为地下一层空调工程空调送风平面图。VRV-N1 是多联式空调系统室内机，属于中静压风管式，制冷量为 6.3 kW，制热量为 7.1 kW，机体尺寸为 700×1000×250。VRV-N2 的制冷量为 5.6 kW，制热量为6.3 kW。VRV-N3 的制冷量为 4.5 kW，制热量为5.0 kW。VRV-N4 的制冷量为 2.8 kW，制热量为 3.2 kW。候梯厅有新风、送风和回风风口。图 6-38 所示为地下一层空调工程空调新风平面图。室外机的尺寸为 800×200，留洞尺寸为 900×350，洞顶贴梁底要设防虫网。风口带初效过滤网。新风机附近安装有一个长为 900 mm 的管道式消声器。风管一端接入室内机送风管，一端接到出风口。AH 为一个尺寸为 400×400 的出风口。地下一层还有连到新风系统的风口。

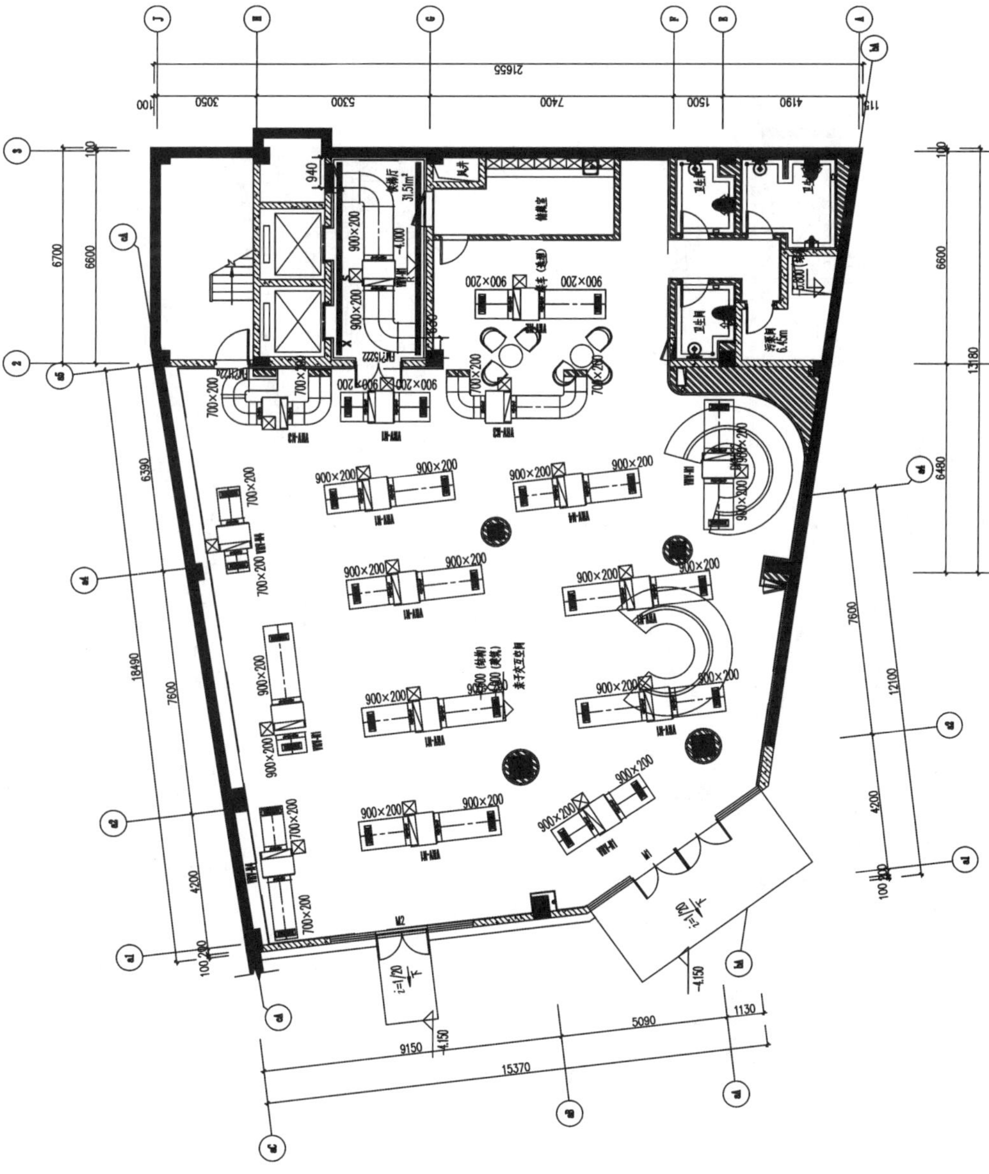

注：空调室内的安装距板底200 mm或者贴梁底安装。

图6-37　地下一层空调工程空调送风平面图

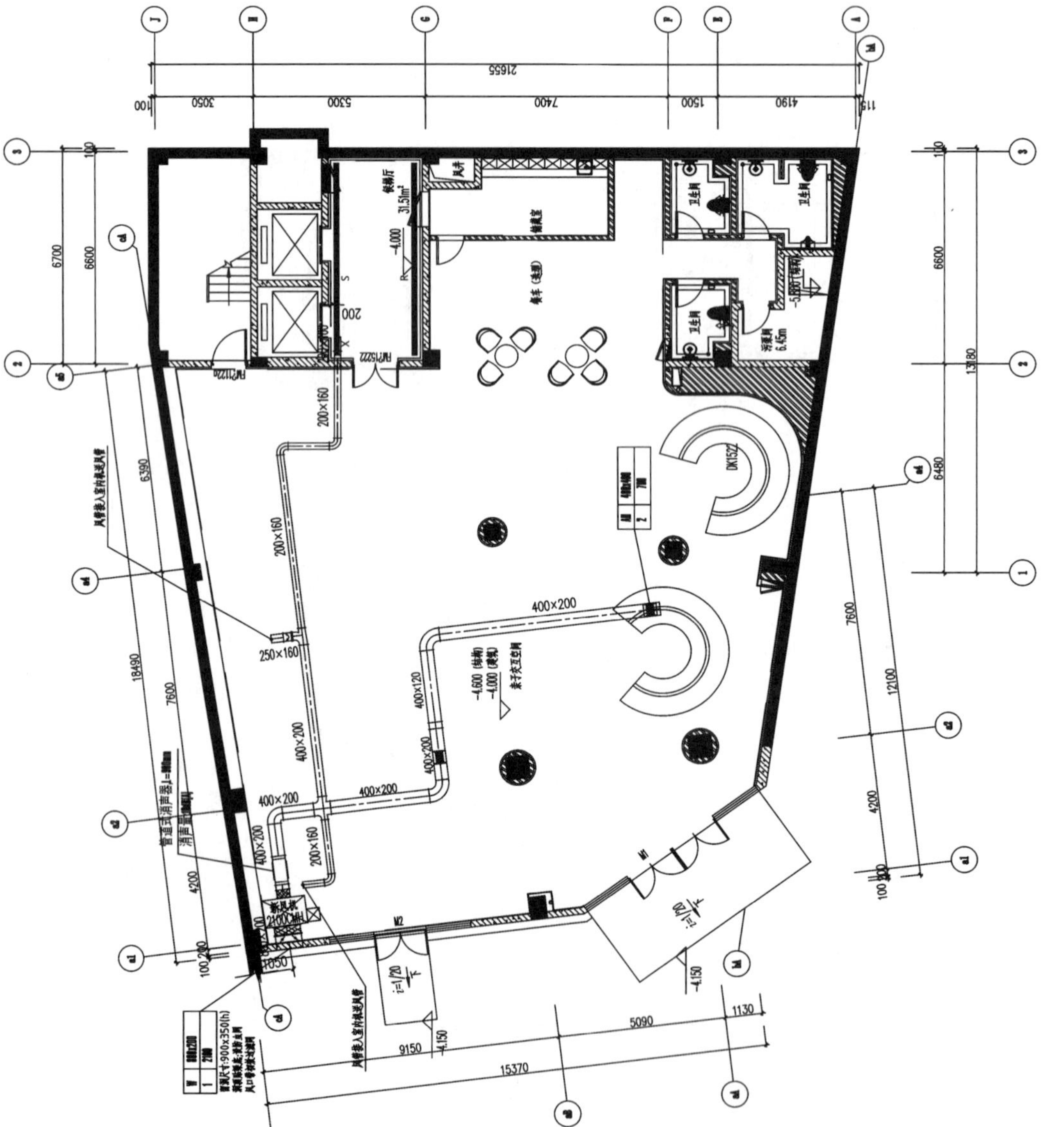

图6-38 地下一层空调工程空调新风平面图

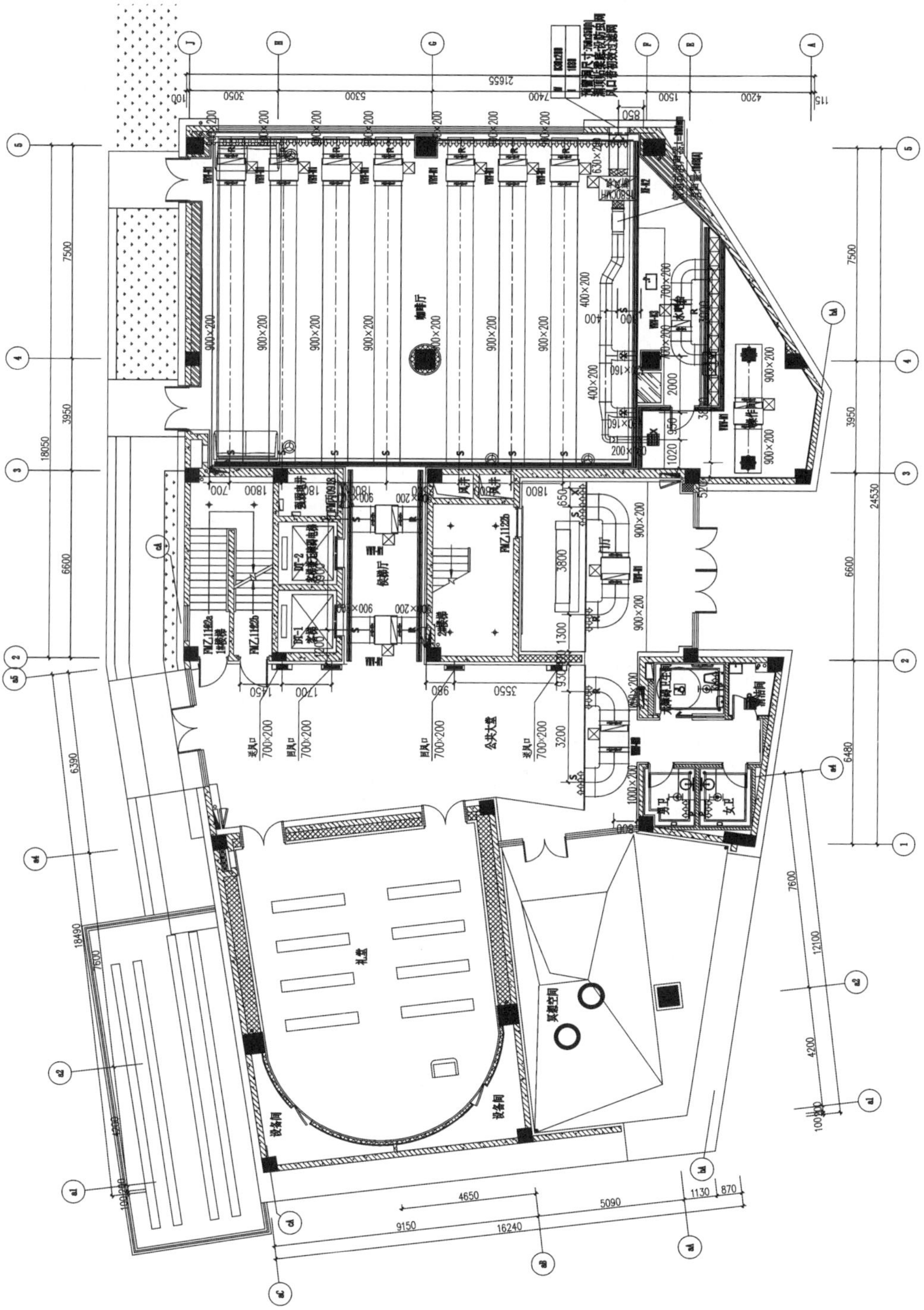

注：空调室内的安装距板底200mm或者贴梁底安装。

图6-39　一层空调工程平面图

思政小课堂

“双碳”背景下建筑暖通空调工程节能减排设计

绿色低碳发展是现阶段全球发展的共识。我国是全球较大的能源消费国，也是全球较大的温室气体排放国。因此，实现碳达峰、碳中和是促进我国可持续发展的重要方式。建筑暖通空调工程行业作为能源消耗和温室气体排放的主要行业，需要为我国的节能减排工作做出应有的贡献。

设计人员在进行建筑暖通空调工程节能减排设计时，应遵循以下原则。

(1)整体性原则。

(2)因地制宜原则。

(3)设计、计算合理原则。

(4)实时控制与全年运行节能原则。

建筑暖通空调工程节能减排设计的常用技术措施有以下几种。

(1)新风量与新风比的确定。

(2)空调系统分区。

(3)变风量空调。

(4)热回收与冷却塔供冷。

(5)冷热源系统和设备选择。

(6)降低输送能耗。

(7)可再生能源的利用。

“双碳”是我国一项重要的战略决策。空调行业在国家实现节能减排工作中承担着不可或缺的责任。“双碳”对于空调行业是一场重大的挑战，将会给全产业的革新和重构带来影响。建筑暖通空调的创新和改进是我国建筑领域的一项重要举措。我们要对其足够重视，不断优化设计理念，实现建筑的节能减排。

技能考核

姓名__________ 班级__________ 学号__________ 成绩__________

一、单选题

空调风管穿过空调机房围护结构处的孔洞四周的缝隙应填充密实，原因是(　　)。

A.防止漏风　　B.避免降温　　C.隔绝噪声　　D.减少振动

二、判断题

送风口应将新鲜空气直接送到工作地点或洁净区域；排风口一般设在室内有害物浓度最大的地点。(　　)

三、简答题

1.空调系统包括哪几种？

2.简述空调工程施工图的识图步骤。

四、识图题

识读二层空调工程平面图(见图6-40)，回答以下问题。

(1)卫生间里面的空调系统室内机是什么型号的？

(2)新风机旁边安装有一个什么设备？它的长度是多少？

(3)艺术沙龙的上方安装有什么设备？有几台？

(4)新风机连接室外的风口需要设什么网？

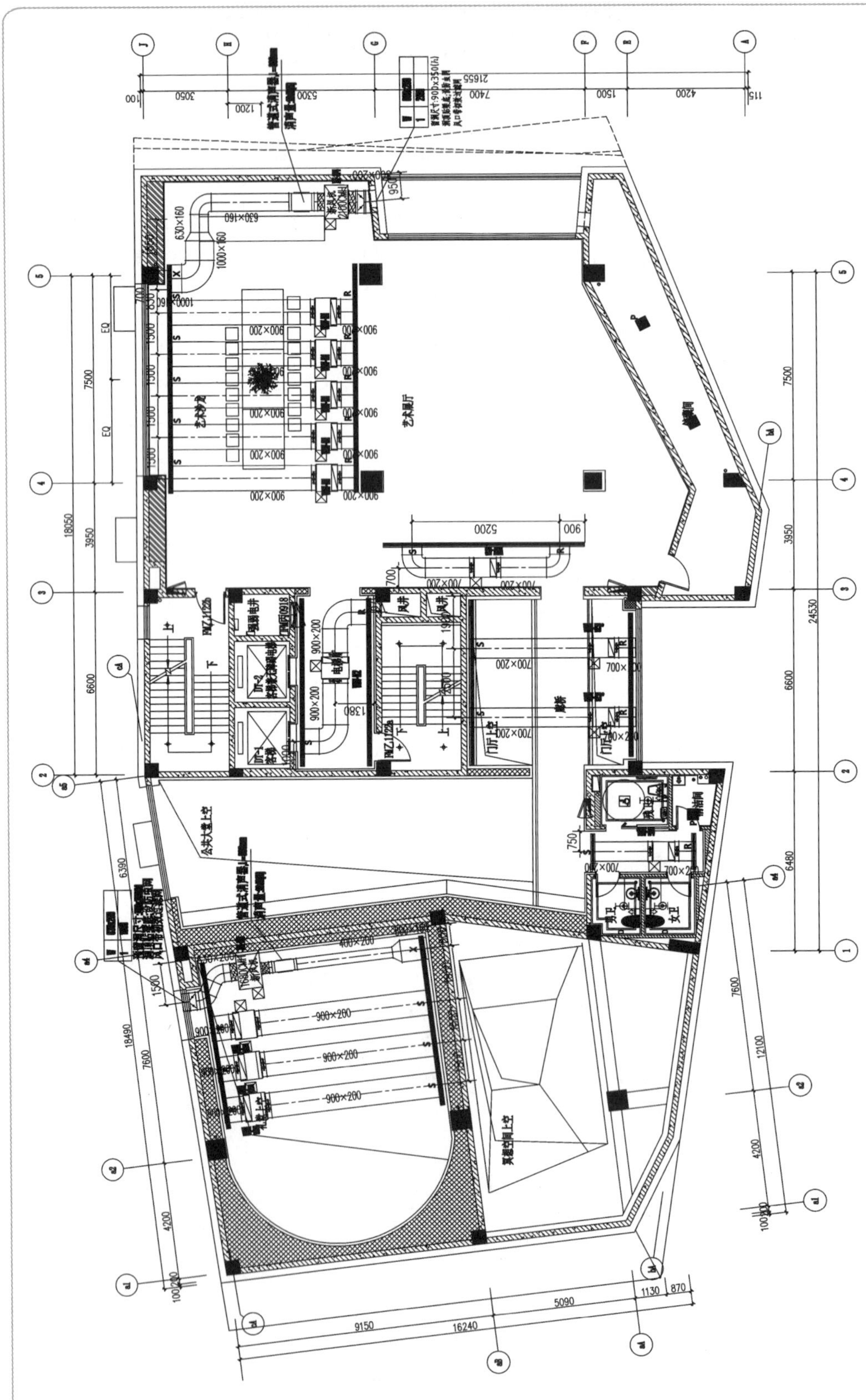

注：空调室内的安装距板底200 mm或者贴梁底安装。

图 6-40　二层空调工程平面图